全国中等职业学校电工类专业通用教材

全国技工院校电工类专业通用教材（中级技能层级）

电机与变压器

（第六版）

人力资源社会保障部教材办公室　组织编写

中国劳动社会保障出版社

简介

本书主要内容包括单相变压器、电力变压器、特殊变压器、三相异步电动机、单相异步电动机、直流电动机、三相同步电机、特种电机等。

本书由冷静燕担任主编，刘青担任副主编，丁怡、都晔凯、宗慧参加编写，叶录京担任主审。

图书在版编目（CIP）数据

电机与变压器 / 人力资源社会保障部教材办公室组织编写 . -- 6 版 . -- 北京：中国劳动社会保障出版社，2022

全国中等职业学校电工类专业通用教材　全国技工院校电工类专业通用教材 . 中级技能层级

ISBN 978-7-5167-5177-0

Ⅰ. ①电…　Ⅱ. ①人…　Ⅲ. ①电机 – 中等专业学校 – 教材②变压器 – 中等专业学校 – 教材　Ⅳ. ①TM

中国版本图书馆 CIP 数据核字（2022）第 031611 号

中国劳动社会保障出版社出版发行

（北京市惠新东街 1 号　邮政编码：100029）

*

北京市白帆印务有限公司印刷装订　　新华书店经销

787 毫米 ×1092 毫米　16 开本　18.25 印张　348 千字

2022 年 7 月第 6 版　　2024 年 5 月第 4 次印刷

定价：37.00 元

营销中心电话：400-606-6496

出版社网址：http://www.class.com.cn

http://jg.class.com.cn

前 言

为了更好地适应全国技工院校电工类专业的教学要求，全面提升教学质量，人力资源社会保障部教材办公室组织有关学校的一线教师和行业、企业专家，在充分调研企业生产和学校教学情况、广泛听取教师使用反馈意见的基础上，吸收和借鉴各地技工院校教学改革的成功经验，对现有电工类专业通用教材进行了修订（新编）。

本次教材修订（新编）工作的重点主要体现在以下几个方面。

更新教材内容

◆ 根据企业岗位需求变化和教学实践，确定学生应具备的知识与能力结构，调整部分教材内容，增补开发教材，使教材的深度、难度、广度与实际需求相匹配。

◆ 根据相关专业领域的最新技术发展，推陈出新，补充新知识、新技术、新设备、新材料等方面的内容。

◆ 根据最新的国家标准、行业标准编写教材，保证教材的科学性和规范性。

◆ 根据一体化教学理念，提高实践性教学内容的比重，进一步强化理论知识与技能训练的有机结合，体现“做中学、学中做”的教学理念。

优化呈现形式

◆ 创新教材的呈现形式，尽可能使用图片、实物照片和表格等形式将知识点生动地展示出来，提高学生的学习兴趣，提升教学效果。

◆ 部分教材将传统黑白印刷升级为双色印刷和彩色印刷，提升学生的阅读体验。例如，《电工基础（第六版）》和《电子技术基础（第六版）》采用双色设计，使电路图、波形图的内涵清晰明了；《安全用电（第六版）》将图片进行彩色重绘，符合学生的认知习惯。

提升教学服务

为方便教师教学和学生学习，除全面配套开发习题册外，还提供二维码资源、电子教案、电子课件、习题参考答案等多种数字化教学资源。

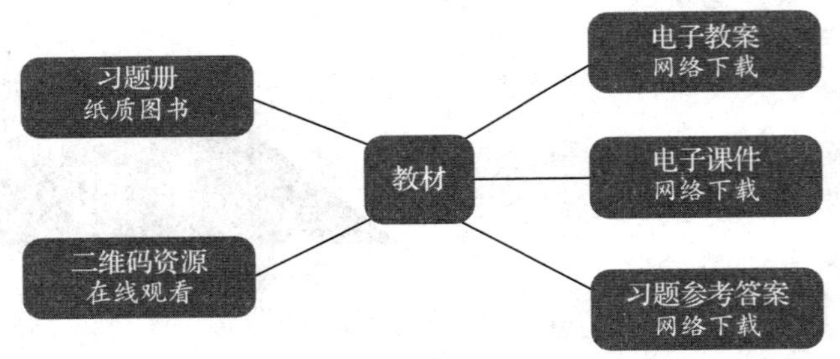

二维码资源——在部分教材中，针对重点、难点内容制作微视频，针对拓展学习内容制作电子阅读材料，使用移动设备扫描即可在线观看、阅读。

电子教案——结合教材内容编写教案，体现教学设计意图，为教师备课提供参考。

电子课件——依据教材内容制作电子课件，为教师教学提供帮助。

习题参考答案——提供教材中习题及配套习题册的参考答案，为教师指导学生练习提供方便。

电子教案、电子课件、习题参考答案均可通过技工教育网（http://jg.class.com.cn）下载使用。

致谢

本次教材的修订（新编）工作得到了辽宁、江苏、山东、河南、广西等省（自治区）人力资源社会保障厅及有关学校的大力支持，在此我们表示诚挚的谢意。

人力资源社会保障部教材办公室

2020 年 9 月

目 录

第一章　单相变压器

第二章　电力变压器

第三章　特殊变压器

第四章　三相异步电动机

第五章 单相异步电动机

第六章 直流电动机

第七章 三相同步电机

第八章　特种电机

第一章
单相变压器

变压器是用来改变交流电压大小的供电设备。它根据电磁感应原理，把某一等级的交流电压变换成频率相同的另一等级的交流电压，以满足不同负载的需要。变压器的应用使人们能够方便地解决输电和用电这一矛盾。因此，变压器在电力系统中占有很重要的地位。

§1-1　变压器的分类、用途和结构 

为提高电能的传输效率，需将同步发电机输出的400 V、3.15 kV、6.3 kV、10.5 kV电压通过变压器升压为110 kV、220 kV、330 kV、500 kV、765 kV高压输电线路的电压。而电能被送到用电区后，又要根据用户的要求，通过降压变压器来降压，这种电压升降往往要通过多次才能达到要求。如大型动力设备用电电压为10 kV、6 kV、3 kV，小型动力设备和照明用电电压为380 V、220 V，潮湿和不安全处用电电压为36 V、24 V、12 V、6 V。所以变压器在电力系统中的用量是很大的，据统计，在电力系统中每1 kW发电机功率需配备5～8 kV·A容量的变压器。另外，还有可用作阻抗变换及其他用途的变压器，如自耦变压器和仪用互感器等。

一、变压器的分类和用途

变压器的种类很多，其常用的分类方法和主要用途见表1–1。

变压器的分类方式还有很多，如电力变压器可分为升压变压器、降压变压器和配电变压器；按绕组个数不同可分为单绕组变压器、双绕组变压器、多绕组变压器；根据容量不同，可分为中小型变压器（<6 300 kV·A）、大型变压器（8 000～63 000 kV·A）、特大型变压器（>63 000 kV·A）。

表 1–1　变压器常用的分类方法和主要用途

分类	名称	外形图	主要用途
按相数分	单相变压器		常用于单相交流电路中隔离、电压等级的变换、阻抗变换、相位变换或三相变压器组
	三相变压器		三相变压器产品广泛用于工矿企业、纺织机械、工业自动化设备等所有需要正常电压保证的场合
按用途分	电力变压器		常用于输配电系统中变换电压和传输电能
	仪用互感器		常用于电工测量与自动保护装置
	电炉变压器		常用于冶炼、加热及热处理设备电源
	自耦变压器		常用于试验室或工业上调节电压

续表

分类	名称	外形图	主要用途
按用途分	电焊变压器	 	常用于焊接各类钢铁材料的交流电焊机上
按铁芯结构形式分	壳式变压器		常用于小型变压器、大电流的特殊变压器，如电炉变压器、电焊变压器；或用于电子仪器及电视机、收音机等的电源变压器
	芯式变压器		常用于大、中型变压器以及高压的电力变压器，其中C形铁芯常用于电子技术中的变压器
按冷却方式分	油浸式变压器		常用于大、中型变压器
	风冷式变压器		强迫油循环风冷，用于大型变压器
	自冷式变压器		空气冷却，用于中、小型变压器
	干式变压器		用于安全防火要求较高的场合，如地铁、机场及高层建筑等

二、单相变压器的基本结构

单相变压器由彼此绝缘的薄硅钢片叠成的闭合铁芯以及绕在铁芯上的高、低压绕组两大部分组成。

1．变压器绕组

（1）绕组的作用及材料

绕组是变压器的电路部分，小型变压器绕组一般用绝缘的漆包圆铜线绕制而成，容量稍大的变压器绕组则用扁铜线或扁铝线绕制而成。

（2）绕组命名

接电源的绕组称为一次绕组，也称为初级绕组；接负载的绕组称为二次绕组，也称为次级绕组。按绕组所接电压高低不同，绕组可分为高压绕组和低压绕组。

（3）绕组类型

按绕制的方式不同，绕组可分为同芯绕组和交叠绕组两种类型，绕组类型及特点见表 1–2。

表 1–2　绕组类型及特点

绕组类型	示意图	绕制特点	应用范围
同芯绕组	高压绕组 铁轭 铁芯柱 铁轭 低压绕组	将一次绕组、二次绕组套在同一铁芯柱的内外层，一般低压绕组在内层，高压绕组在外层，当低压绕组电流较大时，绕组导线较粗，也可放到外层，绕组的层间留有油道，以利绝缘和散热。同芯绕组结构简单，绕制方便	大多用于电力变压器中
交叠绕组	低压绕组 高压绕组	将高低压绕组绕成饼状，沿铁芯轴向交叠放置，一般两端靠近铁轭处放置低压绕组，这样有利于绝缘，易构成多条并联支路	大多用于壳式变压器、干式变压器及电炉变压器中

2．变压器铁芯

铁芯是主磁通的通道，也是安放绕组的骨架。

（1）铁芯材料选用

铁芯材料的质量直接影响到变压器的性能。高磁导率、低损耗和低廉的价格是选择铁芯材料时要考虑的关键因素。为提高铁芯导磁能力，增大变压器容量，减小体积，提高效率，铁芯常用硅钢片叠装而成，而硅钢片可分为热轧和冷轧两大类，其性能特点见表 1–3。

表 1–3 热轧硅钢片和冷轧硅钢片的性能特点

种类	性能和特点	应用范围
热轧硅钢片	导磁性能好而损耗小，厚度有 0.35 mm 和 0.5 mm 两种，片间涂覆绝缘漆，工艺性较好	多用于小型变压器中
冷轧硅钢片	性能比热轧硅钢片更好，但工艺性较差，导磁有方向性且价格贵，厚度有 0.27 mm、0.30 mm 和 0.35 mm 等多种	多用于大中型变压器中，如电力变压器

目前，有的变压器铁芯采用非晶合金材料和纳米晶合金材料。非晶合金材料是 20 世纪 70 年代问世的一种合金材料，该合金具有优异的导磁性、耐蚀性、耐磨性、高硬度、高强度等独特性能特点。1988 年日本有关专家在非晶化的基础上发明了纳米晶合金，从而开创了软磁材料的新纪元。与非晶合金相比，纳米晶合金的磁性更加优异，它同时具有高饱和磁感应强度和很低的高频损耗，且热稳定性好，引起国内外学者的大量研究，研制开发成各种各样的磁性器件应用于电力、电子技术领域。

（2）铁芯类型

变压器的铁芯因绕组放置的位置不同，可分成芯式和壳式两种，其结构、特点及应用范围见表 1–4。

表 1–4 变压器铁芯的结构、特点及应用范围

铁芯类型	结构	特点	应用范围
芯式		线圈包着铁芯，结构简单，装配容易，省导线	适用于大容量、高电压变压器。电力变压器大多采用三相芯式铁芯
壳式		铁芯包着线圈，铁芯易散热，但用线量多，工艺复杂	除小型干式变压器外很少采用

（3）铁芯柱与铁轭的装配工艺

铁芯由铁芯柱与铁轭构成，铁芯柱是铁芯安装绕组的部分，铁轭是连接铁芯柱形成闭合磁路的铁芯部分，如图 1–1 所示。

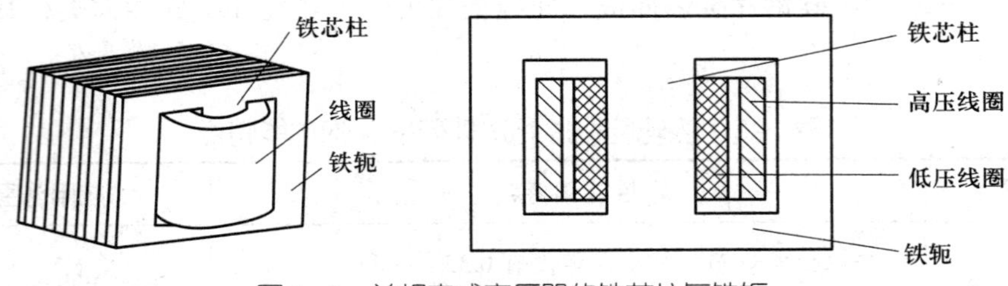

图 1–1　单相壳式变压器的铁芯柱与铁轭

铁芯柱与铁轭的装配工艺有对接式和叠接式两种，见表 1–5。

表 1–5　铁芯柱与铁轭的装配工艺

装配工艺类别	示意图	性能和特点	应用范围
对接式	山字形　F 字形　口字形	将铁芯和铁轭分别叠装夹紧，然后把它们对接起来，再夹紧。因采用该装配工艺气隙大，从而增加了磁阻和励磁电流	小型变压器
叠接式	热轧硅钢片叠法 单数层　双数层 冷轧硅钢片叠法	将铁芯柱和铁轭的硅钢片一层层相互交错、重叠（每层不能多于三片），接缝相互错开。因气隙较小，磁阻也相应减小，从而减小了励磁电流，改善了性能	大型变压器均采用这种方式。小型变压器一般也采用叠接工艺，结构简单，经济实用

大、中型变压器中采用高导磁、低损耗的冷轧硅钢片。冷轧硅钢片顺碾压方向导磁性好、损耗小，所以冷轧硅钢片叠装时要求硅钢片在对接处按一定角度剪裁，以保证磁力线与碾压方向一致。现在铁芯加工工艺一般不打穿心孔，改用新的夹紧工艺，可以提高铁芯装配质量，减少铁耗。

小贴士

卷制式（C 形）变压器

目前卷制式（C 形）变压器铁芯采用 0.35 mm 晶粒取向冷轧硅钢片剪裁成一定宽度的硅钢片带后再卷制成环形，将铁芯绑扎牢固后切割成两个 U 字形，如图 1–2 所示。图 1–3 所示为用卷制铁芯制成的 C 形变压器。由于该类型变压器制作工艺简单，正在小容量的单相变压器中逐渐普及。随着制造技术的不断成熟，用卷制铁芯制作的三相电力变压器（500 kV · A 以下）将逐步代替传统的叠接式变压器，其主要优点是质量轻、体积小、空载损耗小、噪声小、生产效率高、质量稳定。

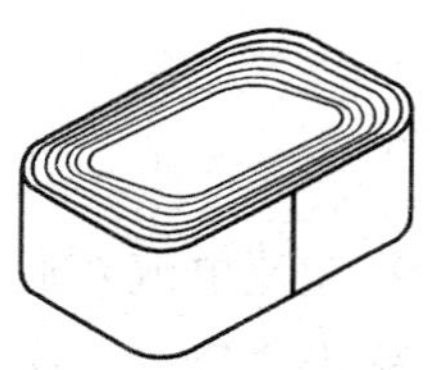

图 1–2　卷制式（C 形）变压器铁芯

图 1–3　C 形变压器

§ 1–2　变压器的原理

最简单的变压器是由一个闭合的铁芯和绕在铁芯上的两个匝数不等的绕组组成，与电源相连的绕组称为一次绕组；与负载相连的绕组称为二次绕组。一次绕组、二次绕组都是用绝缘的导线绕成。虽然一次绕组、二次绕组在电路上是相互分开的，但通过磁路，一次绕组和二次绕组相互联系，传递能量。根据二次绕组是否连接负载，变压器的运行可分为空载运行和负载运行。

一、变压器的空载运行

所谓变压器的空载运行就是变压器一次绕组加额定电压，二次绕组开路的工作状态。实际变压器在运行中要考虑到各种损耗，分析起来比较复杂。为了分析简单、方便，把不计绕组的电阻、铁芯的损耗、磁路中的漏磁通和磁饱和影响的变压器称为理想变压器。理想变压器只是一个纯电感电路，在一些近似的计算中常用理想变压器来分析。下面来分析理想变压器和实际变压器在空载运行中的情况。

1．理想变压器空载运行

如图 1–4 所示为理想变压器空载运行原理，各物理量参考方向如图 1–4 所示。i_0 与 u_1 的正方向一致，主磁通 Φ 与 i_0 正方向符合右手螺旋定则，感应电动势 e_2 与 i_0 正方向一致。

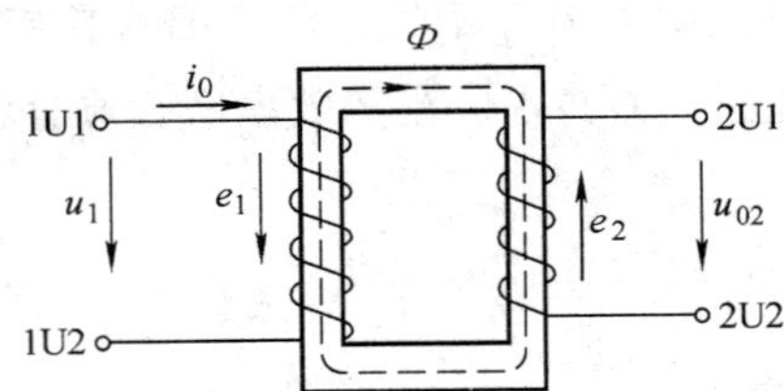

图 1–4　理想变压器空载运行原理

当一次绕组接上交流电压 u_1 时，在一次绕组中就会有交流电流 i_0 通过并在铁芯中产生交变的磁通 Φ，Φ 是变压器进行能量传递的媒介，称为主磁通。这个交变磁通不仅通过一次绕组，而且也通过二次绕组，并在两绕组中分别产生感应电动势 e_1 和 e_2。此时，因为二次绕组没接负载，二次绕组中没有电流流过，但二次绕组有输出电压 u_{02}。

（1）空载电流 i_0

变压器空载运行时流过一次绕组的电流称为空载电流。理想变压器的空载电流主要产生铁芯中的励磁磁场，所以空载电流也称为空载励磁电流。

（2）电压和感应电动势的关系

因为理想变压器不考虑绕组的电阻、铁芯的损耗和漏磁通影响，根据基尔霍夫第二定律可知，一次绕组的电压平衡方程式为：

$$u_1=-e_1 \tag{1–1}$$

式（1–1）说明一次绕组上的感应电动势与电源电压大小相等，即 $U_1=E_1$；在相位上，e_1 与 u_1 反相位，e_1 也可以称为反电动势。

二次绕组的电压平衡方式为：

$$u_{02}=e_2 \tag{1–2}$$

式（1–2）说明二次绕组上输出电压与感应电动势大小相等，即 $U_{02}=E_2$，并且 u_{02} 与 e_2 同相位。

（3）感应电动势的大小

根据电磁感应定律 $e=-N\dfrac{\Delta\Phi}{\Delta t}$ 可推导出计算变压器、交流电动机等电磁设备绕组上感应电动势大小的基本公式：

$$E=4.44fN\Phi_m \tag{1-3}$$

式中 Φ_m——主磁通幅值，Wb；

f——电源频率，Hz；

E——感应电动势有效值，V；

N——绕组匝数。

式（1-3）是交流磁路的基本关系式，它表示感应电动势的大小与电源频率 f、绕组匝数 N 及铁芯中的主磁通幅值 Φ_m 成正比。由公式 $u_1=-e_1$ 可知 $U_1=E_1$，即 $U_1=E_1=4.44fN_1\Phi_m$，该公式说明铁芯中主磁通的大小取决于电源电压、频率和一次绕组的匝数，而与磁路所用的材料和磁路的尺寸无关。当电源电压不变时，变压器磁路上磁通的幅值是不会变化的。因此，在使用变压器时必须注意：电源电压 U_1 过高，电源频率 f 过低，绕组匝数 N_1 过少，都会引起主磁通 Φ_m 过大，磁路饱和，使变压器中用来产生磁通的励磁电流（即空载电流 I_0）大大增加而烧坏变压器。

所有交流电路中带铁芯线圈的电器都要注意这个问题，例如交流电动机、电磁铁、继电器、电抗器等，都必须注意其额定电压与电源电压要相符合，千万不要过电压运行。从美国、日本进口的电器要注意工作频率是 60 Hz 还是 50 Hz，工作频率为 60 Hz 的电器用于频率为 50 Hz 同等级电压的电网时，磁路中的磁通量变大，空载电流增大，只能减小容量运行，不能满负荷工作。修理电机与变压器等电器的绕组时，必须保证线圈的匝数，偷工减料会影响其质量和使用寿命，甚至会在短时间内烧坏。

（4）变压比（简称变比）

一次绕组电动势与二次绕组电动势大小之比称为变压比 K，即 $K=\dfrac{E_1}{E_2}$。

因为 $E_1=4.44fN_1\Phi_m$，$E_2=4.44fN_2\Phi_m$，可得到公式：

$$K=\frac{E_1}{E_2}=\frac{N_1}{N_2}=\frac{U_1}{U_{02}} \tag{1-4}$$

式中 N_1——一次绕组匝数；

N_2——二次绕组匝数。

2. 实际变压器空载运行

如图 1-5 所示为实际变压器空载运行原理。

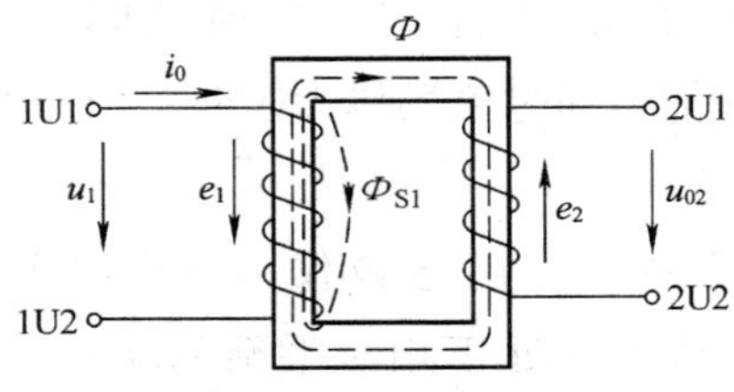

图 1-5 实际变压器空载运行原理

实际变压器空载运行的情况分析：

（1）实际变压器一次绕组存在电阻 r_1，当一次绕组有空载电流流过时，会在该电阻上产生电压降 $i_0 r_1$。

（2）变压器中存在漏磁通。空载电流产生的磁通分为两部分，其中大部分磁通通过铁芯交链一次绕组和二次绕组，该磁通为主磁通 Φ，它在一次绕组和二次绕组中分别感应出电动势 e_1 和 e_2；另一小部分磁通只通过一次绕组周围的空间形成闭合回路，称为漏磁通 Φ_{S1}，仅占主磁通的很小一部分，它在一次绕组中产生漏抗电动势 e_{S1}。

（3）变压器铁芯中存在铁耗。当变压器主磁通穿过铁芯时，会在铁芯中产生涡流损耗和磁滞损耗，该损耗称为铁损耗（简称铁耗）。

由于一次绕组电阻 r_1、空载励磁电流 i_0 和漏磁通很小，与之对应的 $i_0 r_1$ 和漏抗电动势 e_{S1} 也很小，可以忽略不计，所以实际变压器电压方程为：$u_1 \approx -e_1$，$u_{02}=e_2$。

二、变压器的负载运行

单相变压器的负载运行是指单相变压器一次绕组加额定电压、二次绕组接负载的运行状态，主要分析变压器一次绕组、二次绕组间的电流关系。如图 1–6 所示为单相变压器负载运行原理。

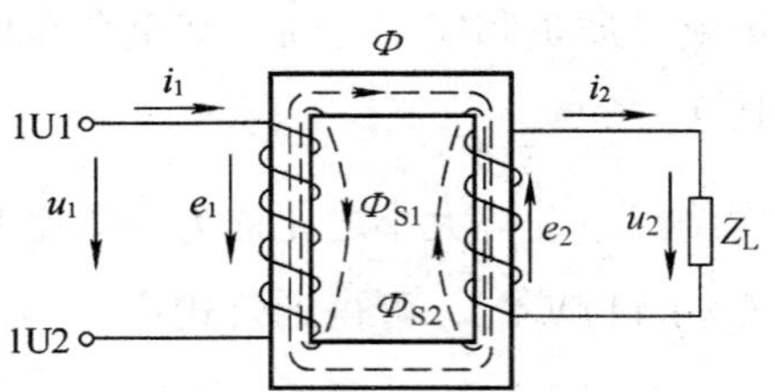

图 1–6 单相变压器负载运行原理

当变压器一次绕组接上交流电源，二次绕组接上负载后，二次绕组有电流 i_2 通过，此时一次绕组的电流立即从空载电流 i_0 增加到 i_1。如果增大负载，则 i_2 增大，i_1 也随着增大。换句话说，变压器二次绕组所消耗的电功率增大（或减小）时，一次绕组从电源所取得的电功率也随着增大（或减小）。这表明，变压器在传输电能时具有一种自动调节的作用。而变压器一次绕组、二次绕组之间并没有电联系，那么显然这种能量传输的自动调节作用只能是通过磁场作为媒介，把一次绕组、二次绕组相互联系起来。

在变压器空载时，铁芯中的主磁通 Φ 仅由一次绕组空载电流 i_0 产生，外加电压 u_1 与一次绕组的感应电动势 e_1 处于相对平衡的状态。但当二次绕组出现电流 i_2 时，情况就发生了变化，如图 1–6 所示。因为 i_2 也在铁芯中产生磁通，由楞次定律可知，该磁通对主磁通 Φ 存在阻碍作用，使铁芯中的磁通 Φ 发生改变，根据 $U_1 \approx E_1 = 4.44fN_1\Phi_m$，在电源电压一定时，磁通 Φ 要保持不变，因此，一次绕组电流将从 i_0 增加到 i_1，其增加的电流所产生的磁通补偿 i_2 产生的磁通对 Φ 起阻碍作用时所损耗的磁通。所以，变压器负载运行时，铁芯中的磁场由一次绕组、二次绕组中的电流共同产生。

1. 磁动势平衡方程

电流流过线圈产生磁场，其磁场大小由线圈的匝数 N 和电流 I 决定，线圈匝数 N 和电流 I 的乘积 NI 称为磁动势。

变压器空载运行时，铁芯中的主磁通 Φ 由磁动势 N_1i_0 产生；变压器负载运行时，铁芯中的主磁通 Φ 由一次绕组磁动势 N_1i_1、二次绕组磁动势 N_2i_2 共同产生，但其 Φ 不改变，所以存在下面的磁动势平衡方程：

$$N_1i_1+N_2i_2=N_1i_0 \tag{1–5}$$

将式（1–5）中 N_2i_2 移到等式的右边得：

$$N_1i_1=N_1i_0+(-N_2i_2) \tag{1–6}$$

从式（1–6）可知，变压器负载运行时，一次绕组的磁动势 N_1i_1 由两个分量组成，其中一个分量 N_1i_0 是产生主磁通的磁动势，另一个分量（$-N_2i_2$）用来抵消二次绕组磁动势的去磁作用。

将式（1–6）的两边分别除以 N_1 得：

$$i_1 = i_0 + \left(-\frac{N_2}{N_1}i_2\right) \tag{1–7}$$

从式（1–7）可知：变压器负载运行时，流过一次绕组的电流也由两个分量组成，其中一个分量 i_0 是产生主磁通的励磁分量，另一个分量 $\left(-\frac{N_2}{N_1}i_2\right)$ 用来抵消二次电流 i_2 的去磁作用，称为负载分量。

在额定负载时，励磁电流很小，i_0 可以略去不计，式（1–5）可以近似写为：$N_1i_1+N_2i_2 \approx 0$，变换得：

$$i_1 = \left(-\frac{N_2}{N_1}\right)i_2 \tag{1–8}$$

式（1–8）中的负号表明 i_1 与 i_2 的相位相反，其大小关系为：

$$I_1 = \frac{N_2}{N_1}I_2 \tag{1–9}$$

由此有变压器变压比：

$$K = \frac{N_1}{N_2} = \frac{I_2}{I_1} \tag{1–10}$$

2. 电压方程式

实际变压器的一次绕组、二次绕组之间不可能完全耦合，一次绕组的磁动势和二次绕组的磁动势除在磁路中共同建立主磁通外，一次绕组的磁动势还会产生只交链一次绕组的漏磁通，二次绕组的磁动势也会产生只交链二次绕组的漏磁通，分别在一次绕组、二次绕组上产生漏电动势，它们分别与绕组上流过的电流成正比，可用漏电抗 X_{S1} 和 X_{S2} 表示。同时，一次绕组、二次绕组上还都有内阻，绕组内阻和漏电抗组成了一次绕组、二次绕组的漏阻抗，分别用 Z_{S1} 和 Z_{S2} 表示。

这样，按照基尔霍夫第二定律，一次绕组的电压方程为：

$$u_1=-e_1+i_1 Z_{S1} \tag{1-11}$$

二次绕组的电压方程为：

$$u_2=e_2-i_2 Z_{S2} \tag{1-12}$$

由于一次绕组的内阻和漏电抗都很小，即使在满负载的情况下，i_1Z_{S1} 与 e_1 比较仍然可以忽略，因此，可以近似认为：

$$u_1=-e_1 \tag{1-13}$$

二次绕组的端电压对外应等于二次绕组电流在负载阻抗上的电压降，即：

$$u_2=i_2 Z_L \tag{1-14}$$

3. 阻抗变换

变压器一次绕组接在交流电源上时，对电源来说变压器就相当于一个负载，其输入阻抗可用输入电压、输入电流来计算，即变压器的输入阻抗为 $Z_1=U_1/I_1$，而变压器的二次绕组输出端又接了负载，变压器的输出电压、输出电流与负载之间存在 $Z_2=U_2/I_2=Z_L$ 关系，如图 1-7 所示。可以看出经过变压器把 Z_2 接到电源上和不经变压器直接把 Z_2 接到电源上，两者是完全不一样的，这里变压器起到改变阻抗的作用，把 Z_2 变成 Z_1 可以在 u_1 的电压下工作。

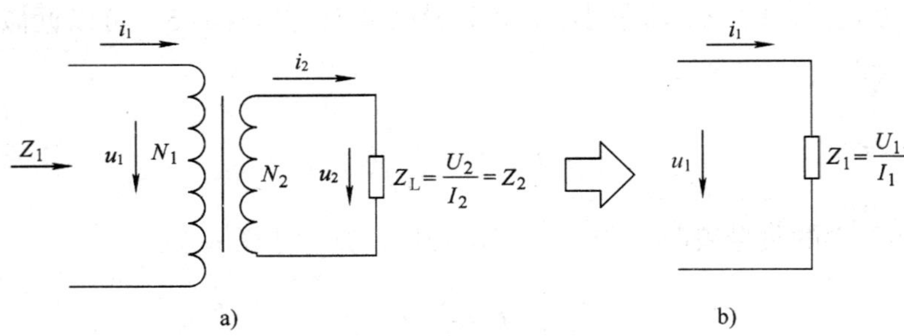

图 1–7　变压器的阻抗变换作用

a）有变压器时　b）无变压器时

当忽略漏阻抗，不考虑相位、只计大小时，在空载和负载运行分析中，已得到公式：$U_1=KU_2$，$I_1=\frac{I_2}{K}$，而变压器一次绕组和二次绕组的阻抗为 $Z_1=\frac{U_1}{I_1}$，$Z_2=\frac{U_2}{I_2}$，所以可以得到阻抗变换公式：

$$Z_1=\frac{U_1}{I_1}=\frac{KU_2}{I_2/K}=K^2\frac{U_2}{I_2}=K^2Z_2 \tag{1-15}$$

这说明负载 Z_2 经过变压器的阻抗变换作用，其阻抗值被扩大了 K^2 倍。如果已知负载阻抗 Z_2 的大小，要把它变成另一个一定大小的阻抗 Z_1，只需接一个变压器，该变压器的变压比 $K=\sqrt{Z_1/Z_2}$。

在电子线路中，这种阻抗变换很常用，如扩音设备中扬声器的阻抗很小（4～16 Ω），直接接到功率放大器的输出，则扬声器得到的功率很小，声音就很小。只有经输出变压器把扬声器阻抗变成和功率放大器内阻一样大，扬声器才能得到最大输出功率。这也称为阻抗匹配。

例 1–1 某晶体管收音机的输出变压器的一次绕组匝数 N_1=230 匝；二次绕组匝数 N_2=80 匝，原来配接 8 Ω 的扬声器，现要改用同样功率而阻抗为 4 Ω 的扬声器，则二次绕组匝数 N_2 应改为多少？

解： 先求出一次绕组的 Z_1，因为不论 N_1 和 N_2 怎么变，必须保证 Z_1 不变，才能保证输出功率最大。

$$Z_1=K^2Z_2=\left(\frac{230}{80}\right)^2\times 8\ \Omega\approx 66.13\ \Omega$$

再由 Z_1 和新的扬声器阻抗 Z_2=4 Ω，求出新的 K' 和 N_2'。

$$K'=\sqrt{\frac{Z_1}{Z_2}}=\sqrt{\frac{66.13}{4}}\approx 4.07$$

$$N_2'=\frac{N_1}{K'}=\frac{230}{4.07}\text{ 匝}\approx 57\text{ 匝}$$

则二次绕组匝数 N_2 应改为 57 匝。

4. 变压器的外特性

变压器一次绕组输入额定电压和二次绕组负载功率因数一定时，二次绕组输出电压与输出电流的关系称为变压器的外特性，也称为输出特性，通常用曲线表示，如图 1–8 所示。从电压方程式（1–11）、（1–12）可知当二次绕组感性负载电流 I_2 增加时，由于漏阻抗 Z_{S1}、Z_{S2} 的影响，使输出电压下降。但如果负载的性质变成容性时，情况就大不一样了。在图 1–8 中，当负载为容性时，外特性曲线是上翘的；而负载为感性时，外特性曲线是下降的。也就是说容性电流有助磁作用，使 U_2 上升；而感性电流有去磁作用，使 U_2 下降。这也说明了二次绕组功率因数对外特性影响很大，其实质是去磁和助磁作用不同所致。

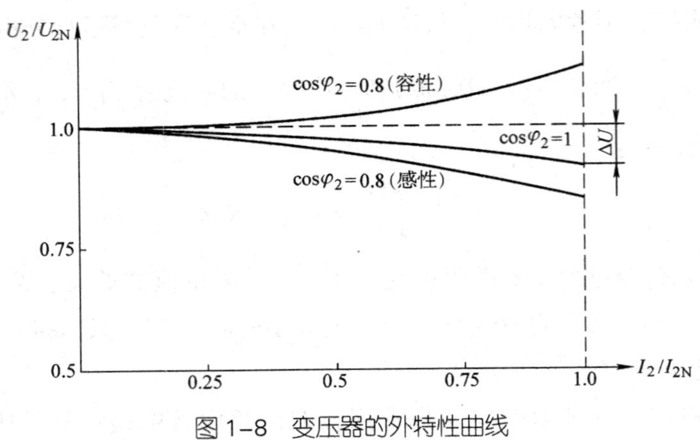

图 1–8　变压器的外特性曲线

因此，在变压器输入电压 U_1 不变时，影响外特性的因素是 Z_{S1}、Z_{S2} 及 $\cos\varphi_2$。为了使各种不同容量和电压的变压器的外特性可以进行比较，在图 1–8 中坐标都用相对值 U_2/U_{2N}、I_2/I_{2N} 表示，这种值也称为标幺值。标幺值 = 实际值 / 基值，基值通常取额定值。

5. 电压调整率

变压器二次绕组电压随负载变化而变化的程度称为电压调整率，用 ΔU 表示。一般情况负载都是感性的，所以变压器输出电压 U_2 是随输出电流 I_2 的增加而略有下降的，下降的程度与 Z_{S1}、Z_{S2} 及 $\cos\varphi_2$ 有关，通常可以表示为：

$$\Delta U=\frac{U_{2N}-U_2}{U_{2N}}\times 100\%=\frac{\Delta U}{U_{2N}}\times 100\% \tag{1–16}$$

式中　U_{2N}——变压器二次绕组输出额定电压（即二次绕组空载电压 U_{02}）；

U_2——变压器二次绕组额定电流时的输出电压。

变压器的额定电压调整率表示二次绕组电压的稳定性，是变压器主要性能指标之一。对于一般电力变压器，当 $\cos\varphi_2\approx 1$ 时，$\Delta U\approx 2\%\sim 3\%$；当 $\cos\varphi_2\approx 0.8$ 时，$\Delta U\approx 4\%\sim 6\%$。可见提高二次绕组负载功率因数 $\cos\varphi_2$，还能提高二次绕组电压的稳定性。一般情况下照明电源电压波动不超过 ±5%，动力电源电压波动不超过 –5% ~ +10%。

6. 变压器的损耗和效率

变压器在传输能量的过程中会产生能量损耗，其损耗主要包括铁耗和铜耗两部分。

（1）铁耗 P_{Fe}

变压器的铁耗包括磁滞损耗和涡流损耗，它取决于铁芯中磁通密度的大小、磁通交变的频率和硅钢片的质量。

铁耗与外加电压大小有关，而与负载大小基本无关。在铁芯材料和频率一定的情况下，只要电压 U_1 不变，Φ_m 就不会变，铁耗 P_{Fe}（$P_{Fe}\propto\Phi_m^2$）为常数，可看成不变的损耗。

变压器空载运行时的能量损耗以铁耗为主，一般情况下认为变压器的铁耗等于空载损耗，与负载电流的大小和性质无关，即：

$$P_{Fe} \approx P_0 \tag{1-17}$$

式中 P_{Fe}——铁耗；

P_0——空载损耗。

（2）铜耗 P_{Cu}

变压器的铜耗是电流在一次绕组直流电阻和二次绕组直流电阻上的损耗。

变压器铜耗的大小与负载电流的平方成正比，随负载电流 I_2 的变化而变化，所以把铜耗称为可变损耗。

某一负载电流 I_2 与额定负载电流 I_{2N} 之比值称为负载系数，用 β 表示，即 $\beta = \dfrac{I_2}{I_{2N}}$，铜耗计算公式可写为：

$$P_{Cu} = \beta^2 P_{CuN} \tag{1-18}$$

式中，P_{CuN} 是额定负载下的铜耗。因此，只要知道负载电流 I_2 的大小，就可以用该式计算出该负载下的铜耗。额定负载时铜耗近似等于短路损耗（$P_{CuN} \approx P_K$），即上式可表示为：

$$P_{Cu} = \beta^2 P_{CuN} = \beta^2 P_K \tag{1-19}$$

（3）效率 η

变压器的效率是输出的有功功率 P_2 与输入的有功功率 P_1 之比，用百分值表示为：

$$\eta = \frac{P_2}{P_1} \times 100\% \tag{1-20}$$

由能量守恒定律得 $P_1 = P_2 + P_{Fe} + P_{Cu}$，因此，上式又可写成：

$$\eta = \frac{P_2}{P_2 + P_{Fe} + P_{Cu}} \times 100\% = \left(1 - \frac{P_{Fe} + P_{Cu}}{P_2 + P_{Fe} + P_{Cu}}\right) \times 100\% \tag{1-21}$$

如果忽略负载运行时二次电压的变化，输出功率为：

$$P_2 = U_{2N} I_2 \cos\varphi_2 = \beta U_{2N} I_{2N} \cos\varphi_2 = \beta S_N \cos\varphi_2 \tag{1-22}$$

式中 S_N——变压器的额定容量（视在功率）。

应用上述一系列假定后，得到实用公式（单相、三相均可用）：

$$\eta = \left(1 - \frac{P_{Fe} + \beta^2 P_{CuN}}{\beta S_N \cos\varphi_2 + P_{Fe} + \beta^2 P_{CuN}}\right) \times 100\% \tag{1-23}$$

在负载功率因数 $\cos\varphi_2$ 为一定值时，变压器的效率 η 随负载电流 I_2 变化而变化的规律称为变压器的效率特性，如图 1-9 所示为变压器的效率曲线。从该图可以看出，当负载电流 I_2（或 β）从零开始增大时，效率很快升高到最大值，然后又逐渐下降。用数学分析可以证明，当铜耗与铁耗相等（$P_{Cu} = P_{Fe}$）时，变压器的效率为最高，即效

率最高的条件是 $\beta_m^2 P_{CuN}=P_{Fe}$。即：

$$\beta_m=\sqrt{\frac{P_{Fe}}{P_{CuN}}} \quad (1-24)$$

β_m 一般在 0.6 左右，当然，在相同负载系数 β 下，负载功率因数 $\cos\varphi_2$ 高，效率也高。

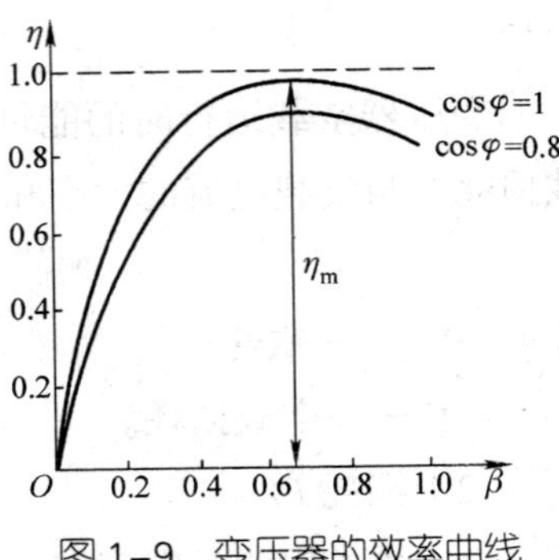

图 1–9　变压器的效率曲线

由于电力变压器常年接在线路上，其空载损耗是固定不变的，而铜耗却随负载变化而变化；又由于变压器不可能常年满负载运行，相比之下，铁耗所引起的损失是相当大的。从全年效益考虑，降低铁耗是有利的，一般使铁耗与铜耗之比为：

$$\frac{P_{Fe}}{P_{Cu}}=\frac{1}{4}\sim\frac{1}{3} \quad (1-25)$$

例 1–2　一台容量为 50 kV · A 的单相变压器，一次绕组额定电压为 6 000 V、额定电流为 8.33 A，二次绕组额定电压为 230 V、额定电流为 217.4 A，空载损耗 P_0=400 W，短路损耗 P_K=1 100 W，当二次绕组输出电流为 150 A 时，求：

（1）二次绕组负载功率因数 $\cos\varphi_2$=0.8 时的效率 η。

（2）二次绕组负载功率因数 $\cos\varphi_2$=0.9 时变压器的最高效率 η_m。

解：（1）$\beta=\frac{I_2}{I_{2N}}=\frac{150}{217.4}=0.69$

因为 $P_{Fe}\approx P_0$、$P_{CuN}\approx P_K$

$$\eta=\left(1-\frac{P_{Fe}+\beta^2 P_{CuN}}{\beta S_N\cos\varphi_2+P_{Fe}+\beta^2 P_{CuN}}\right)\times100\%$$

$$=\left(1-\frac{400+0.69^2\times1\ 100}{0.69\times50\ 000\times0.8+400+0.69^2\times1\ 100}\right)\times100\%\approx96.8\%$$

（2）当铜耗与铁耗相等（$P_{Cu}=P_{Fe}$）时，变压器的效率最高，即：

$$\beta_m=\sqrt{\frac{P_{Fe}}{P_{CuN}}}=\sqrt{\frac{400}{1\ 100}}\approx0.6$$

$$\eta_m=\left(1-\frac{P_{Fe}+\beta_m^2 P_{CuN}}{\beta_m S_N\cos\varphi_2+P_{Fe}+\beta_m^2 P_{CuN}}\right)\times100\%$$

$$=\left(1-\frac{400+0.6^2\times1\ 100}{0.6\times50\ 000\times0.9+400+0.6^2\times1\ 100}\right)\times100\%\approx97.1\%$$

§1-3 单相变压器绕组的极性

一、变压器极性的意义

1. 单相变压器的极性

变压器绕组的极性是指变压器一次绕组、二次绕组在同一磁通作用下所产生的感应电动势之间的相位关系，通常用同名端来标记。

由于单相变压器的一次绕组和二次绕组被同一主磁通 Φ 交链，当 Φ 变化时，在一次绕组和二次绕组上分别会产生感应电动势 $\dot{E}_{1U}$ 和 $\dot{E}_{2U}$，这两个感应电动势有一定的极性关系，即在某一个瞬间，当一次绕组上的某一个出线端电位为正时，同时刻在二次绕组上也必有一个电位为正的对应出线端，这两个对应同极性出线端称为同名端，不是同极性的两端就称为异名端。同名端的标记可用星号"*"或点"•"来表示。同名端取决于两个绕组的绕向和相对位置，在图 1-10a 中，一次绕组与二次绕组套在同一铁芯柱上，两个绕组的绕向相同，这时 1 号出线端和 3 号出线端为同名端，1 号出线端和 4 号出线端为异名端。在图 1-10b 中，两个绕组的绕向相反，则是 1 号出线端和 4 号出线端为同名端。应该注意，没有被同一个交变磁通所贯穿的线圈之间就不存在同名端的问题。

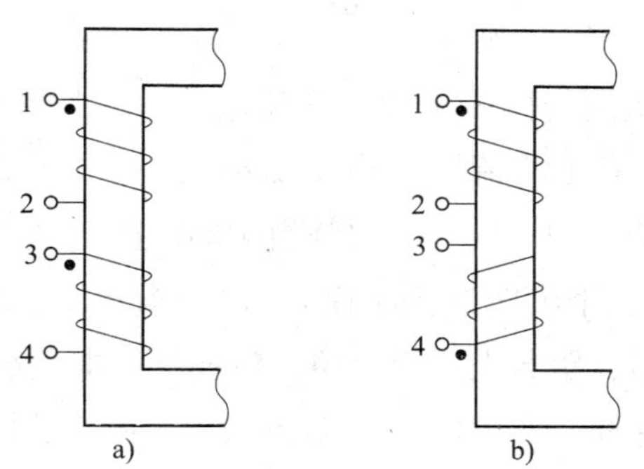

图 1-10 单相变压器一次绕组和二次绕组的极性

a）相同绕向时极性 b）不同绕向时极性

一次绕组和二次绕组的绕向可以相同，也可以相反；每一个绕组的两个出线端中任一出线端都可以作为首端，也可以作为尾端。但不管怎样组合，一次绕组和二次绕组的相对极性只可能有两种情况，即两个绕组的首端不是同极性，就是反极性。图 1-11a 中同时把一次绕组与二次绕组的同名端标记为首端 1U1 和 2U1，设一次绕组上感应电动势 $\dot{E}_{1U}$ 和二次绕组上感应电动势 $\dot{E}_{2U}$ 参考方向（即正方向）都是从首端指向尾端。这时，感应电动势 $\dot{E}_{1U}$ 和 $\dot{E}_{2U}$ 应为同相位。图 1–11b 中同时把一次绕组与二次绕组的异名端标记为首端 1U1 和 2U1，当感应电动势 $\dot{E}_{1U}$ 实际方向与参考方向一致时，感应电动势 $\dot{E}_{2U}$ 实际方向就与参考方向相反，即 $\dot{E}_{1U}$ 和 $\dot{E}_{2U}$ 应为反相位。

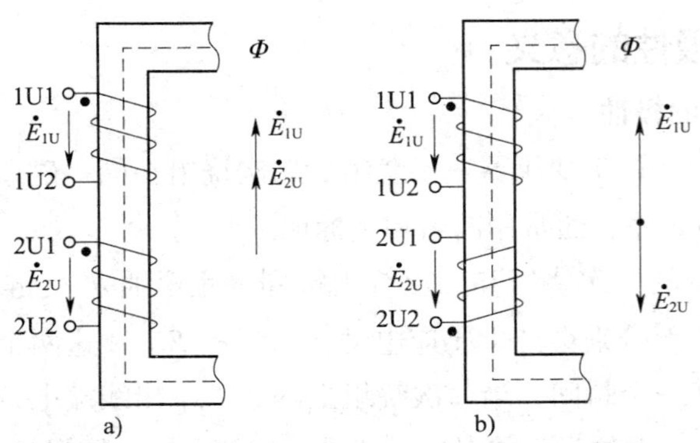

图 1–11　一次绕组和二次绕组首端的极性

a）首端为同极性　b）首端为反极性

单相变压器一次绕组、二次绕组上感应电动势 $\dot{E}_{1U}$ 与 $\dot{E}_{2U}$ 的相位关系不是同相位就是反相位，这也说明，单相变压器一次绕组、二次绕组的同名端与首尾端标记也决定了单相变压器一次绕组、二次绕组上电压 $\dot{U}_1$ 与 $\dot{U}_2$ 的相位关系不是同相位就是反相位。

例 1–3　如图 1–12 所示为单相变压器电路，试根据其一次绕组和二次绕组在某一瞬间的电流方向判断并用符号标出同名端。

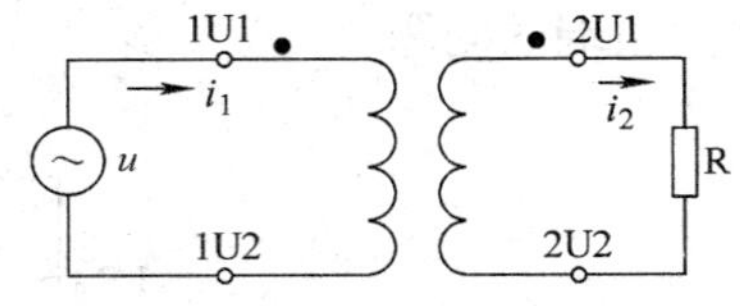

图 1–12　单相变压器电路

分析：当变压器一次绕组两端外加一交流电压时，某一瞬间电流 i_1 由 1U1 端流入，由 1U2 端流出，假设该瞬间电流是增大的，则在一次绕组中会产生自感电动势，其方向与电流方向相反，即自感电动势方向由 1U2 指向 1U1，这个瞬间 1U1 端感应电动势极性为正。此时二次绕组接上负载后，负载上电流是由上流向下，即负载所接二次绕组的 2U1 端感应电动势极性是正。这样，变压器 1U1 端和 2U1 端同为感应电动势的正极性端，即高电位端；1U2 端和 2U2 端同为感应电动势的负极性端，即低电位端。

结论：1U1 与 2U1（或 1U2 与 2U2）为同名端。

2. 变压器绕组的连接和极性的重要性

如果变压器一次绕组有两个以上的绕组或一次绕组、二次绕组都有两个以上的绕组，则这样的变压器称为多绕组变压器。这种变压器多用于各种电子设备中，输出多种电压。例如，电源变压器为了配合 220 V 和 110 V 不同的电网电压使用，需设两个额定电压为 110 V 的一次绕组，在电网电压为 220 V 时，将两个一次绕组串联起来使用；在电网电压为 110 V 时，将两个一次绕组并联起来使用。

（1）绕组串联

1）正向串联。把两个绕组的异名端相连的串联称为绕组正向串联，如图 1–13a 所示，这时绕组上的感应电动势为两个串联绕组上感应电动势之和，即 $\dot{E} = \dot{E}_1 + \dot{E}_2$，具有两个额定电压为 110 V 的一次绕组的电源变压器，应该采用绕组正向串联方式连接后，才可以接到 220 V 交流电源上。

2）反向串联。把两个绕组的同名端相连的串联称为绕组反向串联，如图 1–13b 所示，这时绕组上的感应电动势为两个串联绕组上感应电动势之差，即 $\dot{E} = \dot{E}_1 - \dot{E}_2$，具有两个额定电压为 110 V 的一次绕组的电源变压器如果采用这种连接方式接到 220 V 的电源上，由于绕组上感应电动势为零，在电源电压作用下，会有很大的电流流过一次绕组，变压器将烧坏。

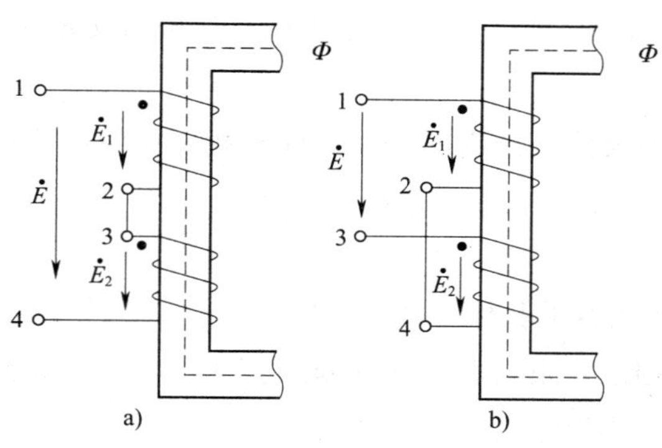

图 1–13 绕组串联

a）正向串联 b）反向串联

（2）绕组并联

绕组并联时，如果将绕组的同名端相连称为绕组同极性并联，将绕组的异名端相连称为绕组反极性并联。同极性并联时，如果两个并联绕组上感应电动势 $\dot{E}_1 = \dot{E}_2$，这时在并联绕组回路上不会产生内部环流，这是比较理想的状态。如果两个并联绕组上感应电动势 $\dot{E}_1 \neq \dot{E}_2$，这时在并联绕组回路中会产生一定的环流。此环流将产生损耗和发热，对绕组的正常工作不利，严重时甚至会烧坏绕组。如图 1–14a 所示为绕组同极性并联。

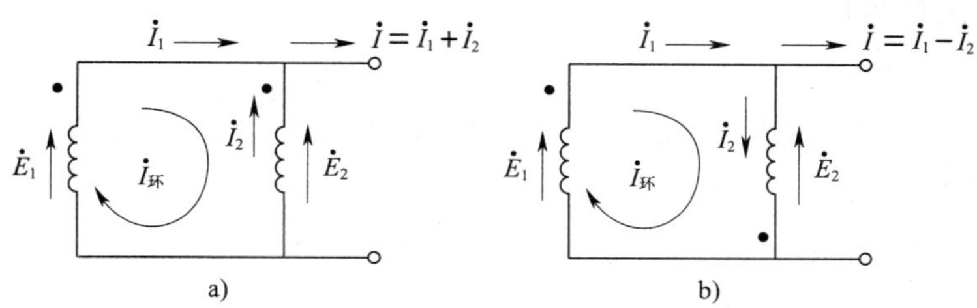

图 1–14 绕组并联

a）同极性并联 b）反极性并联

具有两个额定电压为 110 V 的一次绕组的电源变压器，应该采用绕组同极性并联方式连接后，才可以接到 110 V 交流电源上。应该注意，这时候必须将两个一次绕组并联后接到电源上，而不能只用一个一次绕组，否则该一次绕组中的工作电流将变成正常电流的两倍而损坏变压器。

绕组反极性并联时，在并联绕组回路上会产生很大的环流，将会烧坏并联绕组，如图 1–14b 所示，这种接法是不允许的，应绝对避免。

通过以上讨论，可以知道变压器绕组之间进行连接时，极性判别是至关重要的。一旦极性接反，轻者不能工作，重者导致绕组和设备的严重损坏。

二、变压器绕组的极性测定

在变压器绕组极性的测定方法中，一般采用直观法和仪表测试法。

1．直观法

因为变压器绕组的极性是由它的绕制方向和相对位置决定的，在图 1–10 中，两个绕组的相对位置确定，且也明确知道绕组的绕向，这时可以用直观法判别它们的极性。

用直观法判别绕组极性的具体方法是：同时假设从两个绕组某一端钮分别通入直流电流，用右手螺旋法则判别电流所产生的磁通方向，如果铁芯中两个磁通方向一致，则两个绕组流入电流的端钮就是同名端，反之为异名端。

2．仪表测试法

已经制成的变压器由于经过浸漆或其他工艺处理，从外观也就无法看出内部绕组的绕向，就只能借助仪表来测定绕组的同名端。采用仪表测定变压器绕组极性的方法有直流法和交流法两种。

（1）直流法

用直流法测变压器绕组的极性时，为了安全，一般多采用 1.5 V 的干电池或 2～6 V 的蓄电池和直流电流表或直流电压表。用直流法测定变压器绕组极性电路如图 1–15 所示，在变压器高压绕组接通直流电源的瞬间，根据低压绕组电压的正负极性来确定变压器各出线端的极性。

具体测定步骤如下：

1）设定线端。假定变压器高压绕组 1U1、1U2 端与低压绕组 2U1、2U2 端，并做好标记，如图 1–16 所示。

2）连接线路。将电池的“–”极接至高压绕组 1U2，而电池的“+”极与开关 SA 串联后接到高压绕组 1U1，在低压绕组上串入一个直流毫安表（或将万用表打至直流 0.5 mA 挡），毫安表的“+”端子与变压器低压绕组 2U1 相接，毫安表的“–”端子与变压器低压绕组 2U2 相接，如图 1–17 所示。

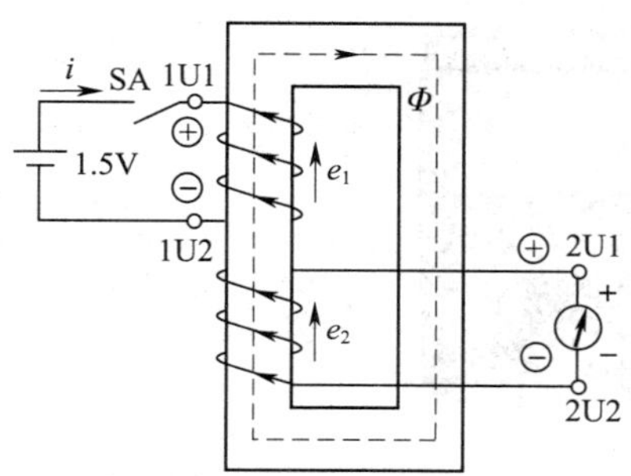

图 1–15 用直流法测定变压器绕组极性电路

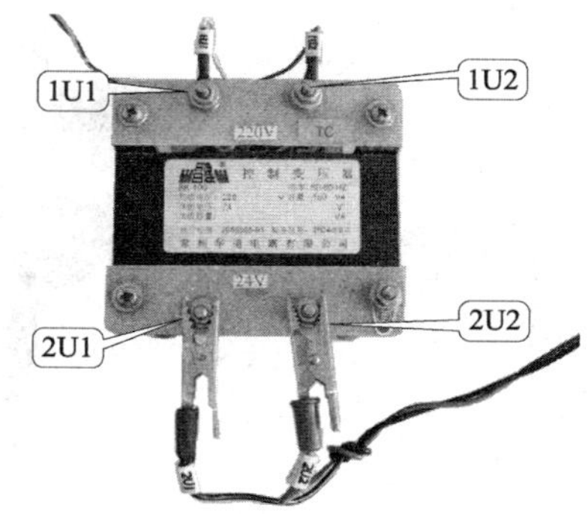

图 1–16 单相变压器设定线端

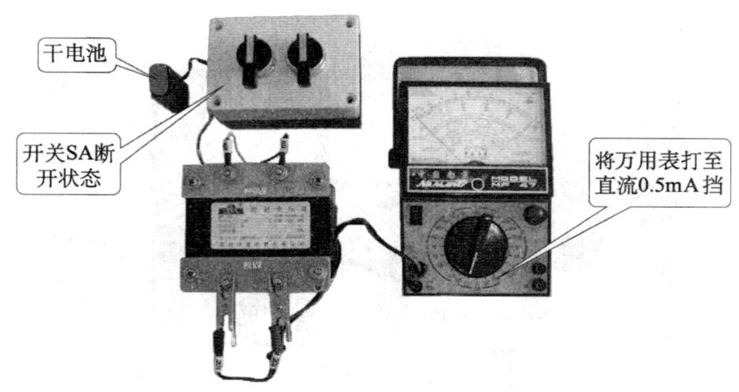

图 1–17 用直流法测定变压器绕组极性实物连接

3）测定判断。如图 1–18 所示，当合上开关 SA 的瞬间，高压绕组上的电流 i 从无到有增大，其电流方向是从 1U1 流进，从 1U2 流出，这个电流将在变压器铁芯产生一个增强的磁场，根据电磁感应定律，在变压器两绕组中会有感应电动势产生，高压绕组上的感应电动势 e_1 阻碍电流增大，其方向与电流 i 方向相反，从 1U2 指向 1U1，即 1U1 为感应电动势的正极。若直流毫安表的指针向零刻度的正方向（右方）偏转，说明二次绕组上感应电动势 e_2 方向是由 2U2 端指向 2U1 端，即 2U1 端是感应电动势的正极，则被测变压器 1U1 与 2U1（或 1U2 与 2U2）是同名端。如指针向负方向（左方）偏转，则说明被测变压器 1U1 与 2U2（或 2U1 与 1U2）是同名端。

（2）交流法

用交流法测量变压器绕组的极性时，一般将变压器的高压绕组尾端 1U2 和低压绕组尾端 2U2 用导线连接起来，然后在高压绕组 1U1 与 1U2 上施加较低的交流电压，如图 1–19 所示。用交流电压表测量被测变压器高压绕组上的电压 U_1、高低压绕组首端之间的电压 U_2 以及低压绕组上的电压 U_3，根据三个电压之间的大小关系来判断变压器绕组出线端的极性。如果三个电压满足关系式 $U_2=U_1+U_3$，则绕组出线端 1U1 与 2U1 是异名端；如果三个电压满足关系式 $U_2=U_1-U_3$，则其出线端 1U1 与 2U1 是同名端。

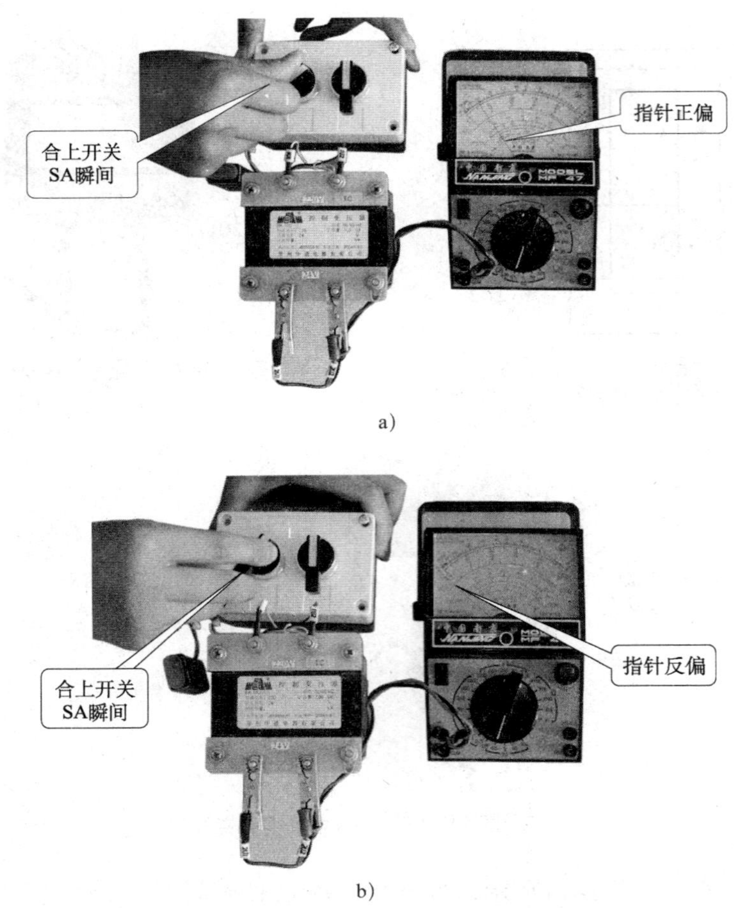

图 1–18　用直流法测定变压器绕组开关合上瞬间

a）指针正偏　b）指针反偏

具体测定步骤如下：

1）设定线端。假定高压绕组 1U1、1U2 端与低压绕组 2U1、2U2 端，并做好标记。

2）连接线路。首先将变压器的高压绕组尾端 1U2 端和低压绕组尾端 2U2 端用导线连接起来，然后通过调压器把变压器高压绕组接到交流电源上，调节调压器输出电压，使施加到变压器高压绕组上的电压为 110 V。

3）测定判断

①用万用表测量单相变压器高压绕组上的电压 U_1 为 110 V，如图 1–20 所示。

②用万用表测量单相变压器高低压绕组首端 1U1 与 2U1 之间的电压 U_2 为 122 V，如图 1–21 所示。

③用万用表测量单相变压器低压绕组上的电压 U_3 为 12 V，如图 1–22 所示。

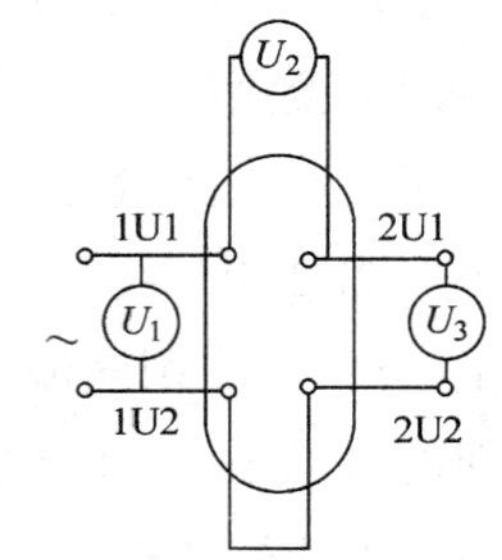

图 1–19　用交流法测定单相变压器极性电路

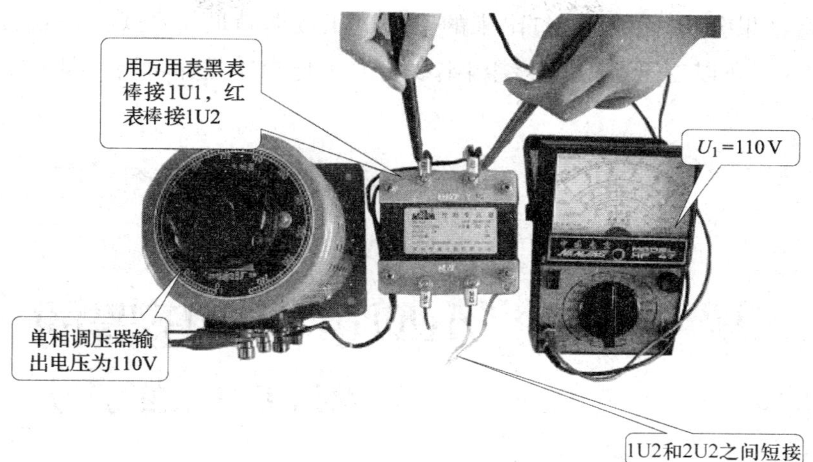

图 1–20 用万用表测量单相变压器高压绕组上的电压 U_1

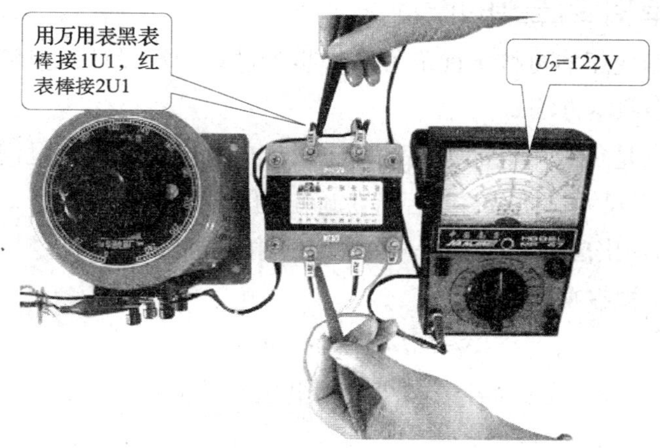

图 1–21 用万用表测量单相变压器高低压绕组首端 1U1 与 2U1 之间的电压 U_2

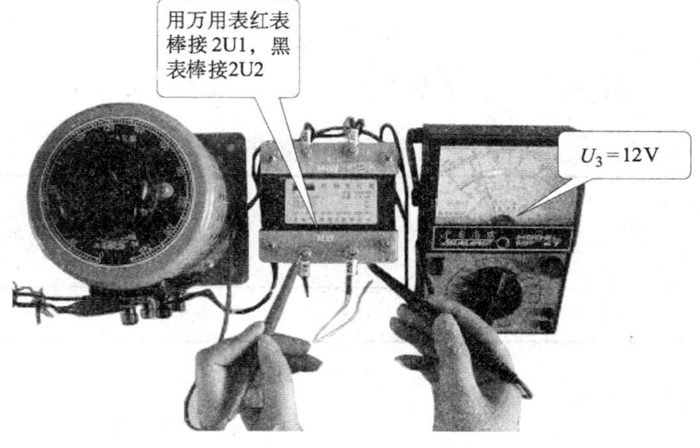

图 1–22 用万用表测量单相变压器低压绕组上的电压 U_3

④测量结果分析。由于测量出来的三个电压数据满足关系式：$U_2=U_1+U_3=$（110+12）V=122 V，所以变压器高低压绕组出线端 1U1 与 2U1 是异名端，即 1U1 与 2U2 是同名端。

§1-4 小型单相变压器的设计（选学）

一、小型单相变压器的设计

自制小型单相变压器可按下面的方法和步骤进行计算设计，损坏的变压器维修时重绕或改绕也可参照本方法。

设计的出发点是负载用电的需要，即应设计出电压和容量满足需要，尺寸和参数（如铁芯截面、窗口尺寸、匝数、线径等）确定的变压器。

1．变压器的输出总视在功率和一次绕组的输入电流计算

变压器输出总视在功率 S_0 为：

$$S_0=U_1I_1+U_2I_2+\cdots+U_nI_n \tag{1-26}$$

式中，U_1，U_2，…，U_n 为各二次绕组的电压有效值；I_1，I_2，…，I_n 为各二次绕组的电流有效值。

因变压器负载时存在着各种损耗（如铁耗、铜耗），故其输入视在功率 S_i 总是大于 S_0。S_i 可用下式计算：

$$S_i=S_0/\eta \tag{1-27}$$

式中，η 为变压器的效率。小型变压器的效率可按表 1–6 选取。

表 1–6　小型变压器的效率

输出总视在功率 S_0/（V·A）	10	$10<S_0\leqslant30$	$30<S_0\leqslant80$	$80<S_0\leqslant200$	$200<S_0\leqslant400$	400 以上
效率 η	0.6	0.7	0.8	0.85	0.9	0.95

一次绕组的输入电流 I_1（A）为：

$$I_1=(1.1\sim1.2)S_i/U_1 \tag{1-28}$$

式中，U_1 为一次绕组电压，即电源电压（V）。1.1～1.2 为考虑到变压器空载励磁电流大小的经验系数。

2．变压器的结构形式设计

小型变压器的铁芯结构一般多采用壳式。

小型变压器常用的标准铁芯硅钢片（见表 1–7）有两种：一种是 GEI 型，窗口较小；一种是 KEI 型，窗口较大。用前者制作变压器时，用铜少、用铁多，价廉，但体积大；用后者则正好相反。

表 1–7　小型变压器常用的标准铁芯硅钢片

<table>
<tr><th rowspan="2">硅钢片型号</th><th colspan="18">规格 /mm</th><th rowspan="2">窗口面积 /cm²</th></tr>
<tr><th>L</th><th>H</th><th>h</th><th>c</th><th>a</th><th>e</th><th colspan="12">标准化叠片厚度 b</th></tr>
<tr><td>GEI–10</td><td>36</td><td>31</td><td>18</td><td>6.5</td><td>10</td><td>6.5</td><td colspan="3">12.5</td><td colspan="3">15</td><td colspan="3">17.5</td><td colspan="3">20</td><td>1.17</td></tr>
<tr><td>GEI–12</td><td>44</td><td>38</td><td>22</td><td>8</td><td>12</td><td>8</td><td colspan="3">14</td><td colspan="3">18</td><td colspan="3">21</td><td colspan="3">24</td><td>1.76</td></tr>
<tr><td>GEI–14</td><td>50</td><td>43</td><td>25</td><td>9</td><td>14</td><td>9</td><td colspan="3">18</td><td colspan="3">21</td><td colspan="3">24</td><td colspan="3">28</td><td>2.25</td></tr>
<tr><td>GEI–16</td><td>56</td><td>48</td><td>28</td><td>10</td><td>16</td><td>10</td><td colspan="3">20</td><td colspan="3">24</td><td colspan="3">28</td><td colspan="3">32</td><td>2.8</td></tr>
<tr><td>GEI–19</td><td>67</td><td>57.5</td><td>33.5</td><td>12</td><td>19</td><td>12</td><td colspan="3">24</td><td colspan="3">28</td><td colspan="3">32</td><td colspan="3">38</td><td>4.02</td></tr>
<tr><td>GEI–22</td><td>78</td><td>67</td><td>39</td><td>14</td><td>22</td><td>14</td><td colspan="3">28</td><td colspan="3">33</td><td colspan="3">38</td><td colspan="3">44</td><td>5.46</td></tr>
<tr><td>GEI–26</td><td>94</td><td>81</td><td>47</td><td>17</td><td>26</td><td>17</td><td colspan="3">33</td><td colspan="3">39</td><td colspan="3">45</td><td colspan="3">52</td><td>7.99</td></tr>
<tr><td>GEI–30</td><td>106</td><td>91</td><td>53</td><td>19</td><td>30</td><td>19</td><td colspan="3">38</td><td colspan="3">45</td><td colspan="3">56</td><td colspan="3">60</td><td>10.07</td></tr>
<tr><td>GEI–35</td><td>123</td><td>105.5</td><td>61.5</td><td>22</td><td>35</td><td>22</td><td colspan="3">44</td><td colspan="3">52</td><td colspan="3">60</td><td colspan="3">70</td><td>13.52</td></tr>
<tr><td>GEI–40</td><td>144</td><td>124</td><td>72</td><td>26</td><td>40</td><td>26</td><td colspan="3">50</td><td colspan="3">60</td><td colspan="3">70</td><td colspan="3">80</td><td>18.7</td></tr>
<tr><td>KEI–10</td><td>40</td><td>35</td><td>25</td><td>10</td><td>10</td><td>5</td><td colspan="2">8</td><td colspan="2">10</td><td colspan="2">12</td><td colspan="2">16</td><td colspan="2">20</td><td colspan="2">25</td><td>2.5</td></tr>
<tr><td>KEI–12</td><td>48</td><td>42</td><td>30</td><td>12</td><td>12</td><td>6</td><td colspan="2">10</td><td colspan="2">12</td><td colspan="2">16</td><td colspan="2">20</td><td colspan="2">25</td><td colspan="2">32</td><td>3.6</td></tr>
<tr><td>KEI–16</td><td>64</td><td>56</td><td>40</td><td>16</td><td>16</td><td>8</td><td colspan="2">12</td><td colspan="2">16</td><td colspan="2">20</td><td colspan="2">25</td><td colspan="2">32</td><td colspan="2">40</td><td>6.4</td></tr>
<tr><td>KEI–20</td><td>80</td><td>70</td><td>50</td><td>20</td><td>20</td><td>10</td><td colspan="2">16</td><td colspan="2">20</td><td colspan="2">25</td><td colspan="2">32</td><td colspan="2">40</td><td colspan="2">50</td><td>10</td></tr>
<tr><td>KEI–25</td><td>100</td><td>87.5</td><td>62.5</td><td>25</td><td>25</td><td>12.5</td><td colspan="2">20</td><td colspan="2">25</td><td colspan="2">32</td><td colspan="2">40</td><td colspan="2">50</td><td colspan="2">63</td><td>15.62</td></tr>
<tr><td>KEI–32</td><td>128</td><td>112</td><td>80</td><td>32</td><td>32</td><td>16</td><td colspan="2">25</td><td colspan="2">32</td><td colspan="2">40</td><td colspan="2">50</td><td colspan="2">63</td><td colspan="2">80</td><td>25.6</td></tr>
<tr><td>KEI–40</td><td>160</td><td>140</td><td>100</td><td>40</td><td>40</td><td>20</td><td colspan="2">32</td><td colspan="2">40</td><td colspan="2">50</td><td colspan="2">63</td><td colspan="2">80</td><td colspan="2">100</td><td>40</td></tr>
</table>

3．变压器铁芯柱截面积 *S* 计算

铁芯柱截面积 *S* 与变压器输出总视在功率有关，可由下式确定：

$$S=K_0\sqrt{S_0} \tag{1–29}$$

式中，K_0 为经验系数。经验系数的参考值见表 1–8。

表 1–8　经验系数 K_0 的参考值

输出总视在功率 S_0/（V · A）	$0<S_0\leqslant 10$	$10<S_0\leqslant 50$	$50<S_0\leqslant 500$	$500<S_0\leqslant 1\,000$	1 000 以上
经验系数 K_0	2	2 ~ 1.75	1.5 ~ 1.4	1.4 ~ 1.2	1

根据计算所得的 S 值，可由 $S=a\times b$ 和 $b=$（1 ~ 2）a 的关系确定铁芯宽 a 和铁芯净叠厚 b，其中 a 可根据小型变压器标准铁芯硅钢片尺寸选用。

由于铁芯是用涂绝缘漆的硅钢片叠成的，考虑到漆膜与叠片间间隙的厚度，故铁芯的实际厚度为 $b'=b/0.9\approx 1.1b$。

4．线圈匝数计算

变压器绕组感应电动势 E 的计算公式为：

$$E=4.44fNB_mS\times 10^{-4} \tag{1–30}$$

则每伏匝数 N_0 为：

$$N_0=N/E=10^4/(4.44fB_mS) \tag{1–31}$$

式中，S 为铁芯柱的截面积（cm^2），B_m 为铁芯的磁感应强度（T）。

不同的硅钢片所允许的 B_m 值不同，通常冷轧硅钢片 B_m 可取 1.2 ~ 1.4 T；热轧硅钢片 B_m 可取 1.0 ~ 1.2 T；电动机用热轧硅钢片 B_m 可取 0.5 ~ 0.7 T；而对于晶粒取向冷轧硅钢片，B_m 可取 1.6 ~ 1.8 T。

根据计算所得 N_0 值，可算出每个绕组的匝数，即：

$$N_1=U_1N_0;\ N_2=KN_0U_2;\ N_3=KN_0U_3;\ \cdots\cdots \tag{1–32}$$

式中，K 为补偿二次绕组负载时本身的电压降而设，K 的取值范围为 1.05 ~ 1.15，变压器的容量越小，K 应取得越大。

5．导线直径计算

$$d=\sqrt{4I/(\pi j)}\approx 1.13\sqrt{I/j} \tag{1–33}$$

式中　I——绕组的电流，A；

　　j——导线允许电流密度，A/mm^2。

铜导线一般选用 $j=$（2 ~ 3）A/mm^2，变压器短时工作时可取 $j=$（4 ~ 5）A/mm^2，如果设计的是稳压电源的电源变压器，则电流密度可取小一些。

绕组常用的漆包线有 QZ 型、QQ 型高强度漆包线。导线越粗，漆包线漆层越厚，通常线径 ϕ0.2 mm 以下漆层厚 0.03 ~ 0.04 mm；线径 ϕ（0.2 ~ 0.5）mm 漆层厚 0.05 mm；线径 ϕ（0.50 ~ 1）mm 漆层厚 0.06 mm；线径 ϕ1 mm 以上漆层厚 0.07 mm。具体的导线规格和带漆膜后的线径 d' 可查阅相关手册。

6．线圈结构和窗口的核算

根据前面所确定的铁芯截面积和铁芯柱宽，预选出标准的铁芯硅钢片后，窗口的

高 h 和宽度 c 也就确定了。至此也求得了各绕组的匝数、导线规格，再考虑到导线的排列和绝缘结构中的绝缘材料尺寸，即可核算铁芯的窗口是否能容纳所有的线圈。

容量较小的小型变压器常采用无框骨架，无框骨架也称线圈底筒。小型变压器线圈的结构图如图 1–23 所示。

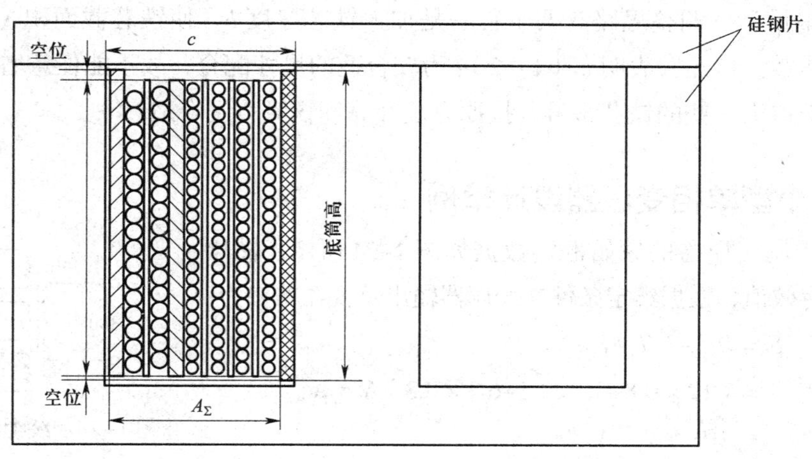

图 1–23 小型变压器线圈的结构图

每层可绕的匝数 n 为：

$$n=h_{m}/(K_{v}d') \tag{1-34}$$

式中，h_m 为线圈实际绕制高度（底筒高减两端空位）；K_v 为导线排绕系数，导线直径小于 0.5 mm 时取 1.1，导线直径大于 0.5 mm 时取 1.05；d' 为该绕组所用导线带漆膜后的线径。

进一步可算得每个绕组的层数为：

$$W=N/n \tag{1-35}$$

线圈底筒可用 1 ~ 2.5 mm 厚的弹性纸或环氧板制作，必要时也可在底筒上再包上两层 0.1 mm 厚的聚酯薄膜。各绕组的层间绝缘可根据工作电压的大小采用 0.05 mm 或 0.10 mm 聚酯薄膜、0.12 mm 的电缆纸或采用其他如电话纸、透明纸、青壳纸等。各绕组的外层绝缘也可用上述材料包 2 ~ 5 层（导线越粗，层间绝缘应越厚）。

为避免电子设备的输出信号有交流声的干扰，在变压器的一次绕组、二次绕组之间可加一层静电屏蔽。可采取单绕一层线圈，一头空置，一头接地作为屏蔽层；也可用铜箔等金属材料在一次绕组、二次绕组间绕一层，两端留缝隙相互绝缘，一端引出接地作为屏蔽层。屏蔽层外也要加绝缘层。

每个绕组厚度为：

$$A=W(d'+\delta)+r \tag{1-36}$$

式中，δ 为层间绝缘的厚度（mm）；r 为绕组间绝缘的厚度（mm）。

最后可算出全部绕组的总厚度：

$$A_{\Sigma}=(1.1\sim1.15)(\theta+A_1+A_2+\cdots+A_n) \tag{1-37}$$

式中，θ 为骨架本身的厚度。

显然，若计算所得总厚度 A_{Σ} 小于铁芯窗口宽度 c，则设计可行；否则方案不可行，应调整设计。调整思路有两个：一是加大铁芯厚度 b，使铁芯截面积 S 加大，以减少绕组匝数。但经验表明 $b=(1\sim2)a$ 为较合适的尺寸配合，故不能任意增大叠厚 b；二是重新选取大一些的铁芯型号，按原方法计算和核算直到合适。

二、小型单相变压器设计举例

一台控制变压器的原始额定数据如图 1–24 所示，图中数值均为有效值，根据给定条件，变压器输出总视在功率为：

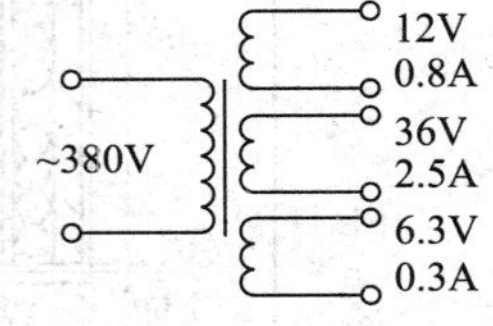

图 1–24　绕组的给定数据

$$S_0=U_2I_2+U_3I_3+U_4I_4$$
$$=(12\times0.8+36\times2.5+6.3\times0.3)\text{ V}\cdot\text{A}$$
$$\approx101.5\text{ V}\cdot\text{A}$$

查表 1–6 得 $\eta=0.85$，则一次侧输入的视在功率为：

$$S_i=S_0/\eta=101.5\text{ V}\cdot\text{A}/0.85\approx119.4\text{ V}\cdot\text{A}$$

因而一次绕组的输入电流为：

$$I_1=(1.1\sim1.2)S_i/U_1$$
$$=[(1.1\sim1.2)\times119.4/380]\text{ A}$$
$$\approx(0.346\sim0.377)\text{ A}$$

取 I_1=0.36 A

由变压器输出总视在功率 S_0 从表 1–8 查得 K_0=1.4，故可求得铁芯柱的截面积为：

$$S=1.4\sqrt{101.5}\text{ cm}^2\approx14.1\text{ cm}^2$$

由 $S=a\times b$；$b=(1\sim2)a$ 及查表 1–7，预选表 1–7 中所列的 GEI–30 型标准硅钢片，其有关尺寸为：铁芯柱宽 a=30 mm；窗口高度 h=53 mm；窗口宽度 c=19 mm；铁芯的净叠厚 $b=S/a=14.1\times10^2/30$ mm=47 mm。

因此，需 0.35 mm 厚的硅钢片，片数为 47/0.35 片≈135 片（含有小数，不够一片算一片）。

铁芯叠成后实际的厚度 b'=47/0.9 mm≈52.2 mm。取铁芯的磁感应强度 B_m=1 T，则每伏匝数为：

$$N_0=10^4/(4.44fB_mS)=10^4/(4.44\times50\times1\times14.1)\text{ 匝/V}$$
$$\approx3.19\text{ 匝/V}$$

一次绕组的匝数为：

$$N_1=U_1N_0=380\times3.19\text{ 匝}\approx1\,212\text{ 匝}$$

各二次绕组的匝数为：

$$N_2=KU_2N_0=1.1\times12\times3.19\text{ 匝}\approx42\text{ 匝}$$
$$N_3=KU_3N_0=1.1\times36\times3.19\text{ 匝}\approx126\text{ 匝}$$
$$N_4=KU_4N_0=1.1\times6.3\times3.19\text{ 匝}\approx22\text{ 匝}$$

取电流密度 j=2.5 A/mm^2，可求得一次绕组的导线直径为：

$$d_1=1.13\sqrt{I_1/j}=1.13\sqrt{0.36/2.5}\text{ mm}\approx0.429\text{ mm}$$

各二次绕组的线径为：

$$d_2=1.13\sqrt{I_2/j}=1.13\sqrt{0.8/2.5}\text{ mm}\approx0.639\text{ mm}$$
$$d_3=1.13\sqrt{I_3/j}=1.13\sqrt{2.5/2.5}\text{ mm}\approx1.13\text{ mm}$$
$$d_4=1.13\sqrt{I_4/j}=1.13\sqrt{0.3/2.5}\text{ mm}\approx0.391\text{ mm}$$

查手册中的漆包圆线线规表，分别得相近截面标准线规为：

N_1 和 N_4 绕组都采用 QZ 型漆包圆线，$d_1=d_4$=0.44 mm，$d_1'=d_4'$=0.5 mm。

N_2 绕组采用 QZ 型漆包圆线，d_2=0.64 mm，d_2'=0.72 mm。

N_3 绕组采用 QZ 型漆包圆线，d_3=1.12 mm，d_3'=1.23 mm。

N_4 绕组的匝数少，在此取 $d_1=d_4$，这样可以减少导线规格，而用线质量增加很少。

绝缘骨架采用无框骨架，骨架高（即底筒高）应比铁芯窗口高短约 2 mm，即底筒高为 51 mm，两端空位取 2.5 mm，则一次绕组每层可绕匝数为：

$$n_1=h_m/(K_{v1}\times d_1')=(51-2\times2.5)/(1.1\times0.5)\text{ 匝/层}$$
$$\approx83\text{ 匝/层}$$

一次绕组的层数为：

$$W_1=N_1/n_1=(1\,212/83)\text{ 层}\approx15\text{ 层}$$

层间用 0.05 mm 厚的聚酯薄膜绝缘，绕组外侧用 3 层 0.12 mm 厚的青壳纸与二次绕组绝缘。故一次绕组厚度为：

$$A_1=W_1(d_1'+\delta_1)+r_1=[15(0.5+0.05)+3\times0.12]\text{mm}$$
$$=8.61\text{ mm}$$

二次绕组 N_2 的每层匝数和层数为：

$$n_2=h_m/(K_{v2}d_2')=[(51-2\times2.5)/(1.05\times0.72)]\text{ 匝/层}\approx60\text{ 匝/层}$$
$$W_2=N_2/n_2=(42/60)\text{ 层}=0.7\text{ 层}$$

二次绕组 N_4 的每层匝数和层数为：

$$n_4=h_m/(K_{v4}d_4')=[(51-2\times2.5)/(1.1\times0.5)]\text{ 匝/层}\approx83\text{ 匝/层}$$
$$W_4=N_4/n_4=(22/83)\text{ 层}\approx0.27\text{ 层}$$

可见，二次绕组 N_2 和 N_4 可以共绕在同一层中，因只有一层，故无层间绝缘，绕组外侧用一层 0.12 mm 厚的青壳纸绝缘，则绕组厚度为：

$$A_2=d_2'+r_2=(0.72+0.12)\text{ mm}=0.84\text{ mm}$$

二次绕组 N_3 的每层匝数和层数为：

$$n_3=h_m/(K_{v3}d'_3)=[(51-2\times2.5)/(1.05\times1.23)]\text{ 匝/层}\approx35\text{ 匝/层}$$

$$W_3=N_3/n_3=(126/35)\text{ 层}\approx4\text{ 层}$$

导线层间采用 0.10 mm 的聚酯薄膜绝缘，绕组外侧用两层 0.12 mm 厚的青壳纸绝缘，则绕组厚度为：

$$A_3=W_3(d'_3+\delta_3)+r_3=[4(1.23+0.10)+2\times0.12]\text{mm}=5.56\text{ mm}$$

选用骨架本身厚 θ =1 mm，则所有绕组的总厚度为：

$$A_m=1.15(\theta+A_1+A_2+A_3)=1.15(1+8.61+0.84+5.56)\text{mm}\approx18.41\text{ mm}$$

总厚度小于窗口宽度（19 mm），故此方案可行。

三、小型变压器的绕制

绕制一个小型单相变压器，输出功率为 25 V·A，电压为 220 V/17 V。已知骨架芯子的截面积尺寸为 $a\times b'\times h$=2.2 cm × 2.8 cm × 3.0 cm，如图 1–25 所示；硅钢片为 F 型。

1．绕线前的准备工作

（1）导线的选择

选用相应的漆包线的一次线径为 0.23 mm，如图 1–25a 所示；二次线径为 0.77 mm，如图 1–25b 所示。

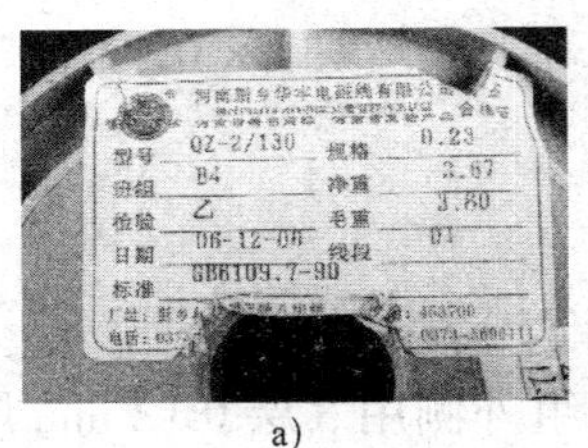

a）

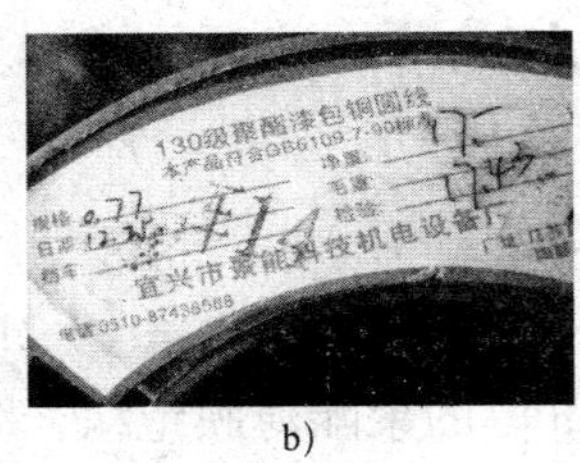

b）

图 1–25 线径的尺寸

a）一次线径 b）二次线径

（2）绝缘材料的选择

绝缘材料的选择应从两个方面考虑：一方面是绝缘强度；另一方面是绝缘材料的种类，如牛皮纸、青壳纸、黄蜡布或涤纶薄膜等。对于层间绝缘应用厚度为 0.08 mm 牛皮纸，如图 1–26a 所示；线包外层绝缘使用厚度为 0.25 mm 的青壳纸，如图 1–26b 所示。

（3）制作芯子

芯子用来套在绕线机转轴上，支撑绕组骨架，以便进行绕线。现采用铝芯制成尺寸为 $a'\times b'\times h'$=22 mm × 28 mm × 30 mm，芯子的长边 h'（30 mm）应比铁芯窗口高度 h 短一些，芯子的中心孔径为 10 mm，孔必须钻得平直，相关尺寸如图 1–27 和图 1–28 所示。木芯的四边必须互相垂直，否则绕线时会发生晃动，绕组不易平齐。芯子的边角最好磨成圆角，以便套进或抽出骨架。

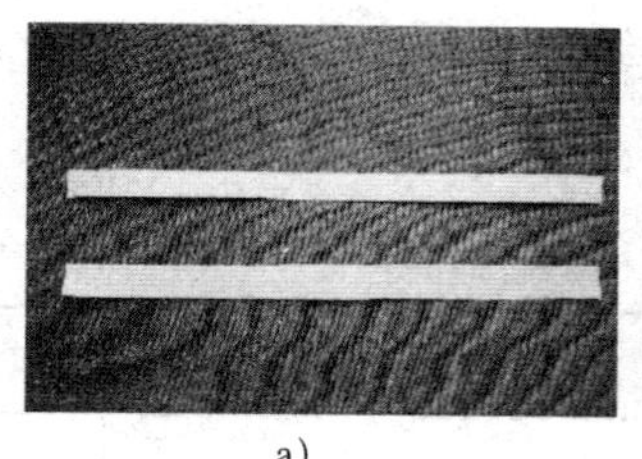
a）

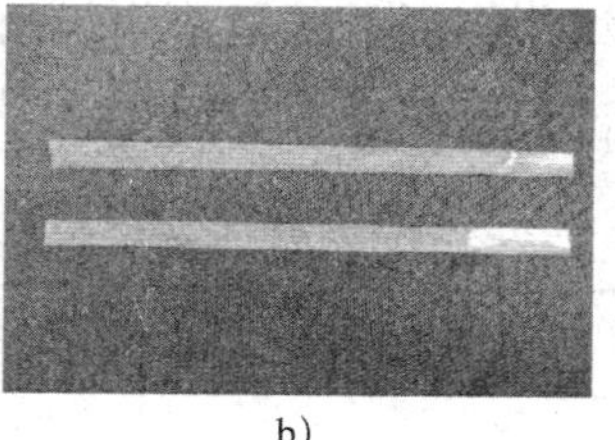
b）

图 1–26 绝缘材料的类型

a）牛皮纸 b）青壳纸

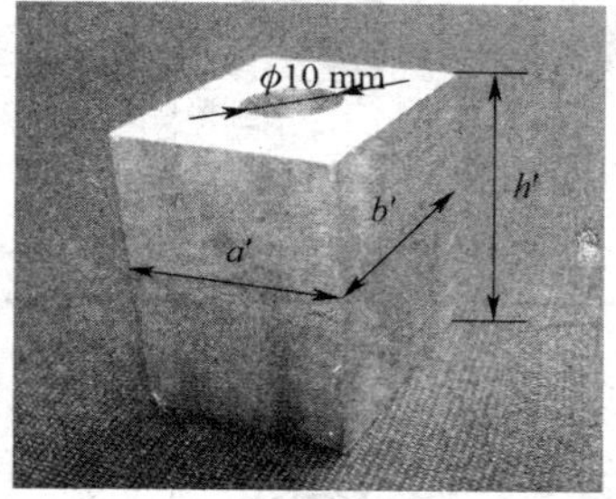

图 1–27 变压器的芯子

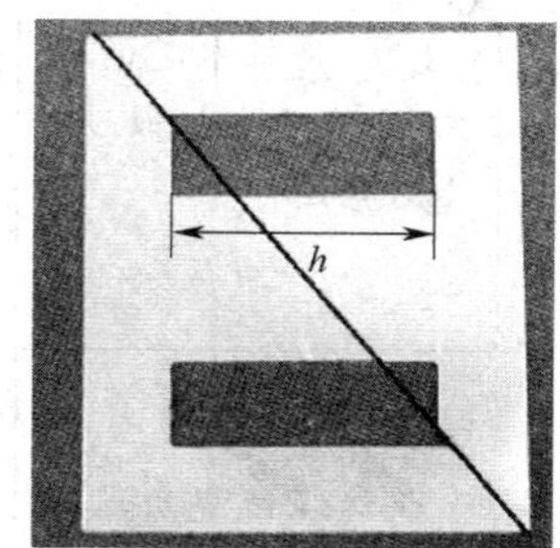

图 1–28 硅钢片的尺寸

（4）选用骨架

绕线芯子及骨架除起支撑绕组的作用外，还对铁芯起到绝缘作用。它应具有一定的机械强度和绝缘强度。

变压器采用有框骨架，框架可用钢纸板或玻璃纤维板等材料制成。板材不宜过厚，过厚则会减小铁芯窗口的有效绕线面积。有骨框架如图 1–29a 所示，图 1–29b 是框架外的夹板，也起到绝缘保护作用。

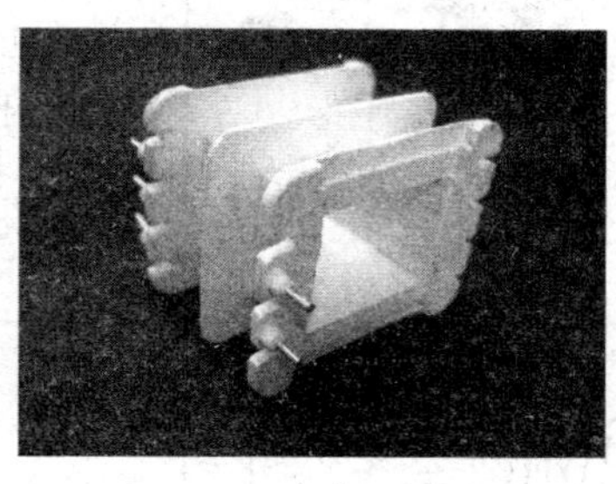
a）

b）

图 1–29 有骨框架的结构

a）有骨框架 b）框架外的夹板

2．绕线

绕线之前裁剪好各种绝缘纸（布）。绝缘纸（布）的宽度应稍大于骨架的长度，而长度应稍大于骨架的周长，还应考虑绕组逐渐绕大后所需的余量。绕线过程及工艺要求见表 1–9。绕线的顺序按一次绕组、静电屏蔽、二次高压绕组、二次低压绕组依次叠绕。每绕完一组绕组后，要衬垫绕组间绝缘。当二次绕组数较多时，每绕好一组后用万用表检查是否为通路。

表 1–9　绕线过程及工艺要求

序号	步骤	工艺要求	实物图	注意事项
1	固定木芯、骨架	（1）将骨架套上木芯 （2）将带木芯的骨架穿入绕线机轴上，上好紧固件		木芯与转轴同心且平行
2	安放第一层绝缘	将绝缘纸绕两周后用胶水（或用透明胶）粘牢，作为绕组与铁芯间的绝缘		绝缘纸要求是牛皮纸、青壳纸
3	起绕并固定线头	（1）引线需紧贴骨架，用透明胶将其贴牢 （2）绕线时从引线的反方向开始起绕，以便压紧起始线头 （3）将绕线机上的记数转盘调零		若采用无框骨架，导线起绕点不可过于靠近绕线芯子的边缘，以免在绕线时漆包线滑出，防止在插硅钢片时碰伤导线的绝缘
4	绕线	（1）绕线时将导线稍微拉向绕线前进的相反方向（5°左右），以便使导线排紧 （2）导线要求绕得紧密、整齐，不允许有叠线现象	绕线前进方向 约5°	拉线的手应按前进方向移动，拉力大小根据导线粗细来调整

续表

序号	步骤	工艺要求	实物图	注意事项
5	安放层间绝缘	绕完一层就刷一层薄凡立水，垫上一层绝缘纸，再绕下一层	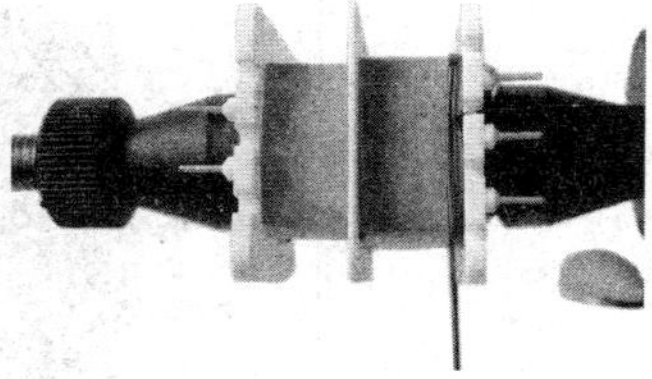	安放绝缘纸必须从骨架所对应的一个舌宽面开始。绝缘纸必须放平、放正、拉紧
6	固定线尾	（1）当一组绕组绕制接近结束前，要垫上一条对折的棉线或绝缘带 （2）继续绕线到结束，将线尾插入对折棉线的折缝中 （3）抽紧绝缘带，线尾便固定好了 （4）将线尾绕在引脚上，多余的漆包线需剪掉	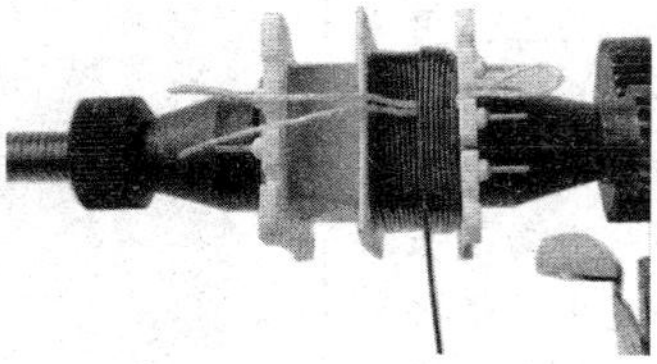	注意对折的棉线放置的方向
7	安放绕组间的绝缘	同安放第一层绝缘步骤		绝缘纸要求是牛皮纸、青壳纸
8	安放静电屏蔽层（电子设备用电源变压器）	二次绕组间放铜箔作为静电屏蔽层，屏蔽层用 0.1 mm 左右的薄铜箔，其宽度比骨架长度稍短 1～3 mm，在铜箔上焊一根多股软线引出接地	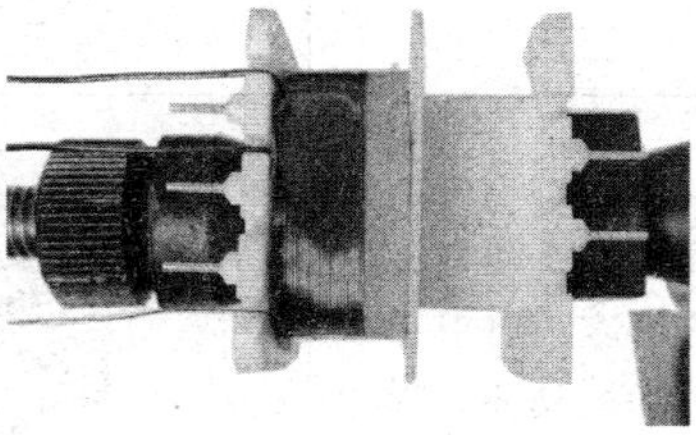	（1）注意绝不能让静电屏蔽层首尾相连，否则将形成短路，使变压器通电时发高热，甚至烧毁 （2）若没有现成铜箔，可用 0.12～0.15 mm 的漆包线密绕一层，一端埋在绝缘层内，一端接地

续表

序号	步骤	工艺要求	实物图	注意事项
9	安放外层绝缘	同安放第一层绝缘步骤		绝缘纸要求是牛皮纸、青壳纸
10	引出线及焊接	一般用多股软线、较粗单股铜线或铜皮制成的焊片，将其焊在线圈端头上，用绝缘材料包扎好后，引出线头。接引出线头的方法是用两条长的青壳纸或牛皮纸将一段多股导线或窄薄铜皮夹在纸中间，再用黏合剂黏结牢固		（1）漆包线直径在 0.2 mm 以上的用本线直接引出，直径在 0.2 mm 以下的用多股软线作为引出线。只有条件许可的，才用薄铜皮焊片作为引出线头 （2）应按耐压等级选用引出线的套管

小贴士

变压器中间抽头引出线方法

若变压器有中间抽头（有些变压器有两个或两个以上的绕组，不需要分开绕线，只要在同一绕组中按需要抽出几个线头，用这些抽头来做二次绕组引出线），可采用表 1–10 所示方法制作。

表 1–10　变压器中间抽头引出方法

引出方法	工艺	示意图	备注
焊接引出	在线圈抽头处刮去一小段绝缘漆，将引出线焊上去作为抽头，焊完后包上绝缘		焊剂应采用松香焊剂，焊点表面应完整、连续和圆滑

续表

引出方法		工艺	示意图	备注
原线引出	漆包线较细	在线圈抽头处不刮去绝缘漆，将漆包线拖长，两股排在一起作为引出线		引出线折向一侧时，在线的下面垫上一层绝缘材料或在引出线套上绝缘套管，以避免短路
	漆包线较粗	把两根线平行对折作为引出线，若将漆包线绞在一起，会使线包中间隆起，影响绕线和线包的平整		粗漆包线弹性较大，以致弯头的地方不容易贴实，需另加一根纱带将它固定

3．铁芯镶片

采用 F 型硅钢片作为小型变压器的铁芯。

（1）镶片要求

铁芯镶片要求紧密、整齐，不能损伤线包，否则会使铁芯截面积达不到计算要求，造成磁通密度过大而发热，并使变压器在运行时硅钢片产生振动噪声。

（2）镶片方法

1）镶片前先将夹板装上，如图 1–30a 所示。

2）镶片应从线包两边两片两片地交叉对镶，如图 1–30b 所示。

3）当余下最后几片硅钢片时，比较难镶，俗称紧片。紧片需要用一字旋具撬开两片硅钢片的夹缝才能插入，同时用木槌轻轻敲入，切不可硬性将硅钢片插入，以免损伤框架和线包，如图 1–30c 所示。

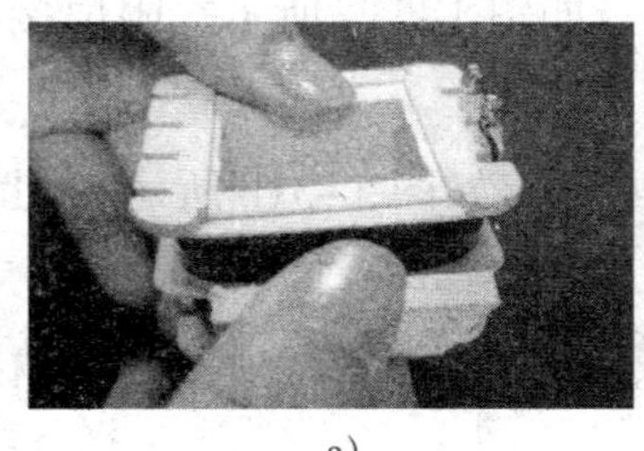

a)

b)

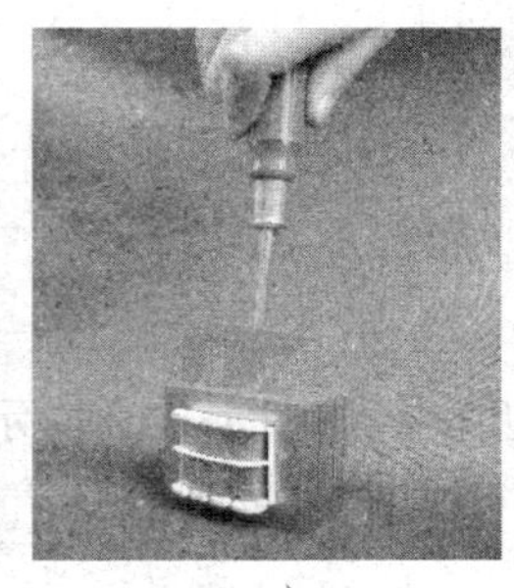

c)

图 1–30　小型变压器镶片方法

a）将夹板装上　b）交叉对镶　c）紧片

小贴士

硅钢片的检查和选择

1．检查硅钢片是否平整，表面是否有毛刺。硅钢片不平整会影响装配质量，有毛刺容易造成磁路短路并增大涡流。

2．检查硅钢片表面是否锈蚀。锈蚀后的斑块会增加硅钢片的厚度，减小铁芯有效截面，同时硅钢片容易受潮，降低变压器绝缘性能。

3．检查硅钢片表面绝缘是否良好。如有剥落，应重新刷漆。

4．检查硅钢片的含硅量是否大体符合要求。一般硅钢片含硅量在 3%～4% 为正常。

硅钢片的含硅量估查可采用弯折法，见表 1–11。

表 1–11　硅钢片的含硅量估查方法

弯折法	现象	含硅量
用钳子夹住硅钢片的一角，将其弯成直角	折断	4% 以上
	弯成直角后回复到原位才折断	接近 4%
	反复弯三、四次才能折断	约 3%
	难以折断	2% 以下

4．测试

（1）绝缘电阻的测试

用兆欧表测量各绕组间和各绕组对铁芯的绝缘电阻。若绝缘电阻大于 100 MΩ 合格，小于 10 MΩ 时可能漏电，绝缘电阻为零时视为短路。若绝缘电阻忽大忽小，表示有碰线现象，应重绕。

1）用兆欧表测量一次绕组和二次绕组间的绝缘电阻，如图 1–31a 所示；阻值接近∞，如图 1–31d 所示。

2）用兆欧表测量一次绕组对铁芯（外壳）的绝缘电阻，如图 1–31b 所示；阻值接近∞，如图 1–31d 所示。

3）用兆欧表测量二次绕组对铁芯（外壳）的绝缘电阻，如图 1–31c 所示；阻值接近∞，如图 1–31d 所示。

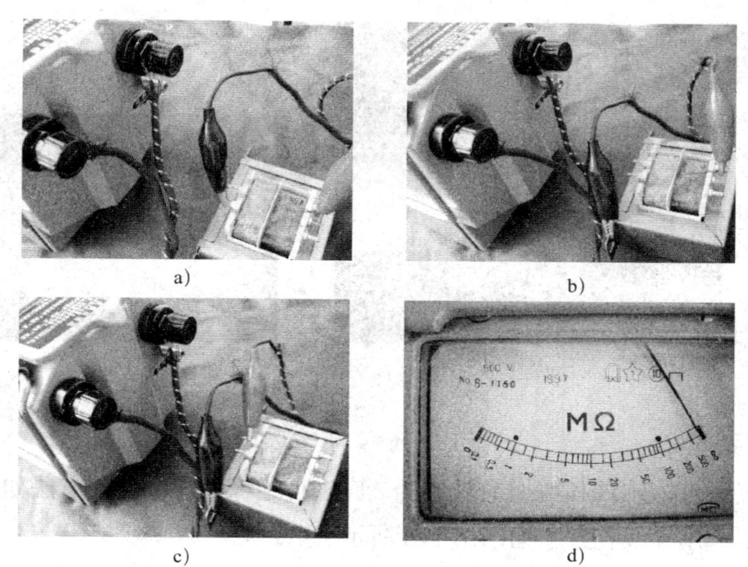

图 1–31 小型变压器的绝缘检查

a）测量一次绕组和二次绕组间的绝缘电阻 b）测量一次绕组对铁芯（外壳）的绝缘电阻 c）测量二次绕组对铁芯（外壳）的绝缘电阻 d）阻值接近∞

（2）空载电压的测试

1）一次绕组电压加额定电压 220 V，如图 1–32a 所示。

2）二次绕组的空载电压允许误差为 5%，现测二次绕组电压为 16.5 V，误差为 3%，在允许范围内，如图 1–32b 所示。

图 1–32 小型变压器的空载电压测试

a）一次绕组电压 b）二次绕组电压

（3）空载电流的测试

当一次绕组电压加额定值时，其空载电流为 5% ~ 8% 的额定电流值。如空载电流大于额定电流 10% 时，变压器损耗较大；当空载电流超过额定电流的 20% 时，它的温升超过允许值，不能使用，如图 1–33 所示。

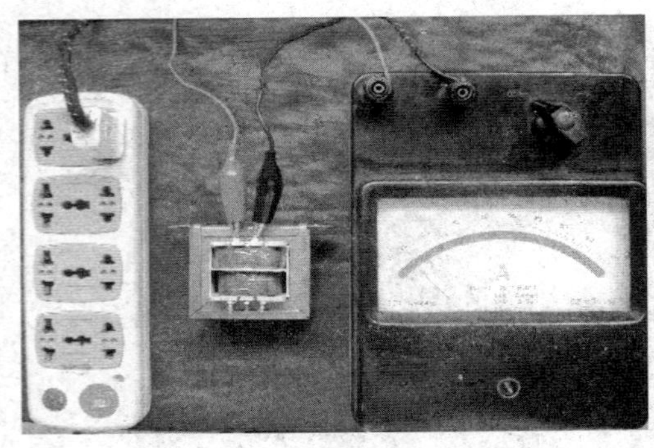

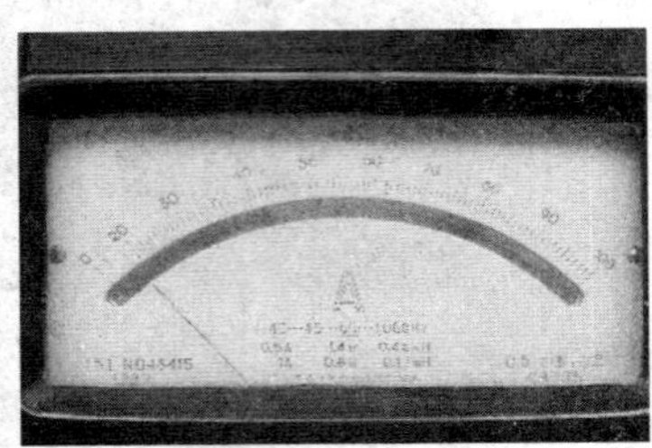

图 1-33　小型变压器的空载电流测量

5．绝缘处理

线包绕好后，为防潮和增加绝缘强度，应进行绝缘处理。处理方法如下：

（1）将线包用导线扎好，如图 1-34a 所示。

（2）放在烘箱内加热到 70～80 ℃，预热 3～5 h 取出，如图 1-34b 所示。

（3）立即浸入 1032 绝缘清漆中约 0.5 h，如图 1-34c 和图 1-34d 所示。

（4）取出后在通风处滴干，如图 1-34e 所示。

（5）在 80 ℃烘箱内烘 8 h 左右即可。

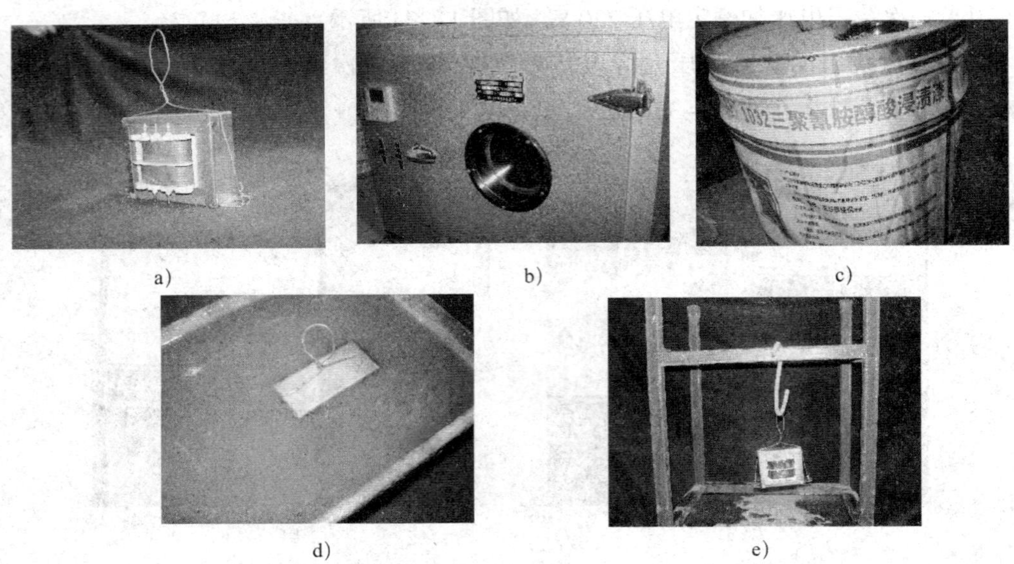

a)　b)　c)

d)　e)

图 1-34　小型变压器的绝缘处理

a）将线包用导线扎好　b）预热　c）放入 1032 绝缘清漆桶

d）浸入绝缘清漆　e）在通风处滴干

试验与实训 单相变压器的参数测量

一、试验与实训目的

1. 学习并掌握单相变压器的参数测量方法。

2. 根据单相变压器的空载试验数据，计算变压比 K、空载电流 I_0、空载损耗 P_0、励磁阻抗 Z_m 等参数。

3. 根据单相变压器的短路试验数据，计算短路损耗 P_K、短路电压 U_K、短路电流 I_K、短路阻抗 Z_K 等参数。

二、主要实训器材

主要实训器材见表 1–12。

表 1–12 主要实训器材

序号	器材名称	图例	规格	作用	备注
1	单相自耦调压器		0～250 V	可调节单相交流电源电压的大小	逆时针旋转电压调节手柄，使输出电压降低；顺时针旋转电压调节手柄，使输出电压升高
2	单相变压器		BK–50W（220 V/36 V）	实训操作对象	空载试验通常将高压侧开路，由低压侧通电进行测量 短路试验应将低压侧短路，由高压侧通电进行测量

续表

序号	器材名称	图例	规格	作用	备注
3	交流电压表		量程为 250 V	在空载试验中用来测变压器的输入电压 U_1 和输出电压 U_2，在短路试验中用来测短路电压 U_K	变压器空载阻抗很大，空载电流 I_0 很小，为减小误差，故电压表应接在电流表外侧
4	交流电流表		量程为 2 A	测量单相变压器空载电流 I_0 和短路电流 I_K	因变压器短路阻抗很小，故测量时电流表应接在电压表的外侧
5	低功率因数瓦特表		$\cos\varphi$=0.1，0.5 级	测量单相变压器空载损耗 P_0 和短路损耗 P_K	因变压器空载时功率因数很小，故应采用低功率因数瓦特表

三、实训内容及步骤

1. 单相变压器参数测量的意义

一只新生产或经维修后的变压器，一般都要做两项基本试验，这就是变压器的空载试验和短路试验。变压器试验的目的是通过测出变压器的有关数据，检验变压器的性能是否符合有关标准和技术条件的规定，是否存在影响变压器正常运行的各种缺陷。

（1）空载试验的意义

变压器在空载状态下进行的试验称为空载试验。利用空载试验可测出变压器的输入电压 U_1 和输出电压 U_2，空载电流 I_0 和空载损耗（铁损耗）P_0，计算出变压器的变压比 K、励磁阻抗 Z_m。通过空载损耗 P_0 的测试，可以检查铁芯材料、装配工艺的质量和绕组的匝数是否正确，是否有匝间短路。如果空载损耗 P_0 和空载电流 I_0 过大，说明铁芯质量差，气隙太大。如变压比 K 太小或太大，则说明绕组的绝缘或匝数有问题。还可以通过示波器观察开路侧电压或空载电流 I_0 的波形，如不是正弦波，失真过大，则铁芯过于饱和。因此，通过空载试验，可以了解变压器的铁芯和线圈质量。

（2）短路试验的意义

变压器在短路状态下进行的试验称为短路试验。变压器的短路试验可以测出短路电流 I_K、短路电压 U_K 和短路损耗 P_K，计算出变压器的短路阻抗 Z_K。测出 $P_{CuN}\approx P_K$，可供变压器计算铜耗用；测出 U_K 和 Z_K，它反映一次绕组在额定电流时的内部压降及内部阻抗，可以用来分析变压器的运行性能。

2. 单相变压器的空载试验

一般来说，空载试验可以在高压侧进行，也可以在低压侧进行，但从试验电源和人身安全的因素、测量仪表和数据的精度考虑，应在低压侧进行为宜。就是将高压绕组开路，将低压绕组接到额定频率的电源上，测量低压侧的电压 U_{01}、空载电流 I_{01}、空载损耗 P_0 以及高压侧的开路电压 U_{02}。由于变压器空载时的功率因数很小，应使用低功率因数瓦特表测量功率，以提高测量精度。

（1）单相变压器测变压比试验

1）正确接线。按图 1–35 所示的单相变压器测变压比试验电路接好试验线路，如图 1–36 所示。低压绕组通过单相自耦调压器接于电源，高压绕组开路；并经指导教师确认无误，方可合上开关 QS。

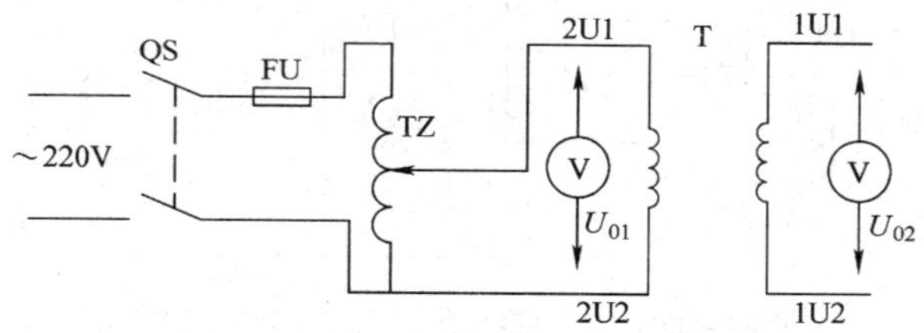

图 1–35 单相变压器测变压比试验电路

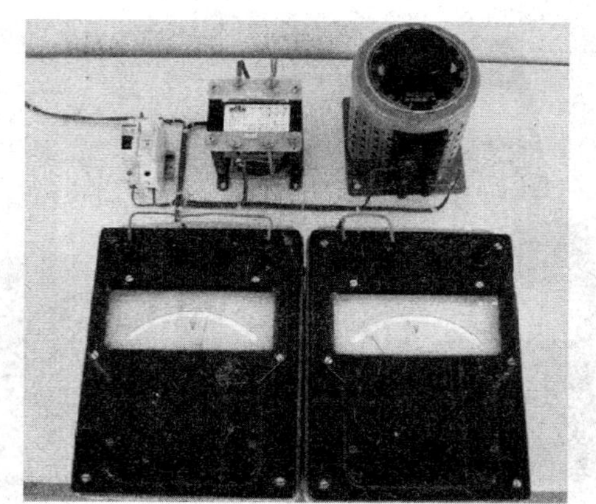

图 1–36 单相变压器测变压比试验电路接线

2）测量变压比。将低压绕组所接电压从 0 逐渐调至额定电压的 50% 左右，测量低压绕组电压 U_{01} 及高压绕组电压 U_{02}，对应不同的输入电压，共取三组读数记录于表 1–13 中。

3）断开电源开关 QS。

4）计算变压比 K，得出变压比 =________（取平均值）。

表 1–13　测量变压比

序号	U_{01}/V	U_{02}/V	K/（U_{01}/U_{02}）
1			
2			
3			

（2）单相变压器空载试验

1）正确接线。单相变压器空载试验参考电路如图 1–37 所示。按图 1–37 所示接好试验电路，如图 1–38 所示。低压绕组通过调压器接于电源，高压绕组开路，经指导教师确认无误。

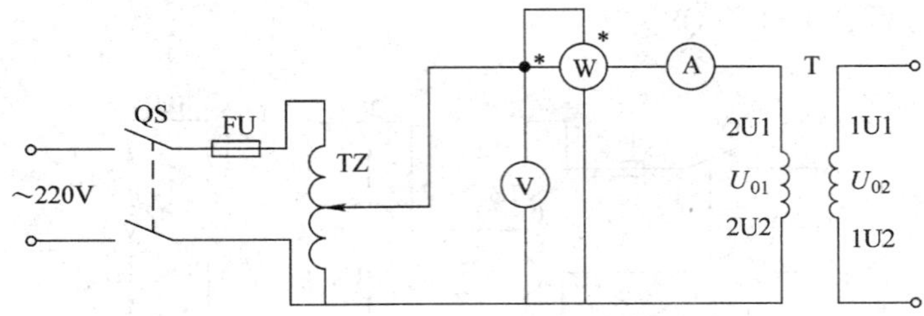

图 1–37　单相变压器空载试验参考电路

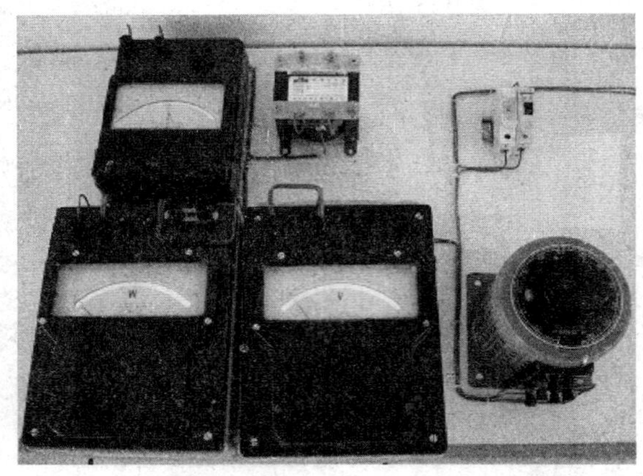

图 1–38　单相变压器空载试验电路接线

2）测量空载参数。调节单相自耦调压器使变压器一次绕组电压为零，然后合上电源开关 QS，调节单相自耦调压器使其输出电压等于变压器额定电压 U_{01}=U_{1N}，记录此时的空载参数 U_{01}、I_{01}、P_0 和 U_{02} 于表 1–14 中。

3）根据表 1–14 中单相变压器额定时的空载试验数据，可以计算出单相变压器额定时的空载参数，记录于表 1–15 中。

表 1–14 单相变压器额定时的空载试验数据（$U_{01}=U_{1N}$）

空载参数	U_{01}/V	I_{01}/A	P_0/W	U_{02}/V
测量值				

表 1–15 单相变压器额定时的空载参数

单相变压器额定参数	计算公式	计算数值
变压器空载功率因数	$\cos\varphi_0 \approx \frac{P_0}{U_{01}I_{01}}$	
励磁阻抗	$Z_m \approx \frac{U_{01}}{I_{01}}$	
励磁电阻	$R_m \approx \frac{P_0}{I_{01}^2}$	
励磁电抗	$X_m = \sqrt{Z_m^2 - R_m^2}$	

一台降压变压器在低压绕组通电试验测取的空载参数，需要折算到高压绕组。

3．单相变压器的短路试验

在正常运行情况下，短路阻抗 Z_K<< 负载 Z_L，一次绕组和二次绕组中的电流主要取决于负载阻抗 Z_L 的大小。如果二次绕组短路，Z_L=0，会出现非常大的短路电流，其值为额定电流的几十倍，这是一种严重的故障状态，绝不允许出现。因此短路试验时，二次绕组先短路，一次绕组两端再施加一个很低的电压 U_K<<U_{1N}，测量短路电流 I_K、短路电压 U_K 和短路损耗 P_K。

进行变压器短路试验时，电压较低，电流较大，需注意人身、设备的安全和提高测量精度，短路试验一般都在高压边做，即高压绕组 1U1、1U2 接电源，低压绕组 2U1、2U2 短路。

（1）正确接线

单相变压器短路试验电路如图 1–39 所示。按图 1–39 所示接好试验电路，如图 1–40 所示，高压侧通过单相自耦调压器接于电源，低压侧短路，且电流表接于电压表外侧，经指导教师确认无误。

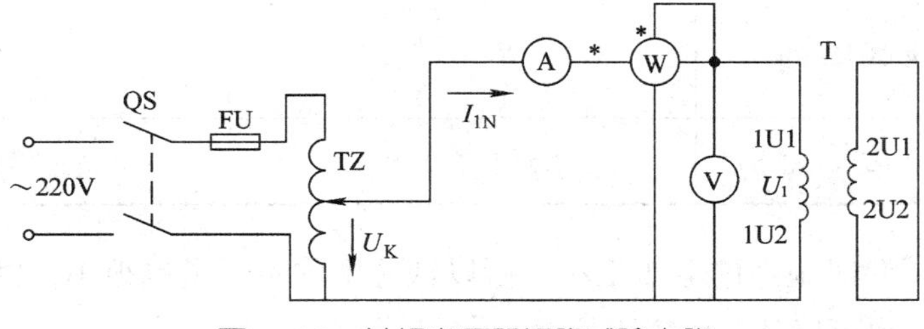

图 1–39 单相变压器短路试验电路

图 1–40　单相变压器短路试验电路接线

（2）测量短路参数

先将调压器置于输出电压为零的位置，然后合上电源开关 QS，监视电流表，缓慢加大调压器输出电压，直至高压侧短路电流 I_K 达到变压器的额定电流 I_{1N} 为止，记录此时的短路参数 U_K、I_K 和 P_K 于表 1–16 中。试验时记下室温 θ（℃），便于将冷态电阻换算到标准温度（75 ℃）时的数值。

表 1–16　单相变压器短路试验数据（$I_K=I_{1N}$）　　室温 $\theta=$　　℃

短路参数	U_K/V	I_K/A	P_K/W
测量值			

（3）断开电源

将调压器输出电压降至零，断开电源开关 QS。

（4）计算短路参数

计算短路参数并记录于表 1–17 中。

表 1–17　单相变压器额定时的短路参数

单相变压器额定参数	计算公式	计算数值
短路功率因数	$\cos\varphi_K\approx\dfrac{P_K}{U_K I_K}$	
短路阻抗	$Z_K\approx\dfrac{U_K}{I_K}$	
短路电阻	$R_K\approx\dfrac{P_K}{I_K^2}$	
短路电抗	$X_K=\sqrt{Z_K^2-R_K^2}$	

由于短路试验时施加的电压很小，所以铁芯中的磁通量也很小，励磁电流和铁损耗可忽略不计，也可以认为励磁阻抗 $Z_m\rightarrow\infty$。

由于短路电阻 R_K 随温度变化，因此，算出的短路电阻应按国家标准换算到标准温度（75 ℃）时的阻值。

$$R_{K75\ ℃}=R_K\frac{234.5+75}{234.5+\theta} \tag{1-38}$$

$$Z_{K75\ ℃}=\sqrt{R_{K75\ ℃}^2+X_K^2} \tag{1-39}$$

在变压器铭牌和产品目录标注的技术数据中，凡是与短路电压有关的，都是指换算到 75 ℃时的阻值。

（5）短路损耗 P_K、短路电压 U_K 和短路阻抗 Z_K 的意义

1）单相变压器短路试验测出的短路损耗 P_K 可近似认为就是变压器额定铜耗 P_{CuN}。

单相变压器低压侧短路，高压侧从可调变压器得到电源，并调节输入电压 U_1 使一次绕组电流为额定电流 $I_1=I_{1N}$，这时功率表中读数为短路损耗 P_K，电压表读数为短路电压 U_K。

因 U_K 很低，只有（4% ~ 10%）U_{1N}，所以铁芯中磁通 Φ_m（$\Phi_m \propto U_1$）很小，而铁耗 $P_{Fe} \propto \Phi_m^2$，所以铁耗 P_{Fe} 可忽略不计，而这时一次绕组、二次绕组电流均为额定值，所以功率表的读数 P_K 可近似看成额定负载的铜耗 P_{CuN}，由此求得：$P_K=P_{CuN}+P_{Fe}\approx P_{CuN}\approx I_{1N}^2R_1+I_{2N}^2R_2$。$R_1$、$R_2$ 分别为一次绕组和二次绕组的直流电阻。

2）单相变压器短路试验测出的 U_K 和 Z_K，用来反映一次绕组在额定电流时的内部压降及内部阻抗，可以用来分析变压器的运行性能。U_K 和 Z_K 越小，反映变压器的内部压降和内部阻抗越小，电压调整率就越小，电压就越稳定。但从限制短路时的短路电流来看，U_K 和 Z_K 大些好，Z_K 大则短路电流就小，对变压器和设备的危害就小。因此，不能绝对地讲 U_K 和 Z_K 应该大还是小，而要根据具体情况考虑，例如电炉用变压器容易短路，所以 U_K 和 Z_K 要设计得大些，以降低短路电流。

另外 U_K 一般用相对值（标幺值）表示：$U_K'=\frac{U_K}{U_{1N}}\times 100\%=4\% \sim 10\%$。一般变压器容量越大，电压越高，$U_K'$ 也越高。为了便于变压器之间相互比较，Z_K 可用相对值表示：$Z_K'=\frac{Z_K}{U_{1N}/I_{1N}}=\frac{Z_K}{Z_N}=4\% \sim 10\%$。

四、注意事项

1. 试验中按图接好试验线路后，必须经指导教师检查认可，方可动手操作。

2. 闭合开关通电前，一定要注意将调压器手柄置于输出电压为零的位置，注意高阻抗仪表和低阻抗仪表的布置。

3. 短路试验时，操作、读数应尽量快，以免温升对电阻产生影响。

4. 遇有异常情况，应立即断开电源，处理好故障后，再继续试验。

第二章
电力变压器

目前电力系统普遍采用三相供配电，因而三相变压器被广泛使用。它是供配电系统中最关键的设备，其作用是将供配电系统中的电力电压升高或降低，以利于电力的合理输送、分配和使用。三相变压器可由三台同容量的单相变压器组成，称为三相变压器组。但大部分中小容量的三相变压器采用三相共用一个铁芯的三相芯式变压器，简称三相变压器。三相变压器在对称负载下运行时，任何一相的电磁关系均与单相变压器相同，因此，前面对单相变压器的分析方法及其结论完全适用于三相变压器。只有掌握了三相变压器的基本知识，才能安全可靠地使用它，充分发挥它的作用。

§2-1　电力变压器的分类、用途和结构

一、电力变压器的基本结构

在三相电力变压器中，目前使用最广的是油浸式电力变压器，其外形如图 2–1 所示。

油浸式电力变压器由绕组和铁芯组成器身，为了解决散热、绝缘、密封、安全等问题，还需要油箱、绝缘套管（包括高压套管和低压套管）、储油柜、散热器、压力释放阀、油位计和气体继电器等附件。

1．铁芯

铁芯是变压器的磁路部分，与单相变压器一样，它也是由 0.35 mm 厚的硅钢片叠压（或卷制）而成。20 世纪 70 年代以前生产的电力变压器铁芯采用热轧硅钢片，其缺点是变压器体积大，损耗大，且效率低。20 世纪 80 年代起生产的新型电力变压器

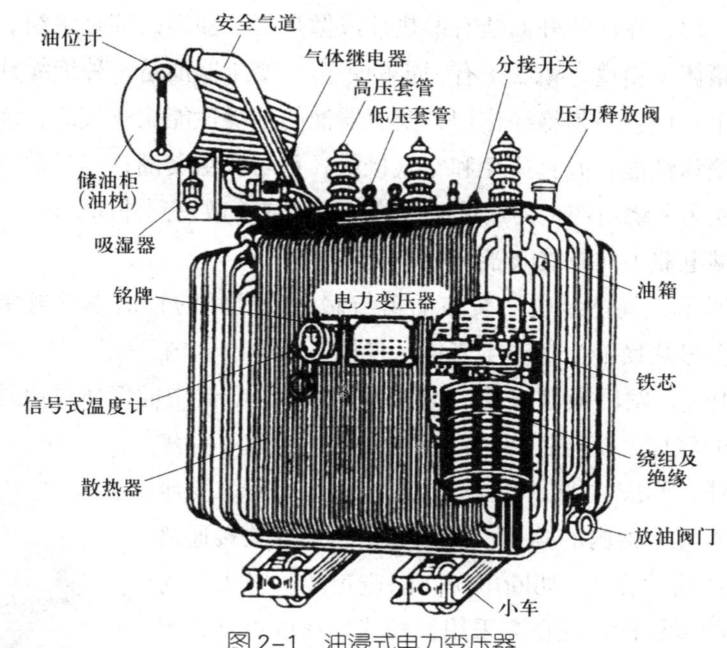

图 2–1 油浸式电力变压器

铁芯均用高磁导率、低损耗的冷轧晶粒取向硅钢片制作，以降低损耗，提高变压器的效率，这类变压器称为低损耗变压器，以 S7（SL7）及 S9 系列为代表产品。国家电力部门规定从 1985 年起，新生产的变压器必须是低损耗电力变压器。

三相电力变压器铁芯均采用芯式结构，通常芯式结构的铁芯采用交叠式的叠装工艺。

变压器铁芯的最新发展趋势是采用铁基、铁镍基、钴基等非晶带材料代替硅钢。我国已生产 SH11 系列非晶合金电力变压器，它具有体积小、效率高、节能等优点，极有发展前途。

2. 绕组

绕组是变压器的电路部分，一般用绝缘纸包的扁铜线或扁铝线绕成。电力变压器的绕组与单相变压器一样，有同芯式绕组和交叠式绕组。当前新型的绕组结构为箔式绕组，绕组用铝箔或铜箔氧化技术和特殊工艺绕制，使电力变压器整体性能得到较大的提高。

绕组制作完成后，将变压器铁芯的上夹件拆开，并将上部的铁轭硅钢片拆去，随后将三相高、低压绕组套在三个铁芯柱上，再重新装好上铁轭和上夹件，就得到了电力变压器器身。

3. 主要附件

（1）油箱

油箱是变压器的外壳，其主要作用是把变压器连成一个整体及进行散热。对于容量比较大的变压器，在油箱外面装有散热片或散热管。油箱内部是绕组、铁芯和变压器油，绕组与箱体（箱壁、箱底）有一定的距离。变压器油是一种绝缘性能良好的矿物油，它有两个作用：一是绝缘作用，变压器油的绝缘性能比空气好，绕组浸在油里可以提高各处绝缘性能，并且避免和空气接触，预防绕组受潮；二是散热作用，利用油的对流，把铁芯和绕组产生的热量通过箱壁和散热管散发到外面。

（2）气体继电器（瓦斯继电器）

如图 2–2 所示，气体继电器装在油箱与储油柜之间的管道中，当变压器发生故障时，器身就会过热使油分解产生气体。气体进入继电器内，使其中一个水银开关接通（上浮筒动作），发出报警信号。此时应立即将继电器中的气体放出并检查，若为无色、不可燃的气体，变压器可继续运行；若为有色、有焦味、可燃的气体，则应立即停电检查。当事故严重时，变压器油膨胀，冲击继电器内的挡板，使另一个水银开关接通跳闸回路（即下浮筒动作），切断电源，以避免故障扩大。为了提高继电器的可靠性，现在多采用挡板式气体继电器，当继电器中气体达到一定容积后，开口杯下沉，上磁铁使上干簧闭合，接通信号；当油流冲击挡板后，下磁铁使下干簧闭合，接通跳闸回路（通常 630 kV · A 以上变压器采用）。

图 2–2　气体继电器

（3）分接开关

分接开关用于改变变压器的绕组匝数，以调节变压器的输出电压。调整变压器输出电压的方法是在其某一绕组上设置分接开关，以切除或增加一部分绕组的匝数，从而达到改变变压比的目的。一般情况下是在高压侧设置分接开关，因为高压绕组置于外侧，易于分接，同时高压侧电流小，分接开关容易制造。变压器二次绕组不带负载，一次绕组也与电网断开的调压，称为无励磁调压，如图 2–3 所示为无励磁调压分接开关。变压器二次绕组带负载，且一次绕组与电网连接时的调压，称为有载调压，如图 2–4 所示为有载调压分接开关。

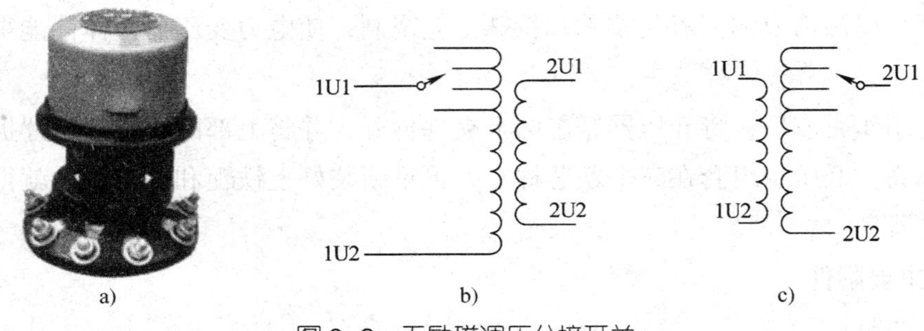

图 2–3　无励磁调压分接开关

a）实物图　b）一次绕组无励磁调压　c）二次绕组无励磁调压

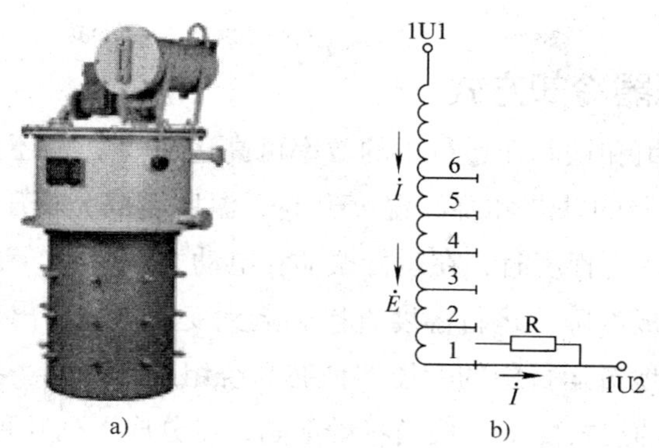

图 2-4 有载调压分接开关

a）实物图 b）二次绕组有载调压开关

常用的无励磁调压分接开关调节范围为额定输出电压的 ±15%，有载调压的分接开关因为要切换电流，所以较复杂，有复合式和组合式两大类，组合式有载调压分接开关的调节范围可达 ±15%。

（4）绝缘套管

绝缘套管穿过油箱盖，将油箱中变压器绕组的输入、输出线从箱内引到箱外与电网相接。绝缘套管由外部的瓷套和中间的导电杆组成，对它的要求主要是绝缘性能和密封性能要好，如图 2-5 所示。根据运行电压的不同，将其分为充气式和充油式两种，后者为高电压用（60 kV 用充油式）。当用于更高电压（110 kV 以上）时，还在充油式绝缘套管中包有多层绝缘层和铝箔层，使电场均匀分布，以增强绝缘性能。根据运行环境的不同，又可将绝缘套管分为户内式和户外式。

（5）压力释放阀

如图 2-6 所示为压力释放阀。当油浸式变压器在运行中出现故障时，由于线圈过热，使一部分变压器油汽化，变压器油箱中压力迅速增加，这时压力释放阀在 2 ms 内迅速动作，保护油箱不致变形或爆裂。油箱内的压力再升高而达到开启压力时，压力释放阀就再次动作，直到油箱内的压力降到正常值。由于压力释放阀动作后能可靠关闭，油箱外的水和空气不能进入油箱，变压器内部不会受大气污染。

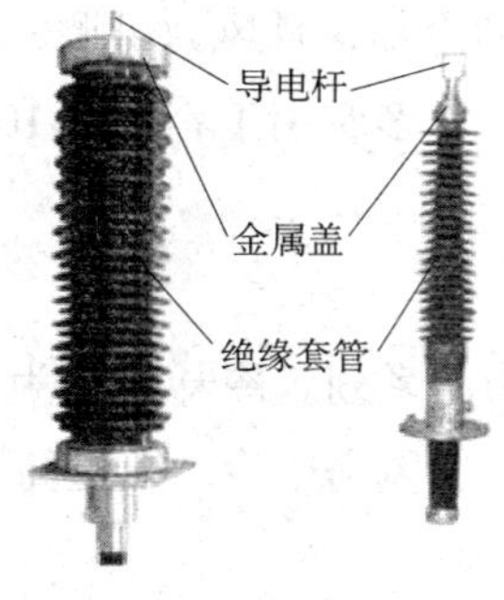

图 2-5 绝缘套管

图 2-6 压力释放阀

二、电力变压器冷却方式

虽然变压器的绕组和铁芯在运行中的效率可高达 99%，但还是有部分损耗的电能转化成热能，使变压器的铁芯和绕组温度升高。温度越高，变压器绝缘老化得越快。当变压器绝缘老化到一定程度时，在运行振动和电动力作用下，变压器绝缘容易破裂，易发生电气击穿而造成故障。运行温度直接影响到变压器的输出容量、安全和使用寿命。因此，必须有效地对运行中的变压器铁芯和绕组进行冷却。我国生产的多种系列电力变压器多数采用油浸式冷却，根据容量不同，可分成下列几种：

1. 三相油浸自冷式（ONAN）

三相油浸自冷式（ONAN）变压器主要有 SJ 系列和 SJL 系列（铝线）。冷却方式为：当变压器运行、油温上升时，根据热油上升、冷油下降原理形成自然对流，流动的油将热量传给油箱体和外侧的散热器，然后依靠空气的对流传导将热量向周围散发，从而达到冷却效果。起冷却作用的散热器可分为扁管式、片式和波纹油箱式，如图 2–7 所示。

a)　　b)　　c)

图 2–7　变压器散热器

a）扁管式　b）片式　c）波纹油箱式

为了防止因油温变化和空气进入油箱等情况的出现使油质变差，三相油浸自冷式变压器还在油箱顶上设计了一只储油柜，如图 2–1 所示。

2. 三相油浸风冷式（ONAF）

三相油浸风冷式（ONAF）变压器主要有 SP 系列。冷却方式为：在油浸自冷式的基础上，在油箱壁或散热管上加装风扇，利用吹风机帮助冷却，且风力可调，以适用于短期过载。加装风冷后可使变压器的容量增加 30%～35%。多应用于容量在 10 000 kV·A 及以上的变压器。

3. 三相强迫油循环风冷式（OFAF）

三相强迫油循环风冷式（OFAF）变压器主要有 SFP 系列。冷却方式为：在油浸自冷式的基础上，利用油泵强迫油循环，并且在散热器外加风扇风冷，以提高散热效果。

4. 三相强迫油循环水冷式（OFWF）

三相强迫油循环水冷式（OFWF）变压器主要有 SSP 系列。冷却方式为：在油浸自冷式的基础上，利用油泵强迫油循环，并且利用循环水作为冷却介质，以提高散热效果。

变压器冷却方式随容量增大而有所不同。变压器容量越大，变压器冷却方式要求越高。

三、电力变压器的铭牌参数

1. 电力变压器的铭牌

为了使变压器安全、经济地运行，并保证其具有一定的使用寿命，制造厂按标准规定了变压器的额定数据。有关额定数据写在铭牌上，铭牌上的主要技术数据有型号、额定容量、额定电压、额定电流、额定频率等。

额定值通常标注在铭牌上，如图 2–8 所示。变压器的铭牌上主要有以下内容：

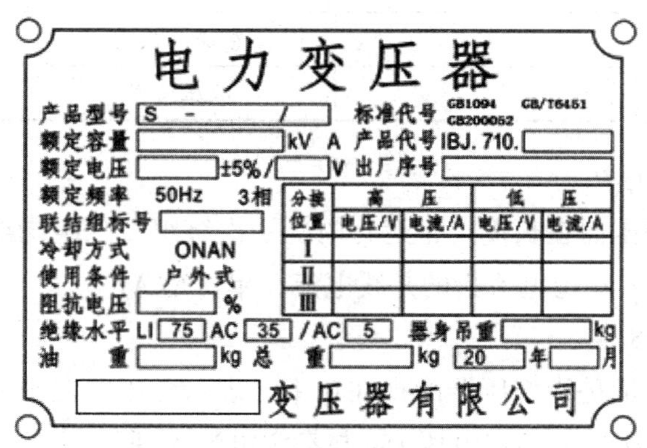

图 2–8 电力变压器的铭牌

（1）型号

变压器的型号用来表明变压器的类型和特点，由字母和数字两部分组成。字母代表变压器的基本结构特点，数字代表额定容量（kV · A）和一次绕组的额定电压（kV），常见形式如下：

① ②－③ / ④

①——变压器的分类型号，由多个拼音字母组成，见表 2–1；

②——设计序号；

③——变压器的额定容量，kV · A；

④——一次绕组的额定电压，kV。

例如，SFZ9–31500/35 表示第 9 设计序号，三相油浸风冷式有载调压 31 500 kV · A、35 kV 的电力变压器。

（2）额定电压（U_{1N}/U_{2N}）

一次绕组的额定电压 U_{1N} 是指变压器正常运行时，规定一次绕组所加的电压。二次绕组的额定电压 U_{2N} 为变压器一次绕组加额定电压时，二次绕组的空载电压值。变压器额定电压大小取决于绝缘材料的介电常数和允许温升。对于三相变压器，额定电压是指线电压，单位均为 V 或 kV。

表 2–1　变压器型号部分分类项目的含义

分类项目	符号	分类项目	符号
单相变压器	D	全密封	M
三相变压器	S	三绕组变压器	S
油浸自冷式	—（或 J）	自耦变压器	O
油浸风冷式	F	无励磁调压	—
油浸水冷式	S	有载调压	Z
强迫油循环	P	铝线变压器	L
干式空气自冷	G	卷绕式铁芯	R
干式浇注绝缘	C	低压箔式	B

（3）额定电流（I_{1N}/I_{2N}）

额定电流是指变压器在长期正常运行时，一次绕组、二次绕组所能承受的工作电流。在三相变压器中，额定电流指的是线电流，单位是 A。

（4）额定容量（S_N）

变压器的额定容量是指变压器的视在功率，表示变压器在额定条件下的最大输出功率。其大小是由变压器的额定电压 U_{2N} 与额定电流 I_{2N} 所决定的，当然也受到环境温度、冷却条件的影响。容量的单位是 V · A 或 kV · A。

单相变压器额定容量：$S_N=U_{2N}I_{2N}$　（2–1）

三相变压器额定容量：$S_N=\sqrt{3}\,U_{2N}I_{2N}$　（2–2）

（5）额定频率（f_N）

我国规定额定频率为 50 Hz。有些国家规定的额定频率为 60 Hz。

（6）温升（T）

温升是指变压器在额定工作条件下，内部绕组允许的最高温度与环境温度之差，它取决于所用绝缘材料的等级。如油浸式变压器中用的绝缘材料都是 A 级绝缘。国家规定线圈温升为 65 ℃，考虑最高环境温度为 40 ℃，则 65 ℃ +40 ℃ =105 ℃，这就是变压器绕组的极限工作温度。

除额定值外，铭牌上还标有变压器的相数、联结组、接线图、短路电压百分值、变压器的运行及冷却方式等。为了考虑运输和吊芯，还标有变压器的总重、油重和器身的吊重等。

2．变压器参数的简单计算

例 2–1　有一台三相油浸式自冷电力变压器，S_N=500 kV · A，接法为“Y，d11”

联结（高压绕组为星形联结、低压绕组为三角形联结），一次绕组、二次绕组额定电压 U_{1N}=10 000 V、U_{2N}=400 V。求：额定电流 I_{1N}、I_{2N} 和变压器变压比。

解：（1）额定电流

$$I_{1N}=\frac{S_N}{\sqrt{3}U_{1N}}=\frac{500\times10^3}{\sqrt{3}\times10^4}\ \text{A}\approx28.87\ \text{A}$$

$$I_{2N}=\frac{S_N}{\sqrt{3}U_{2N}}=\frac{500\times10^3}{\sqrt{3}\times400}\ \text{A}\approx721.71\ \text{A}$$

（2）变压器变压比

一次绕组接法为 Y 联结，相电压为：

$$U_{1\phi}=\frac{U_{1N}}{\sqrt{3}}=\frac{10\ 000}{\sqrt{3}}\ \text{V}\approx5\ 773.67\ \text{V}$$

二次绕组接法为△联结，相电压为：

$$U_{2\phi}=U_{2N}=400\ \text{V}$$

变压器变压比为：

$$K=\frac{U_{1\phi}}{U_{2\phi}}=\frac{5\ 773.67}{400}\approx14.43$$

注意：当求三相变压器变压比 K 时，如果一次绕组、二次绕组都是 Y 接法，或都是△接法时，可以采用单相变压器变压比公式求解，即 $K=\frac{U_{1N}}{U_{2N}}$。如果一次绕组、二次绕组接法不一样，一个是 Y 接法，另一个是△接法，则应求出 Y 接法的相电压，再与△接法的相电压用变压比公式求解。

§2-2 电力变压器绕组的联结及首尾判别

正弦交流电能目前几乎都是以三相交流的系统进行传输和使用的，要将某一电压等级的三相交流电转换为同频率的另一电压等级的三相交流电，可用三相变压器来完成。三相变压器按磁路系统可分为三相组合式变压器和三相芯式变压器。

三相组合式变压器是由三台单相变压器按一定联结方式组合而成的，其特点是各相磁路各自独立而互不相关，如图 2-9 所示。

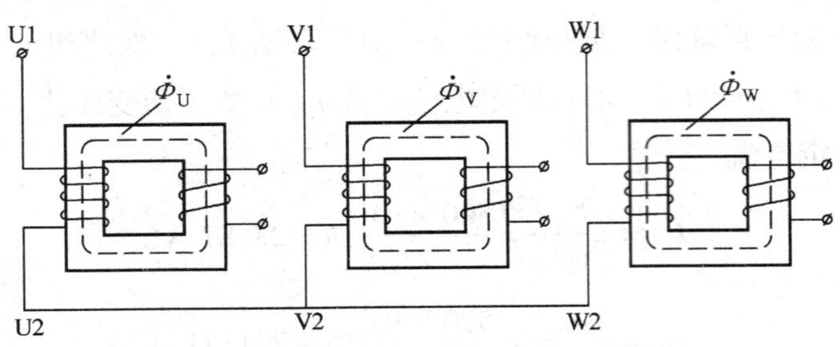

图 2-9 三相组合式变压器的组成

三相芯式变压器是三相共用一个铁芯的变压器，其特点是各相磁路互相关联，如图 2-10 所示。图 2-10a 中有三个铁芯柱，分别套各相一次绕组和二次绕组，中间的铁芯作为磁轭，供三相磁通 $\dot{\Phi}_U$、$\dot{\Phi}_V$、$\dot{\Phi}_W$ 分别通过。在三相电压平衡时，磁路也是对称的，总磁通 $\dot{\Phi}_总=\dot{\Phi}_U+\dot{\Phi}_V+\dot{\Phi}_W=0$，所以就不需要另外的铁芯来供 $\dot{\Phi}_总$ 通过，可以省去中间的磁轭，类似于三相对称电路中省去中线一样，这样就大量节省了铁芯的材料，如图 2-10b 所示。在实际的应用中，把三相铁芯布置在同一平面上，如图 2-10c 所示，由于中间铁芯磁路短一些，造成三相磁路不平衡，使三相空载电流也略有不平衡，但空载电流 I_0 很小，影响不大。由于三相芯式变压器体积小，经济性好，所以被广泛应用。但变压器铁芯必须接地，以防感应电压或漏电。而且铁芯只能有一点接地，以免形成闭合回路，产生环流。

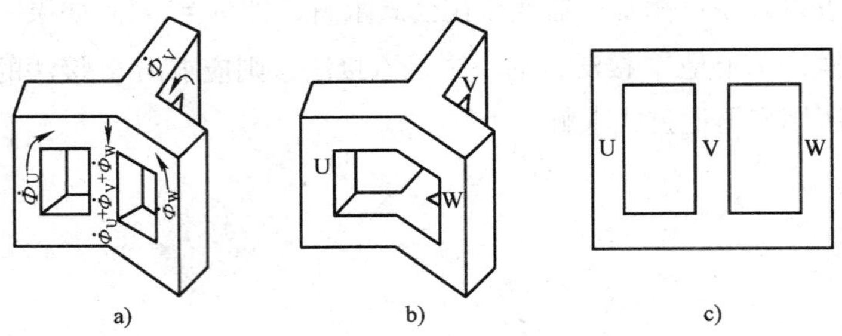

图 2-10 三相芯式变压器的铁芯演变

a）有中间磁轭 b）无中间磁轭 c）把三相铁芯布置在同一平面

一、三相芯式变压器绕组的联结

将三个高压绕组或三个低压绕组连成三相绕组时，有两种基本接法——星形（Y）联结和三角形（△）联结。

1. 星形联结

星形联结是将三相绕组的尾端 U2、V2 和 W2 连接在一起成为中性点 N，把三相绕组的首端 U1、V1 和 W1 分别引出，星形联结用符号“Y”表示，其连接图如图 2-11a 所示。中性点的引出线为中线，有中线的星形联结用符号“YN”表示。

2. 三角形联结

三角形联结是将三相绕组的首尾两端依次联结构成一个闭合回路，三个联结点U1、V1和W1分别引出，三角形联结用符号“△”表示。因为首尾连接的顺序不同，三角形联结可分为顺接和反接两种接法，三角形顺接如图 2-11b 所示，三角形反接如图 2-11c 所示。

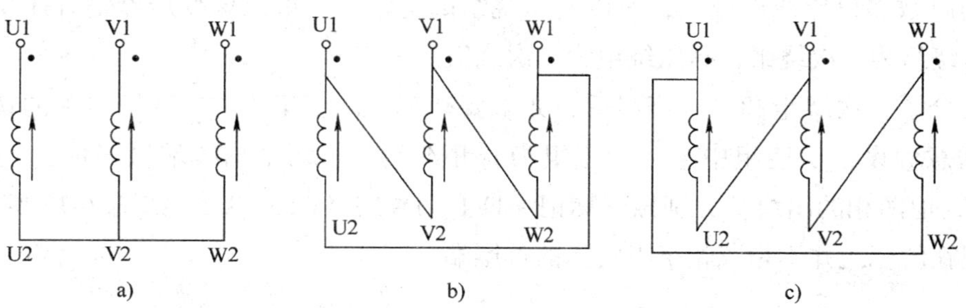

图 2-11 三相变压器绕组联结
a）星形联结 b）三角形顺接 c）三角形反接

三相绕组不管是采用三角形接法还是星形接法，如果有一相绕组的首尾端接反了，磁通就不对称，就会出现空载电流 I_0 急剧增加现象，导致严重事故。

二、三相绕组的首尾判别

三相变压器绕组的联结方法有 Y 和△两种方法。无论是哪一种联结方法，都有首尾判别问题，判别的准则是：磁路对称，三相总磁通为零。如果将某一相绕组的首尾端弄错，会破坏三相磁通的相位平衡，即 $\dot{\Phi}_{总} \neq 0$，结果磁通就不能从铁芯中返回，而要从空气和油箱中绕走，如图 2-12 所示。这就使磁阻大大增加，使空载电流 I_0 也随之增加，后果是严重的，所以绝不允许接错绕组的首尾端。只有正确判别了三相绕组的首尾端，才可进一步探讨三相绕组的联结方法。在实际中，判别三相绕组首尾端的方法也有直流法和交流法两种。

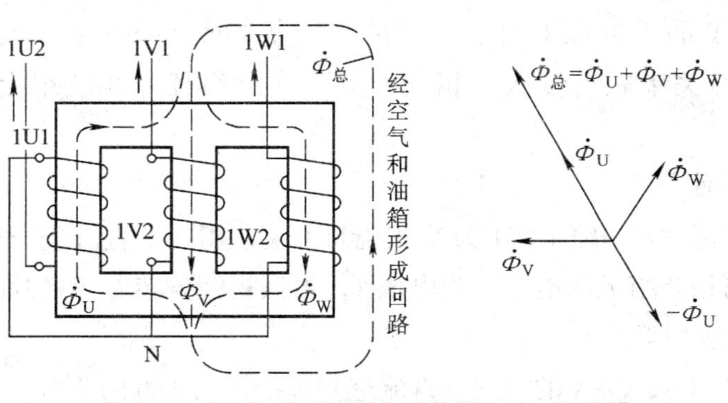

图 2-12 三相磁通不对称时的路径（一次绕组一相接反）和磁通相量图

1. 用直流法判别三相绕组首尾端

（1）分相设定标记

首先用万用表电阻挡测量 12 个出线端之间通断情况，分出一次和二次共六个绕组。再根据其电阻大小，分出高低压绕组，电阻大的为高压绕组，电阻小的为低压绕组。这是因为在功率一定时，绕组上电压越高，电流越小，所采用导线越细，且高压绕组的匝数多，导线也越长，所以高压绕组的电阻大。如果该变压器是升压变压器，则低压绕组为一次绕组，高压绕组为二次绕组。

区分了一次绕组和二次绕组后，如果要确定一次绕组（或二次绕组）的首尾端，可以任意假设一次绕组中某一相绕组为 U 相绕组，将两个出线端做好标记：1U1 和 1U2，其他两相的出线端分别做好标记：1V1、1W1、1V2、1W2，如图 2–13 所示。注意，现在的标记并不是三相绕组实际的首尾端。

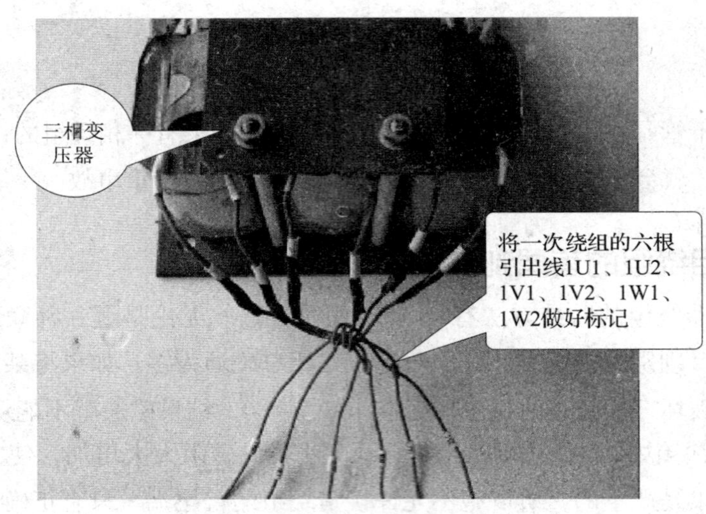

图 2–13　三相变压器一次绕组分相

（2）连接线路

将一个 1.5 V 的干电池（用于小容量变压器）或 2 ~ 6 V 的蓄电池（用于电力变压器）与刀开关串联后接入三相变压器一次绕组任一相绕组上，如图 2–14 所示。

（3）测量判别

假设接干电池“+”极的 1V1 为 V 相绕组首端，用一个直流毫安表（或直流毫伏表）测量另外两相绕组上的电流（或电压），根据指针偏转方向来判断其感应电动势极性。其判别方法如下：

1）如果在合上开关 SA 的瞬间，直流毫安表指针向正方向（右方）偏转，则接在直流毫安表“+”极上的线端是 U 相绕组的尾端 1U2，接在直流毫安表“–”极上的线端是 U 相绕组的首端 1U1，如图 2–15 所示。如果开始假设标注的标记与现在结果不符，只要将标记对调即可。

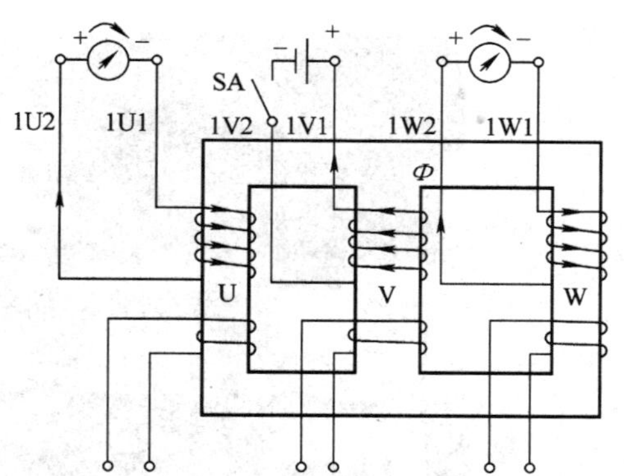

图 2–14 用直流法测定三相变压器一次绕组的首尾端

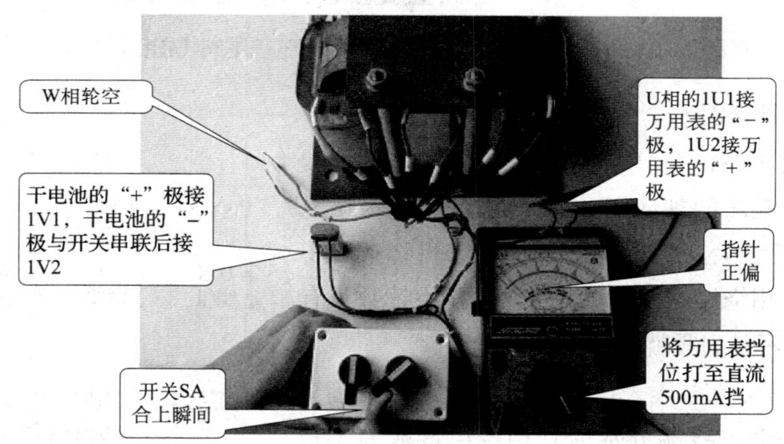

图 2–15 判定三相变压器一次绕组 U 相的首尾端（指针正偏）

采用相同方法，可以确定 W 相绕组的首尾端。

2）合上开关 SA 的瞬间，如果直流毫安表指针向反方向（左方）偏转，则接在直流毫安表“+”极上的线端是 U 相绕组的首端 1U1，接在直流毫安表“–”极上的线端是 U 相绕组的尾端 1U2，如图 2–16 所示。同样，如果开始假设标注的标记与现在结果不符，只要将标记对调即可。

2. 用交流法判别三相绕组首尾端

（1）分相

用万用表电阻挡测量 12 个出线端之间的通断情况，分出一次和二次共六个绕组。

（2）连接线路

将 U 相绕组任意一个出线端与 V 相绕组任意一个出线端短接，即将 U 相绕组与 V

相绕组串联后，接到一个电压较低的交流电源上，在 W 相绕组两个出线端之间接入一个交流电压表，如图 2–17 所示。

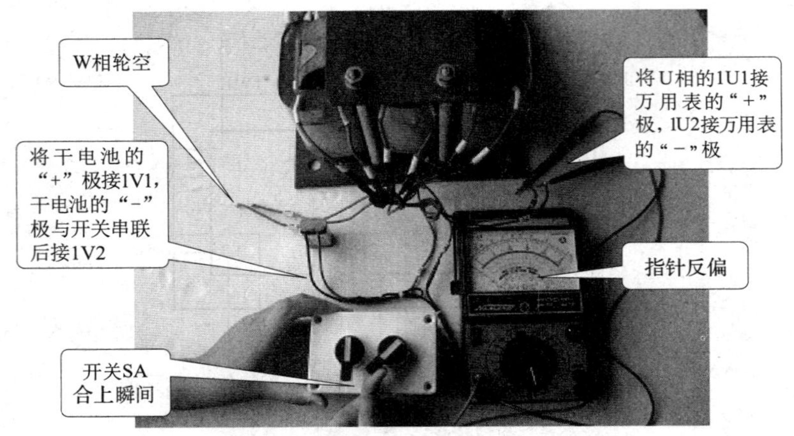

图 2–16　判定三相变压器一次绕组 U 相的首尾端（指针反偏）

（3）测量判别

通过调压器，在 U 相绕组与 V 相绕组两个未短接的出线端之间加入 40 V 交流电压后，根据并联在 W 相绕组上交流电压表的读数，可以确定 U 相绕组和 V 相绕组的首尾端，交流电压表读数只有两种情况，不是为零就是等于电源电压。

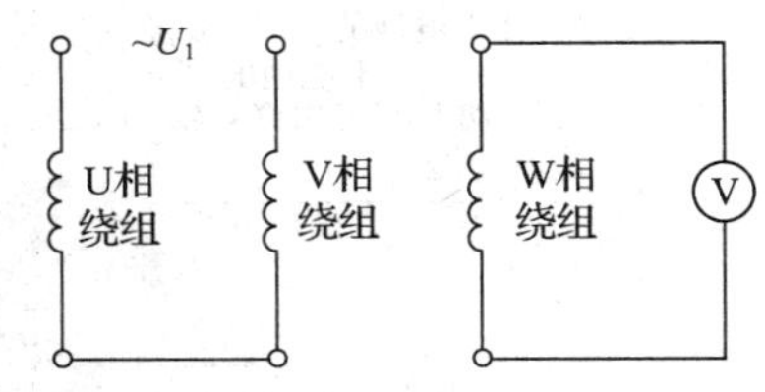

图 2–17　用交流法判别三相绕组首尾接线图

1）如果交流电压表读数等于零，则说明接交流电源的两个出线端分别为 U 相绕组首端 1U1 和 V 相绕组首端 1V1。其测量过程如图 2–18 所示。

图 2–18　用交流法判别三相绕组首尾端（电压表读数等于零）

这是因为U相绕组与V相绕组首尾相接串联后接入交流电源，交流电流流过两相绕组时，所产生的交变磁通只交链U相绕组与V相绕组，W相绕组中没有交变磁通穿过，如图2–19a所示，所以在W相绕组中就不会有感应电动势产生，交流电压表读数就为零。

2）如果交流电压表读数等于电源电压大小，则说明U相绕组与V相绕组短接的两出线端为首尾短接，如图2–19b所示。假设U相绕组接电源的出线端为首端1U1，则短接线将U相绕组尾端1U2与V相绕组的首端1V1连接起来了，V相绕组接电源的出线端就是尾端1V2。其测量过程如图2–20所示。

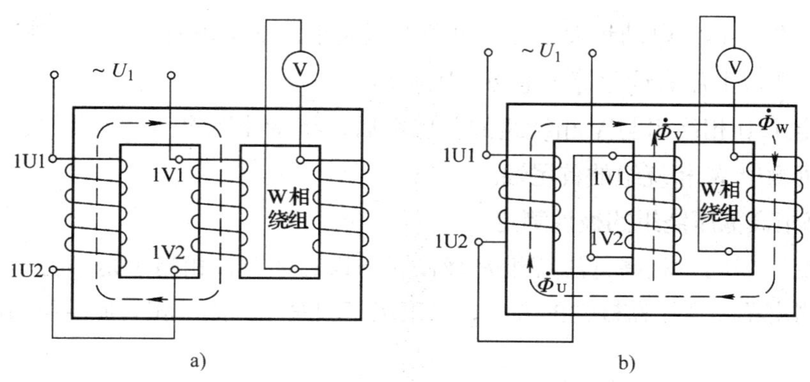

图2–19 用交流法判别三相绕组首尾端

a）电压表读数为零 b）电压表读数等于电源电压

图2–20 用交流法判别三相绕组首尾端（电压表读数等于电源电压）

其理论依据为：当U相绕组与V相绕组串联后接到交流电源上，由于三相绕组参数都相同，U相绕组与V相绕组承受的电压相等，为电源电压的一半，即$U_U=U_V=\frac{U_1}{2}$。当有交流电流流过两个绕组时，分别会在每个绕组所套的铁芯柱上产生交变磁通$\varPhi_U$和$\varPhi_V$，由于其磁通大小与绕组上承受的电压成正比，所以U相绕组与

V 相绕组在铁芯中所产生的磁通大小相等，即 $\Phi_U=\Phi_V=\frac{U_U}{4.44fN}$。这两个交变磁通会同时穿过 W 相绕组，如图 2–19 b 所示。由于 Φ_U 和 Φ_V 两个磁通是同一个交流电流产生的，所以两个磁通的相位也相同。这样，穿过 W 相绕组的交变磁通的大小就等于 U 相绕组所产生磁通大小的两倍，即 $\Phi_W=2\Phi_U$。当 W 相绕组有交变磁通穿过时，会在 W 相绕组上产生感应电动势，其大小为：

$$E_W=4.44fN\Phi_{mW}=4.44fN\times 2\times\frac{U_U}{4.44fN}=2\times\frac{U_1}{2}=U_1$$

W 相绕组上感应电动势大小等于电源电压大小，电压表的读数就反映了该感应电动势大小，所以电压表读数等于电源电压大小。

当确定了 U 相绕组与 V 相绕组的首尾端后，将 W 相绕组与 V 相绕组交换，采用同样方法可测出 W 相绕组的首尾端。

3．每相高低压绕组的极性测定

三相变压器同一相高低压绕组是绕在同一铁芯柱上，相当于是一台单相变压器，可以采用测定单相变压器极性的方法，来确定三相变压器同一相高低压绕组的极性。

§2–3 电力变压器绕组的联结组别

一、联结组别的意义

在单相变压器中，一次绕组、二次绕组电压相位关系只有同相位和反相位两种。但三相变压器的一次绕组、二次绕组除了相电压之间有相位关系外，还有线电压之间相位关系的问题。三相变压器的一次绕组、二次绕组连接方法的不同组合，将导致二次绕组上线电压与一次绕组上相对应线电压有不同的相位差。联结组别正是用来说明变压器绕组的联结方法，以及一次绕组、二次绕组上相应线电压的相位关系。

三相变压器的一次绕组、二次绕组根据不同的需要可以有三角形和星形两种接法，一次绕组三角形接法用 D 表示、星形接法用 Y 表示、有中线时用 YN 表示；二次绕组则分别用小写字母 d、y 和 yn 表示。

三相变压器的一次绕组、二次绕组不同的接法形成了不同的联结组别，也反映出不同的一次绕组、二次绕组的线电压之间的相位关系。为表示这种相位关系，国际上采用了时钟表示法的联结组标号予以区分，即把一次绕组线电压相量作为长针，永远指向 12 点位置，相对应二次绕组线电压相量为短针，它指向几点钟，就是联结组别的标号。例如，短针指向时钟盘面上的数字“11”，则联结组别的标号为“11”。短针指向时钟盘面上的数字为“12”，联结组别的标号可以写作“12”，也可以写作“0”。

某三相变压器联结组别为“Y，d11”，表示一次绕组连接方式为星形接法，不带中线，二次绕组连接方式为三角形接法，在相位上，一次绕组上线电压滞后相应二次绕组上线电压 30°，例如该变压器一次绕组上线电压 $\dot{U}_{1U1V}$，就滞后二次绕组上线电压 $\dot{U}_{2U2V}$ 30°。

虽然联结组别有许多，但为了便于制造和使用，国家标准规定了 5 种常用的联结组，见表 2-2。

表 2-2 5 种常用的联结组

联结组标号	连接图		一般适用场合
Y，yn0	1U1 1V1 1W1 1U2 1V2 1W2 2U2 2V2 2W2 2U1 2V1 2W1 N	1U1 1V1 1W1 1U2 1V2 1W2 2U1 2V1 2W1 2U2 2V2 2W2 N	三相四线制供电，即同时有动力负载和照明负载的场合
Y，d11	1U1 1V1 1W1 1U2 1V2 1W2 2U2 2V2 2W2 2U1 2V1 2W1	1U1 1V1 1W1 1U2 1V2 1W2 2U1 2V1 2W1 2U2 2V2 2W2	一次绕组线电压在 35 kV 以下，二次绕组线电压高于 400 V 的线路中

续表

联结组标号	连接图		一般适用场合
ＹN，d11	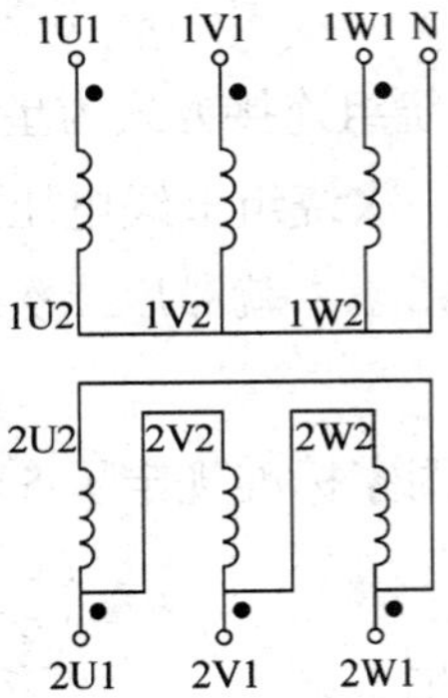	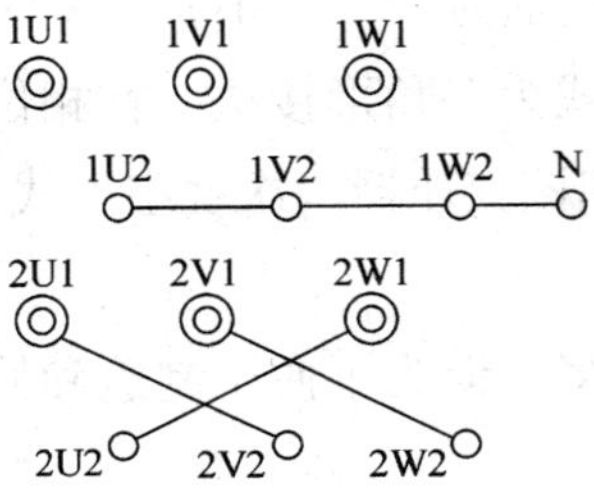	一次绕组线电压在110 kV以上的，中性点需要直接接地或经阻抗接地的超高压电力系统
ＹN，y0	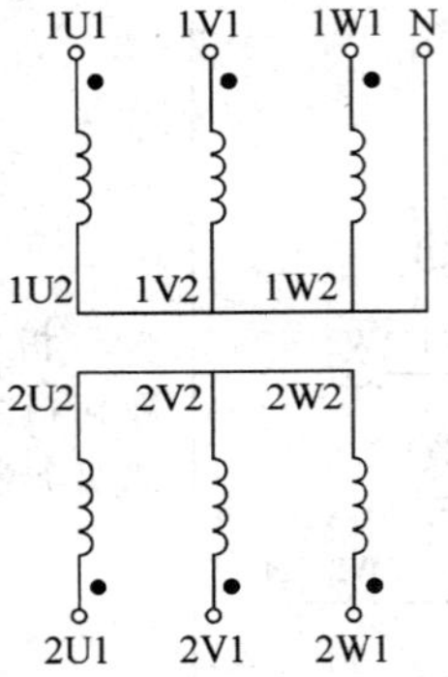	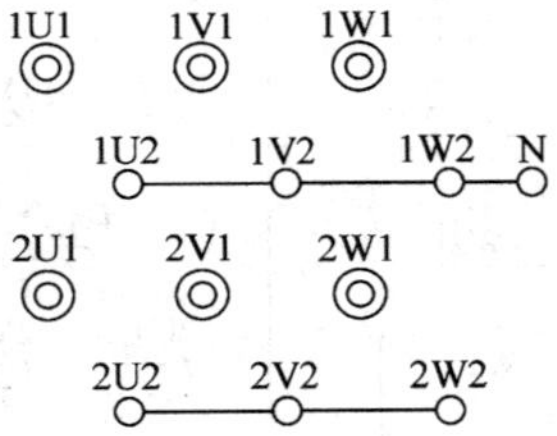	高压中性点需接地场合
Ｙ，y0	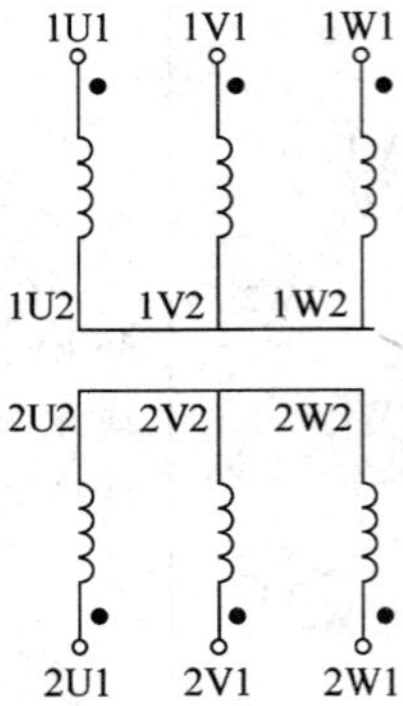	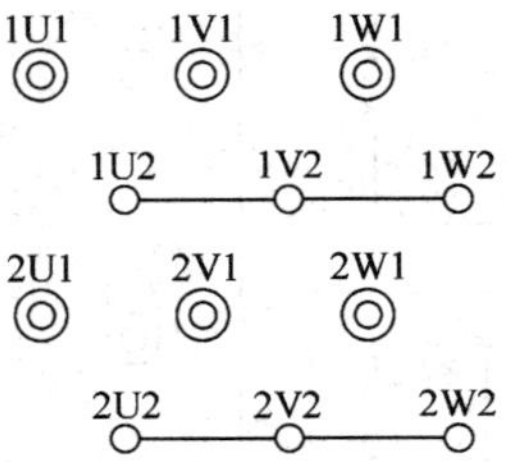	三相动力负载

二、联结组别的判别方法与步骤

知道变压器一次绕组、二次绕组的联结方式和各相绕组的同名端，可按下列步骤确定三相变压器的联结组别。

1．在接线图中标出一次绕组、二次绕组相电压的正方向和线电压的正方向

由电工基础知识可知，电压正方向可以任意假设。在这里统一都假设电压正方向是从一次绕组、二次绕组的首端指向各自的尾端，如图 2-21 中 $\dot{U}_{1U}$ 和 $\dot{U}_{2U}$，假设二次绕组电压正方向时，不考虑同名端的影响。

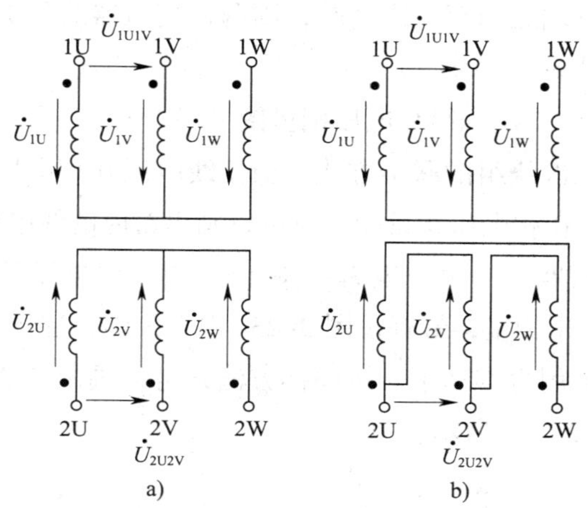

图 2-21 标出每相绕组相电压正方向

a）一次绕组、二次绕组都是Y联结 b）一次绕组、二次绕组分别是Y、△联结

线电压 $\dot{U}_{1U1V}$ 的正方向是由第一个下标对应绕组的首端指向第二个下标对应绕组的首端。

2．画出一次绕组、二次绕组相电压相量图

不管一次绕组的联结方法如何，根据三相对称电压“相位互差 120°”的规律，先画出一次绕组（高压边）各相电压相量图 $\dot{U}_{1U}$、$\dot{U}_{1V}$ 和 $\dot{U}_{1W}$，如图 2-22a 所示。

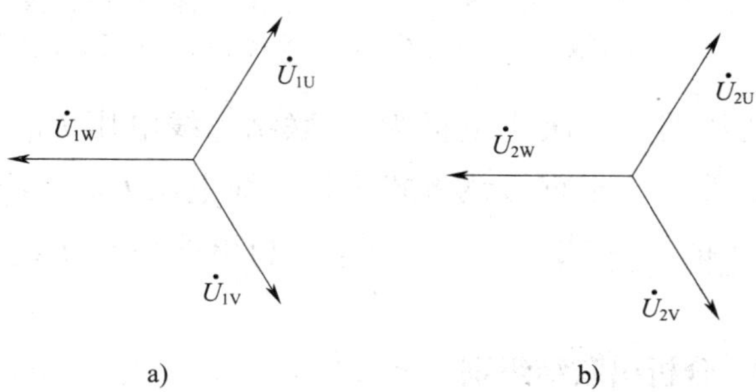

图 2-22 一次绕组、二次绕组相电压相量图

a）一次绕组相电压相量图 b）二次绕组相电压相量图

无论变压器二次绕组是星形联结还是三角形联结，根据变压器一次绕组和二次绕组的同名端关系，都可以画出二次绕组相电压相量图。变压器一次绕组和二次绕组首端之间不是同名端就是异名端，如果变压器一次绕组首端与二次绕组首端之间是同名端，则二次绕组相电压与相应的一次绕组相电压同相位，即 $\dot{U}_{2U}$ 与 $\dot{U}_{1U}$ 同相位，$\dot{U}_{2V}$ 与 $\dot{U}_{1V}$ 同相位，$\dot{U}_{2W}$ 与 $\dot{U}_{1W}$ 同相位。如果变压器一次绕组首端与二次绕组首端之间是异名端，则二次绕组相电压与相应的一次绕组相电压反相位，即 $\dot{U}_{2U}$ 与 $\dot{U}_{1U}$ 反相位，$\dot{U}_{2V}$ 与 $\dot{U}_{1V}$ 反相位，$\dot{U}_{2W}$ 与 $\dot{U}_{1W}$ 反相位。

图 2-21 所给出的两台变压器，虽然二次绕组联结方式不一样，但变压器的一次绕组首端与二次绕组首端之间都是同名端，则两台变压器的二次绕组中相电压都可以画成图 2-22b 所示相量图。

3. 画出一次绕组、二次绕组线电压相量图

根据一次绕组、二次绕组的联结方式，根据线电压和相电压正方向，找出线电压与相应相电压的关系，在相电压相量图中就可以画出对应的线电压。

图 2-21a 所示变压器，一次绕组为 Y 联结，相、线电压的关系式为 $\dot{U}_{1U1V}=\dot{U}_{1U}-\dot{U}_{1V}$，可画出 $\dot{U}_{1U1V}$ 线电压相量，最好按图 2-23a 中方位画，这样，相量 $\dot{U}_{1U1V}$ 正巧指在钟表“12”的位置，不用再移动了。按同样方法，可以画出图 2-21a 所示二次绕组线电压 $\dot{U}_{2U2V}$ 相量，如图 2-23b 所示。

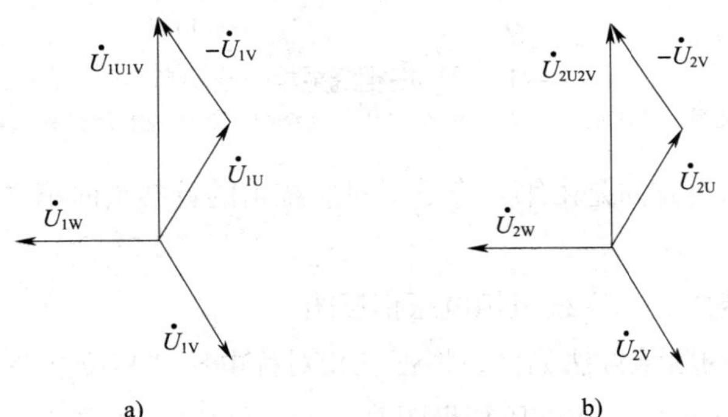

图 2-23 Y，y 变压器一次绕组、二次绕组线电压相量图
a）一次绕组线电压相量图 b）二次绕组线电压相量图

图 2-21b 所示变压器，一次绕组仍为 Y 联结，线电压 $\dot{U}_{1U1V}$ 相量图如图 2-24a 所示。二次绕组为△联结，根据接线方式可知，线电压 $\dot{U}_{2U2V}$ 与相电压 $\dot{U}_{2V}$ 反方向，可以得到相、线电压的关系式为 $\dot{U}_{2U2V}=-\dot{U}_{2V}$，画出线电压 $\dot{U}_{2U2V}$ 相量，如图 2-24b 所示。

4. 画出时钟图，分析出联结组别

先将线电压 $\dot{U}_{1U1V}$ 相量移入时钟盘面，并指向“12”点钟，再分析 $\dot{U}_{1U1V}$ 相量与 $\dot{U}_{2U2V}$ 相量的相位关系后，将 $\dot{U}_{2U2V}$ 相量移入时钟盘面。

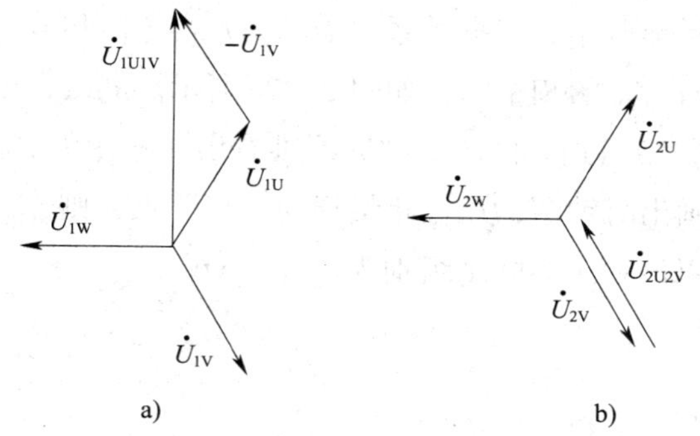

图 2-24 Y，d 变压器一次绕组、二次绕组线电压相量图
a）一次绕组线电压相量图 b）二次绕组线电压相量图

从图 2-23a 和图 2-23b 可以看出，$\dot{U}_{1U1V}$ 相量与 $\dot{U}_{2U2V}$ 相量是同相位关系，所以 $\dot{U}_{2U2V}$ 相量应该也指向 12 点，也就是 0 点，如图 2-25a 所示，则图 2-21a 所示变压器联结组别为“Y，y12”或“Y，y0”。

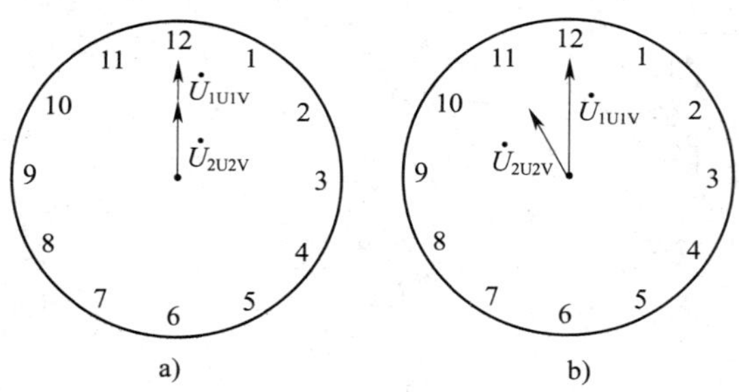

图 2-25 变压器联结组标志的确定
a）$\dot{U}_{2U2V}$ 指在 12 点 b）$\dot{U}_{2U2V}$ 指在 11 点

从图 2-24a 和图 2-24b 可以看出，$\dot{U}_{1U1V}$ 相量滞后 $\dot{U}_{2U2V}$ 相量 30°，$\dot{U}_{2U2V}$ 相量应指向 11 点，如图 2-25b 所示，则图 2-21b 所示变压器联结组别为“Y，d11”。

三、变压器联结组别的分析示例

例 2-2 判断图 2-26 所示变压器的联结组别。

（1）标出变压器一次绕组和二次绕组相电压正方向。其相电压正方向都由绕组的首端指向尾端，同时标出一次绕组线电压 $\dot{U}_{1U1V}$ 和二次绕组线电压 $\dot{U}_{2U2V}$ 正方向，如图 2-27a 所示。

（2）画出一次绕组、二次绕组相电压相量图。首先画出一次绕组相电压的相量图，由于这台变压器的一次绕组首端和二次绕组尾端是同名端，二次绕组相电压与对应一次绕组相电压反相位，一次绕组、二次绕组相电压相量图如图 2-27b 所示。

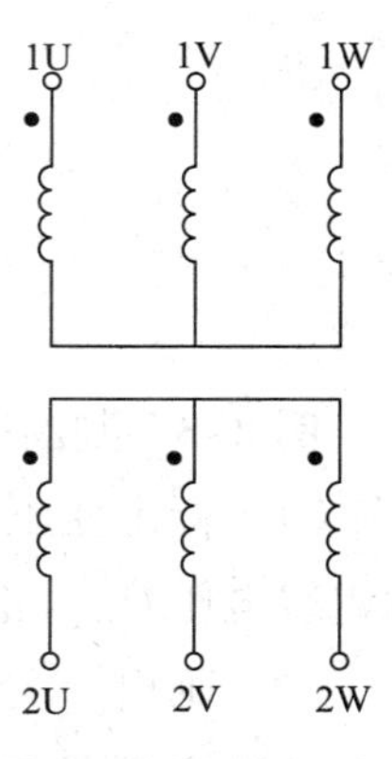

图 2-26 例 2-2 图

（3）画出一次绕组、二次绕组线电压相量图。一次绕组和

二次绕组的接法都是星形联结，根据关系式 $\dot{U}_{1U1V}=\dot{U}_{1U}-\dot{U}_{1V}$ 和 $\dot{U}_{2U2V}=\dot{U}_{2U}-\dot{U}_{2V}$，分别可以画出线电压 $\dot{U}_{1U1V}$ 和 $\dot{U}_{2U2V}$ 的相量图，如图 2–27c 所示。

（4）确定变压器联结组别。由图 2–27c 不难看出，相量 $\dot{U}_{1U1V}$ 与 $\dot{U}_{2U2V}$ 在一条直线上但方向相反。最后画出时钟图，$\dot{U}_{1U1V}$ 相量指向“12”点，则 $\dot{U}_{2U2V}$ 相量指向“6 点”，如图 2–27d 所示，所以该变压器联结组别为“Y，y6”。

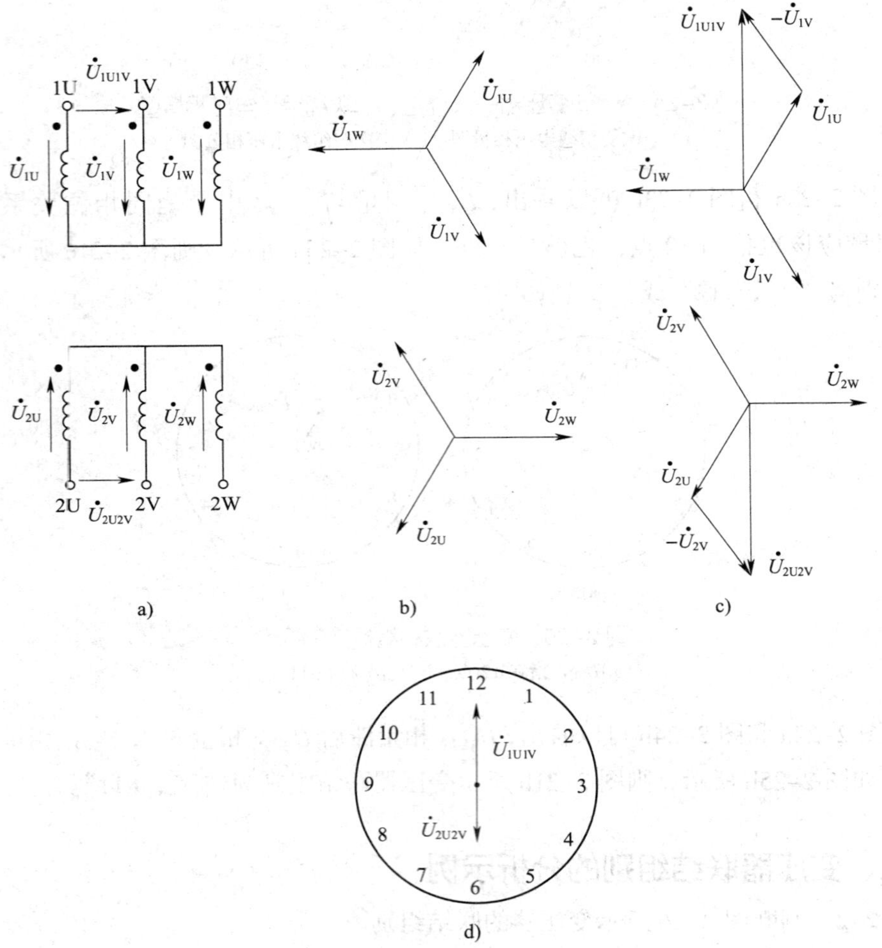

图 2–27 三相变压器的Y，y6 联结

a）标出相电压与线电压正方向 b）相电压相量图

c）线电压相量图 d）时钟示意图

例 2–3 判断图 2–28 所示变压器的联结组别。

（1）标出变压器一次绕组、二次绕组相电压正方向和一次绕组线电压 $\dot{U}_{1U1V}$、二次绕组线电压 $\dot{U}_{2U2V}$ 正方向，如图 2–29a 所示。

（2）画出一次绕组、二次绕组相电压相量图。首先画出一次绕组相电压的相量图，由于这台变压器的一次绕组首端和二次绕组尾端是同名端，二次绕组相电压与对应一次绕组相电压反相位，相电压相量图如图 2-29b 所示。

（3）画出一次绕组、二次绕组线电压相量图。一次绕组的接法仍是星形联结，线电压 $\dot{U}_{1U1V}$ 相量图画法与前面相同；二次绕组的接法是反相序三角形联结，由图 2-29a 可以写出关系式 $\dot{U}_{2U2V}=\dot{U}_{2U}$，即线电压 $\dot{U}_{2U2V}$ 的相量与相电压 $\dot{U}_{2U}$ 的相量重合。线电压 $\dot{U}_{1U1V}$ 和 $\dot{U}_{2U2V}$ 的相量图如图 2-29c 所示。

（4）确定变压器联结组别。由图 2-29c 不难看出，$\dot{U}_{2U2V}$ 相量超前 $\dot{U}_{1U1V}$ 相量 150°，$\dot{U}_{1U1V}$ 相量指向“12”点，则 $\dot{U}_{2U2V}$ 相量应指向“7”点，如图 2-29d 所示，由于一次绕组具有中线 N，所以该变压器联结组别为“丫N，d7”。

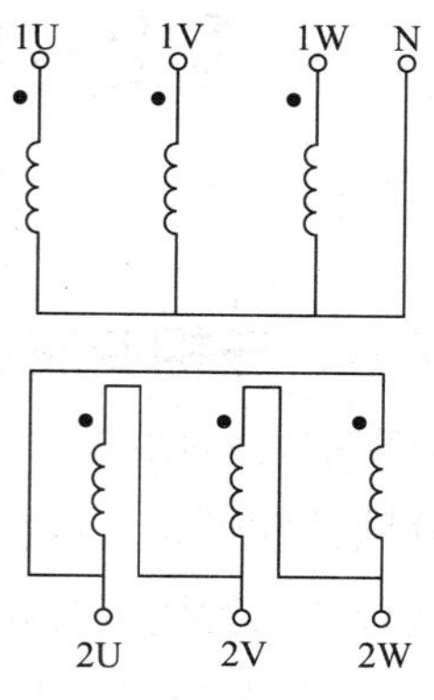

图 2-28　例 2-3 图

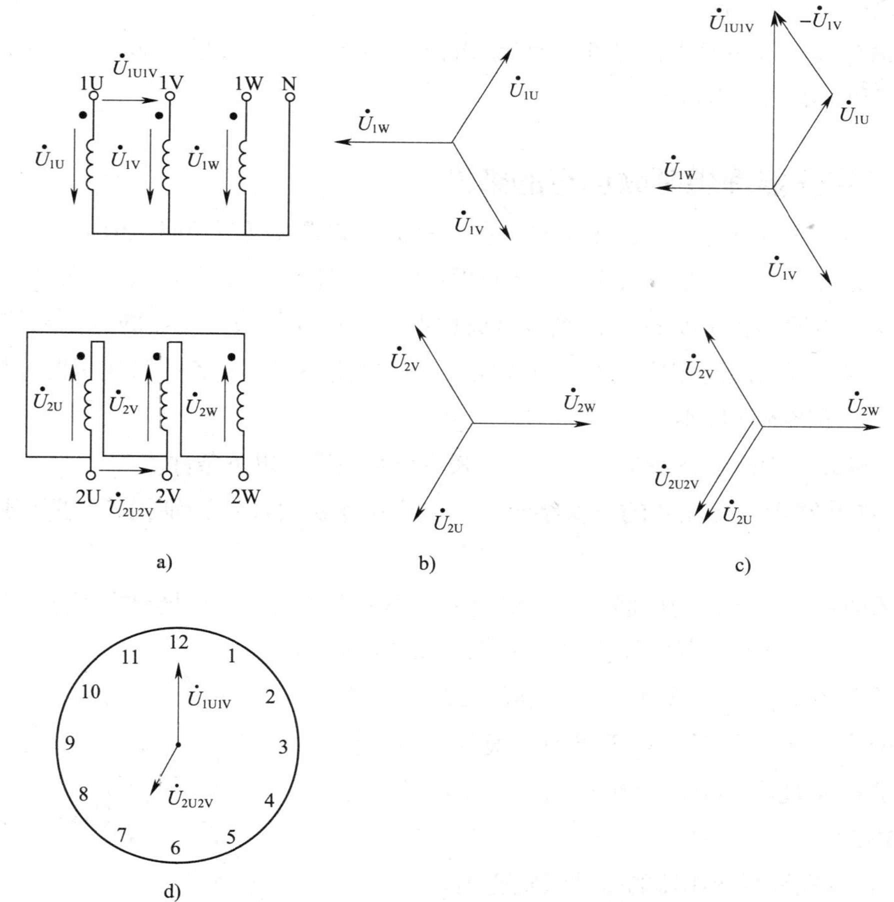

图 2-29　三相变压器的丫N，d7 联结

a）标出相电压与线电压正方向　b）相电压相量图

c）线电压相量图　d）时钟示意图

§2-4 电力变压器的并联运行

一、三相变压器并联运行的意义

现在发电站或变电所中常采用几台变压器并联运行。将变压器一次绕组和二次绕组分别并联到各自的公共母线上，共同向负载供电，这种运行方式就称为变压器的并联运行。三相变压器并联运行有以下意义。

1. 提高供电的可靠性。当某台变压器出现故障或需要检修时，可以由备用变压器并联运行，以保证不停电，从而提高了供电质量。

2. 提高供电的效率。当负载发生变化时，可根据负载大小，调整变压器运行台数，减少不必要的损耗。

3. 减少总的备用变压器容量。随着用电量的逐步增加，分期增加并联变压器，能满足生产和生活用电需求。

二、变压器理想并联运行的条件

变压器并联运行时，各台变压器的容量和结构形式可以不相同，但最理想的并联运行是：空载运行时，各并联变压器之间无环流，避免环流引起铜耗；带负载运行时，各并联变压器所承担的负载应按其容量成比例分配；各并联变压器的电流相位相同，而且与总的负载电流同相位，这样可以保证负载电流一定时，各并联变压器分担的电流最小，变压器损耗最小。

要达到以上理想运行情况，变压器并联运行必须满足以下条件。

1. 各并联运行变压器的一次绕组、二次绕组额定电压应分别相等，即变压比要相等

如果两台并联运行变压器的二次绕组电压不相等，无论变压器是空载运行还是带负载运行，二次绕组回路中都会产生环流，如图 2–30 所示。

由于环流的存在，增加了变压器的损耗，使变压器的效率降低，因而要对环流加以限制。通常变压器制造厂家规定，出厂变压器的变压比误差不超过 ±0.5%。

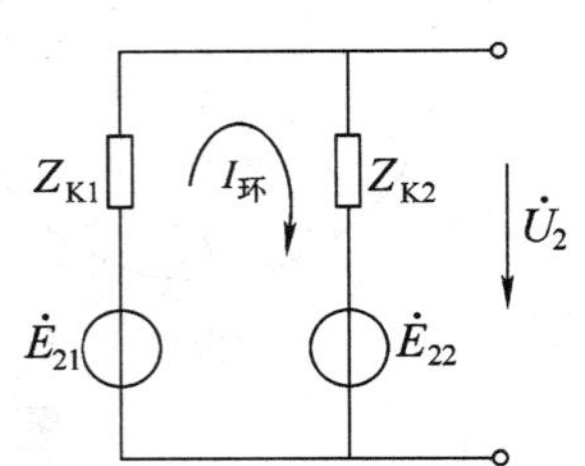

图 2–30　二次侧电压不相等时产生环流

2. 各并联运行变压器的联结组别要相同

两台并联运行的变压器，如果联结组别不相同，两台变压器的线电压相量之间至少有 30° 的相位差，二次绕组回路上的电压之差会达到变压器二次绕组额定电压的一半左右，产生额定电流 5 倍左右的环流。故联结组别不同的变压器绝对不能并联使用。

3．各并联运行变压器的短路阻抗的相对值要相等，阻抗角要相同

假设有两台变压比、额定电压和联结组别都相同的变压器并联运行，其二次绕组电路如图 2–31a 所示。从图中可知，因为并联变压器的额定电压和变压比相同，所以变压器并联在同一个电源上后，二次绕组上的感应电动势相等，也就是开路电压 U_{02} 相等。电路图中，Z_{K1} 和 Z_{K2} 分别为变压器的短路阻抗，U_2 为负载上的电压。由图 2–31b 的等效回路可以看到，两台并联变压器内部的阻抗压降应相等，即：

$$I_1Z_{K1}=I_2Z_{K2} \tag{2-3}$$

由式（2–3）可以知道：并联运行的各变压器所分担的电流大小，与其短路阻抗大小成反比，短路阻抗大的分担的电流小；如果要求各变压器所分担的电流相位相同，则短路阻抗角要相等。

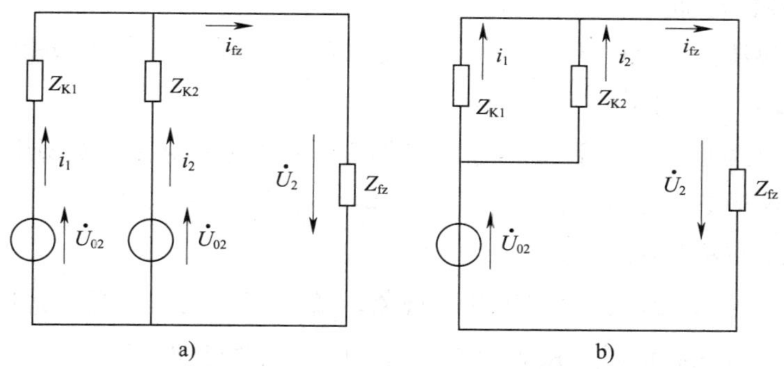

图 2–31 多台单相变压器并联运行等效电路

a）并联变压器二次绕组电路 b）并联变压器二次绕组等效回路

§ 2–5 电力变压器的维护及检修

变压器是变电和配电过程中的主要电气设备，变压器的好坏直接影响供电、用电安全性以及电能质量和能耗量。变压器一旦发生事故，则会中断对部分用户的供电，修复所用时间也很长，可能造成严重的经济损失。为了确保变压器安全运行，工作人员除做好日常维护工作，将事故消灭在萌芽状态外，同时要求万一发生事故，能够迅速判断事故原因和性质，正确地处理事故，防止事故扩大。

一、变压器运行中的日常维护

运行值班人员应定期对变压器及附属设备进行全面检查，每天至少检查一次，检查过程中要遵守“看”“闻”“嗅”“摸”“测”五字准则，仔细检查。

检查项目如下：

1. 检查变压器上层油温

变压器上层油温一般应在 85 ℃以下，如油温突然升高，则可能是冷却装置有故障，也可能是变压器内部故障；对于油浸自冷式变压器，如散热装置各部分温度有明显不同，则可能是管道有堵塞现象。

2. 检查储油柜的油色、油位

储油柜各部位应无渗油、漏油现象；正常的变压器油色应是透明微带黄色，如呈红棕色，可能是油变质或油位计本身脏污造成的。

3. 检查套管外部

套管外部应清洁、无严重油污、完整无破损、无裂纹、无电晕放电及闪络现象。

4. 检查变压器的响声

变压器正常运行时，一般有均匀的“嗡嗡”声，这是由交变磁通引起铁芯振颤而发出的声音，不应有“噼啪”的放电声和不均匀的噪声。

5. 检查引线接头接触情况

各引线接头应无变色、无过热发红现象，接头接触处的示温蜡片应无熔化现象。用快速红外线测温仪测试时，接头接触处的温度不得超过 70 ℃。

6. 检查压力释放器、安全气道及防爆膜

此三处应完好无裂纹、无积油。压力释放器的标示杆应未突出、无喷油痕迹。

7. 检查气体继电器

气体继电器内应充满油，无气体存在。继电器与油枕间连接阀门应打开。

8. 检查变压器铁芯接地线和外壳接地线

采用钳形电流表测量铁芯接地线电流值，应不大于 0.5 A。

9. 检查变压器的外部表面

变压器外部表面应无积污。

10. 检查调压分接头位置指示

各调压分接头的位置应一致。

二、特殊巡视检查项目

当电力系统发生短路故障或天气突然发生变化时，值班人员应对变压器及其附属设备进行重点检查。

1. 电力系统短路或变压器事故后的检查

检查变压器有无爆裂、移位、变形、焦味、闪络及喷油等现象，油温是否正常，电气连接部分有无发热、熔断，瓷套管外绝缘有无破裂，接地线有无烧断。

2. 刮大风、雷雨天气、下冰雹后的检查

检查变压器的引线摆动情况及有无断股，引线和变压器上有无搭挂坠落物，瓷套管有无放电闪络痕迹及破裂现象。

3. 有浓雾、下小雨、下雪时的检查

检查瓷套管有无沿表面放电闪络，各引线接头发热部位在小雨中或落雪后应无水蒸气上升或落雪融化现象，导电部分应无冰柱。若有水蒸气上升或落雪融化现象，应用红外线测温仪进一步测量接头实际温度。若有冰柱，应及时清除。

4. 气温骤变时的检查

气温骤冷或骤热时，应检查油枕油位和瓷套管油位是否正常，油温和温升是否正常，各侧连接引线有无变形、断股或接头发热和发红等现象。

5. 过负荷运行时的检查

检查并记录负荷电流，检查油温和油位的变化，检查变压器的声音是否正常，检查接头发热状况，检查示温蜡片有无熔化现象，检查冷却器运行是否正常，检查防爆膜、压力释放器是否处于未动作状态。

6. 新投入或经大修的变压器投入运行后的检查

在 4 h 内应每小时巡视检查一次，除了正常项目以外，应增加以下检查内容：

（1）检查变压器声音的变化。如发现响声特大、不均匀或有放电声，则可判断内部有故障。

（2）检查油位和油温变化。正常油位、油温随变压器带负荷应略有上升和缓慢上升。

（3）检查冷却器温度。用手触及每一组冷却器，温度应基本均匀、正常。

三、变压器的常见故障处理

变压器的常见故障很多，究其原因可分为两类：一是由于电网、负载的变化使变压器不能正常工作，例如，变压器过负荷运行、电网过电压、电源品质差等原因；二是变压器内部元件发生故障，降低了变压器的工作性能，使变压器不能正常工作。

1. 变压器短时过负载处理原则

（1）解除声响报警，汇报值班班长，并做好记录。

（2）及时调整运行方式，调整负荷的分配，如有备用变压器，应立即投入使用。

（3）如属正常过负荷，可根据正常过负荷的倍数确定允许运行时间，并加强油位、油温监视，不得超过允许值，若过负荷超过允许时间，则应立即减小负荷。

（4）如属事故过负荷，则过负荷的允许倍数和时间应依据制造厂的规定执行。若过负荷倍数及时间超过允许值，应按规定减小变压器的负荷。

（5）在过负荷运行时间内，应对变压器及其有关系统进行全面检查，发现异常应及时汇报处理。

2. 变压器常见故障的种类、故障现象、产生原因及处理方法（见表 2–3）

变压器在运行过程中可能会发生各种故障，而造成变压器故障的原因是多方面的，要根据具体情况进行细致分析，并加以恰当处理。变压器的常见故障主要有绕组故障、铁芯故障、分接开关故障、瓷套管故障等。其中，变压器绕组故障最多，占变压器故障的 60%～70%。绕组故障主要有匝间或层间短路、对地击穿和绕组相间短路等。其次是铁芯故障，约占 15%，铁芯故障主要有铁芯片间绝缘损坏、铁芯片间局部短路或局部熔毁、硅钢片有不正常的响声或噪声等。表 2–3 列出了变压器常见故障的种类、故障现象、产生原因及处理方法。

表 2–3　变压器常见故障的种类、故障现象、产生原因及处理方法

常见故障的种类	故障现象	产生原因	处理方法
绕组匝间或层间短路	（1）变压器异常发热 （2）变压器油温升高 （3）变压器油发出特殊的“嘶嘶”声 （4）电源侧电流增大 （5）高压熔断器熔断 （6）气体继电器动作	（1）变压器运行时间长，绕组绝缘老化 （2）绕组绝缘受潮 （3）绕组绕制不当，使绝缘局部受损 （4）油道内落入杂物，使油道堵塞，局部过热	（1）更换或修复损坏的绕组、衬垫和绝缘筒 （2）进行浸漆和干燥处理 （3）更换或修复绕组 （4）清理油道
绕组接地或相间短路	（1）高压熔断器熔断 （2）安全气道薄膜破裂、喷油 （3）气体继电器动作 （4）变压器油燃烧 （5）变压器振动	（1）绕组主绝缘老化或有破损等严重缺陷 （2）变压器进水，绝缘油严重受潮 （3）油面过低，露出油面的引线绝缘距离不足而击穿 （4）过电压击穿绕组绝缘	（1）更换或修复绕组 （2）更换或处理变压器油 （3）检修渗漏油部位，注油至正常位置 （4）更换或修复绕组绝缘，并限制过电压的幅值
绕组变形与断线	（1）变压器发出异常声响 （2）断线相无电流指示	（1）变压器制造装配不良，绕组未压紧 （2）短路电流的电磁力作用 （3）导线焊接不良 （4）雷击造成断线	（1）修复未压紧部位，必要时更换绕组 （2）拧紧压圈螺钉，紧固松脱的衬垫、撑条，消除短路电流 （3）割除熔蚀面，重焊新导线 （4）重绕，并做浸漆干燥处理

续表

常见故障的种类	故障现象	产生原因	处理方法
铁芯片间绝缘损坏	（1）空载损耗变大 （2）铁芯发热、油温升高、油色变深 （3）变压器发出异常声响	（1）硅钢片间绝缘老化 （2）受强烈振动，片间发生位移或摩擦 （3）铁芯紧固件松动 （4）铁芯接地后发热烧坏片间绝缘	（1）对绝缘损坏的硅钢片重新刷绝缘漆 （2）合理调整片间位置，恢复原状 （3）紧固铁芯紧固件 （4）按铁芯接地故障处理
铁芯多点接地或接地不良	（1）高压熔断器熔断 （2）铁芯发热、油温升高、油色变黑 （3）气体继电器动作	（1）铁芯与穿心螺杆间的绝缘老化，引起铁芯多点接地 （2）铁芯接地片断开或松动	（1）更换穿心螺杆与铁芯间的绝缘管和绝缘衬垫 （2）更换新接地片或将接地片压紧
瓷套管闪络	（1）高压熔断器熔断 （2）瓷套管表面有放电痕迹	（1）瓷套管表面有积灰和脏污 （2）瓷套管有裂纹或破损 （3）瓷套管密封不严，绝缘受损 （4）瓷套管间掉入杂物	（1）清除瓷套管表面的积灰和脏污 （2）更换瓷套管 （3）更换瓷套管的密封垫 （4）清除杂物
分接开关烧损	（1）高压熔断器熔断 （2）油温升高 （3）触点表面产生放电声 （4）变压器油发出“咕嘟”声	（1）动触头弹簧压力不够或过渡电阻损坏 （2）开关配备不合适，造成接触不良 （3）绝缘板绝缘性能变劣 （4）变压器油位下降，使分接开关暴露在空气中 （5）分接开关位置错位	（1）修复触头接触面，更换弹簧或过渡电阻 （2）按要求重新装配开关并进行调整 （3）更换绝缘板 （4）补注变压器油至正常油位 （5）纠正错位
变压器油变劣	油色变暗	（1）变压器故障引起放电，造成变压器油分解 （2）变压器油长期受热氧化使油质变劣	对变压器油进行过滤或更换新油

知识拓展

典型电力变压器简介

近年来，国内许多变压器制造厂引进先进的制造技术和设备，迅速发展了全密封式变压器、环氧树脂干式变压器、组合式变电站等，提高了我国变压器技术水平。这些新型变压器采用了新材料、新工艺和新技术，在节能高效、安全可靠、免维护等方面都表现出优良的性能。

1. 环氧树脂干式变压器

20 世纪末期，由于高层建筑的发展和某些工业企业、交通运输业的需要，对变压器的安全、可靠运行提出了越来越高的要求，普遍取消采用易燃、易爆变压器油的变压器，改用环氧树脂浇注的干式变压器。

环氧树脂干式变压器铁芯采用高导磁的优质冷轧晶粒取向硅钢片，并采用 45 ℃全斜接缝和钢带绑扎，使磁通沿硅钢片接缝方向通过，大大降低了空载电流和铁芯损耗。由于环氧树脂干式变压器损耗小、无污染，具有阻燃和防爆功能，所以被广泛应用于防火、防爆、防潮要求高的重要场所，如商业中心、机场、地铁、火车站、港口、矿山、医院等公共场所。如图 2–32 所示为环氧树脂干式变压器。

2. S9 系列油浸式变压器

S9 系列油浸式变压器是低损耗节能电力变压器，与 S7 系列油浸式变压器相比较，其空载电流和空载损耗都大大减少了。该变压器铁芯也是采用高导磁的冷轧晶粒取向硅钢片，为了改进铁芯结构和工艺条件，铁芯叠片用阶梯工艺，采用 45° 角全斜接缝和黏带绑扎，从而有效降低了变压器的铁损。该变压器绕组采用酚醛漆包绝缘并绕制成圆桶式，绕组的层间及高低压绕组采用瓦楞纸板绝缘代替油道撑条，缩小了绝缘尺寸。由于铁芯尺寸和绕组直径的减小，使变压器的负载损耗减小。该变压器油箱采用片式散热器，从而提高了散热系数。如图 2–33 所示为 S9 系列油浸式变压器。

图 2–32　环氧树脂干式变压器

图 2–33　S9 系列油浸式变压器

3. S10系列变压器

如图2–34所示为S10系列变压器，其结构与S9系列油浸式变压器差不多，只是性能更好，甚至不怕被大水淹没，国内已有少数厂家生产，性能能达到国际先进水平。如S10–M型全密封膨胀散热器节能变压器在一次性投入安装使用后，15年内不用大修，可广泛用于石油、化工、轻纺、冶金和军工等。

4. 非晶态合金铁芯变压器

一般的金属内部原子排列有序，都属于晶态材料。但金属在熔化后，经过特殊工艺处理后，原子排列变为无序，变成了非晶态合金。非晶态合金具有高饱和磁感应强度和低损耗的特点。铁芯采用非晶态合金的变压器，比铁芯采用普通硅钢片变压器的空载损耗下降70%～80%、空载电流可下降80%左右，在节能降耗方面具有绝对的优势。非晶态合金铁芯变压器的油箱设计成全密封式结构，使变压器内的油与外界空气不接触，防止了油的氧化，延长了使用寿命，为用户节约了维护费用，因而对于每天需有较长时间处于轻载或空载状态运行的变压器，其节能效果更明显，我国已开始生产10 kV、500 kV·A以下非晶态合金铁芯变压器，如图2–35所示。

图2–34 S10系列变压器

图2–35 非晶态合金铁芯变压器

5. 卷铁芯变压器

卷铁芯变压器采用硅钢片带料连续卷制成封闭形铁芯，其形式可以分为平面卷铁芯和立体卷铁芯两种。平面卷铁芯采用双内框和外框卷绕式铁芯结构，如图2–36a所示；立体卷铁芯采用三个几何尺寸相同的卷绕式铁芯单框拼合构成三角形立体布置，如图2–36b所示。

三角形立体卷铁芯是由三只横截面为半圆形的内铁芯立体拼装在一起，构成三个铁芯柱横截面近似圆形的三角形立体结构。三相磁回路完全对称相等，缩短了铁轭，卷铁芯经特殊热处理加工后，磁路各处均无高磁阻存在，故空载损耗与励磁电流均可大幅度下降。试验表明其空载损耗比S9系列叠片式铁芯变压器下降30%～40%，空载电流下降80%以上。由于三角形立体卷铁芯是不间断连续绕制而成，只有几个接缝，不会发出噪声，可使噪声降低到最低限度，达到静音状态。三角形立体卷铁芯变压器油箱采用近似三角形结构，故体积比常规长方形油箱要小，结构紧凑，占地面积小。

a)

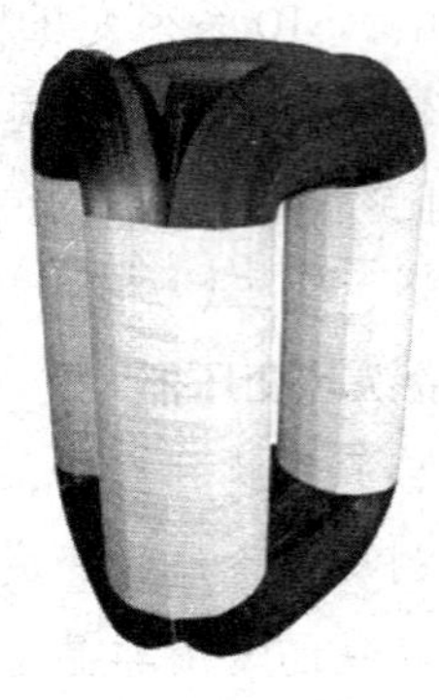

b)

图 2–36　卷铁芯实物图
a）平面卷铁芯　b）立体卷铁芯

平面卷铁芯变压器性能不如三角形立体卷铁芯变压器好，但也远比 S9 系列叠片式铁芯变压器性能更好。

试验与实训　对运行中电力变压器的检查

一、试验与实训目的

知道运行中的变压器检查内容，并做好数据记录。

二、主要实训器材

1. 工具：常用电工工具一套。
2. 防护设备：绝缘鞋和安全防护用品。
3. 材料：笔、纸若干。
4. 资料：电工手册、变压器安全操作规程、变压器相关资料。

三、实训内容及步骤

1．对运行中的电力变压器进行检查的内容和步骤

（1）在教师或值班人员指导下进一步认识变配电设备和各类仪表的作用。

（2）在教师或值班人员指导下检查运行中的变压器。

（3）抄录电压表、电流表、功率表的读数。

（4）记录油面温度和室内温度。

（5）检查各密封处有无漏油迹象。

（6）检查高低压瓷套管是否清洁，有无破裂及放电痕迹。

（7）检查导电排、电缆接头有无变色现象，有示温蜡片的，应检查示温蜡片是否熔化。

（8）检查防爆膜是否完好。

（9）检查硅胶是否变色。

（10）观察有无异常声响。

（11）检查油箱接地是否完好。

（12）检查消防设备是否完整，性能是否良好。

2. 填写运行中的电力变压器检查记录表

将抄录下的有关数据填入检查记录表，见表 2–4。

表 2–4 运行中的电力变压器检查记录表

<table>
<tr><td rowspan="2">铭牌</td><td>型号</td><td colspan="2"></td><td>容量</td><td colspan="3"></td></tr>
<tr><td>电压</td><td colspan="2"></td><td>电流</td><td colspan="3"></td></tr>
<tr><td>数据</td><td>接法</td><td colspan="2"></td><td>温升</td><td colspan="3"></td></tr>
<tr><td rowspan="13">检查记录</td><td rowspan="2">高压侧</td><td>电压</td><td></td><td rowspan="2">输入功率</td><td rowspan="2" colspan="3"></td></tr>
<tr><td>电流</td><td></td></tr>
<tr><td rowspan="2">低压侧</td><td>电压</td><td></td><td>电流</td><td colspan="3"></td></tr>
<tr><td>功率表读数</td><td></td><td>功率因数</td><td colspan="3"></td></tr>
<tr><td>油面温度</td><td></td><td>室温</td><td></td><td>温升</td><td colspan="2"></td></tr>
<tr><td rowspan="2">绝缘瓷管</td><td>清洁</td><td></td><td>无破裂</td><td></td><td>有放电痕迹</td><td></td></tr>
<tr><td>不清洁</td><td></td><td>有破痕</td><td></td><td>无放电痕迹</td><td></td></tr>
<tr><td rowspan="2">防爆膜</td><td>完好</td><td></td><td rowspan="2">导电排和电缆接头</td><td colspan="2">有变色现象</td><td></td></tr>
<tr><td>不完整</td><td></td><td colspan="2">无变色现象</td><td></td></tr>
<tr><td rowspan="2">硅胶</td><td>变色</td><td></td><td rowspan="2">有无异常声响</td><td rowspan="2"></td><td rowspan="2">有无漏油</td><td rowspan="2"></td></tr>
<tr><td>未变色</td><td></td></tr>
<tr><td rowspan="2">接地线</td><td>可靠</td><td></td><td rowspan="2">消防设备品种数量</td><td rowspan="2" colspan="3"></td></tr>
<tr><td>不可靠</td><td></td></tr>
</table>

四、注意事项

1. 进入变压器室前，教师要进行安全教育。
2. 进入变压器室后，所有人员不可抚摸或拨动室内任何设备。
3. 要切实注意人身安全。

第三章
特殊变压器

在一些特殊的场合对变压器有一些特殊的要求。将普通变压器的结构和性能进行一定的改进，以适应不同的要求，就形成了特殊变压器。作为一名电气技术人员，在进行电气设备的试验时，经常会用到根据自耦变压器原理做成的调压变压器；在测量高电压和大电流时，往往要借助于电压互感器和电流互感器；电焊变压器（即交流电焊机）也是人们常用的电气作业工具。因此，学习特殊变压器的相关知识和了解使用注意事项是很有必要的。

§ 3-1 自耦变压器

普通双绕组变压器的一次绕组和二次绕组之间相互绝缘，它们之间只有磁的耦合，没有电的联系。如果把普通变压器的一次绕组和二次绕组串联组合到一起，就成为只有一个绕组的变压器，其中低压绕组是高压绕组的一部分，这种变压器就叫自耦变压器，如图 3-1 所示。

a)

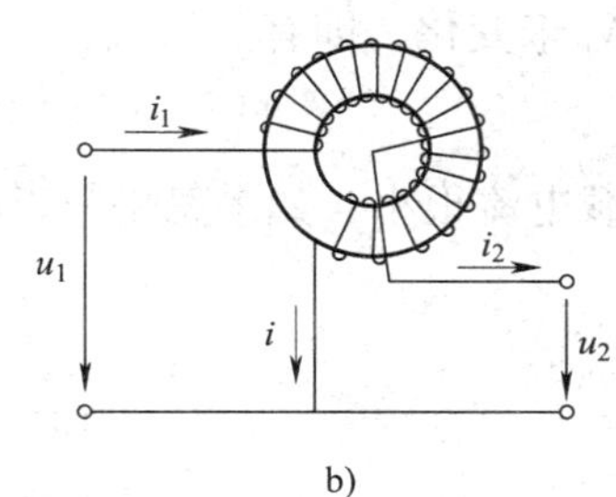

b)

图 3-1 自耦变压器
a）外形图 b）电路图

与普通变压器不同，自耦变压器的低压绕组是高压绕组的一部分，所以，自耦变压器高、低压绕组之间既有磁的联系，又有电的联系。

一、自耦变压器的工作原理

当自耦变压器高压绕组接到交流电源 u_1 上时，铁芯中会产生交变磁通，在高压绕组上产生的感应电动势为：

$$E_1=4.44fN_1\Phi_m \tag{3-1}$$

在低压绕组上产生的感应电动势为：

$$E_2=4.44fN_2\Phi_m \tag{3-2}$$

若忽略漏磁通和绕组电阻的影响，则自耦变压器的变压比为：

$$K=\frac{E_1}{E_2}=\frac{N_1}{N_2}\approx\frac{U_1}{U_2} \tag{3-3}$$

式中　N_1——高压绕组的匝数；

N_2——低压绕组的匝数。

只要选择适当的低压绕组匝数，就可以获得一个所需要的交流电压输出。由于高压绕组的匝数大于低压绕组的匝数，所以自耦变压器一般起降压作用。如果用自耦变压器升压时，可把交流电源加在匝数为 N_2 的绕组上，匝数为 N_1 的绕组上就会产生一个比电源电压更高的电动势输出。

二、自耦变压器中的电流关系

当自耦变压器低压绕组空载运行时，低压绕组中电流为零，高压绕组上流过的电流为 i_0，该电流主要是产生铁芯中的主磁通。只要电源电压 U_1 不变化，主磁通 Φ_m 也不变，产生主磁通的磁动势 i_0N_1 也将不会变化。

当自耦变压器低压绕组接上负载后，低压绕组中流过的电流为 i_2，高压绕组中流过的电流由空载电流 i_0 增加到 i_1。这时，高压绕组、低压绕组上电流对应的磁动势 i_1N_1 和 i_2N_2 共同产生铁芯中的主磁通，由于电源电压大小未变化，所以产生的主磁通的磁动势 i_0N_1 未变化，即有关系式：

$$i_1N_1+i_2N_2=i_0N_1 \tag{3-4}$$

由于空载电流很小，如果忽略其影响，则有：

$$i_1N_1+i_2N_2=0 \tag{3-5}$$

$$i_1=-i_2\frac{N_2}{N_1}=-i_2\frac{1}{K} \tag{3-6}$$

式（3–6）说明，自耦变压器高压绕组、低压绕组的电流 i_1 和 i_2 相位相差 180°，高压绕组、低压绕组上电流大小关系为：

$$I_1=\frac{N_2}{N_1}I_2=\frac{1}{K}I_2 \tag{3-7}$$

按图 3–1 中假设的电流参考方向，自耦变压器绕组公共部分上电流与高压绕组、低压绕组上电流的关系为：

$$i=i_1+i_2 \tag{3-8}$$

由于 i_1 和 i_2 相位差为 180°，如果自耦变压器是降压变压器，有 $N_1>N_2$，也就是 $I_2>I_1$，那么自耦变压器绕组公共部分的电流大小就是：

$$I=I_2-I_1=(K-1)\ I_1 \tag{3-9}$$

当自耦变压器变压比 K 大于 1 但接近于 1 时，绕组中公共部分的电流 I 就很小，因此绕组公共部分导线的截面积可以减小很多，减小了变压器的体积和质量，这是它的一大优点。如果 $K>2$，则 $I>I_1$ 就没有太大的优越性了。自耦变压器的变压比一般取 1.25 ~ 2。

三、自耦变压器的特点

1. 可调节输出电压大小

把自耦变压器绕组的中间抽头做成滑动触头，则可以构成自耦调压器。自耦调压器的铁芯做成圆环形状，上面均匀分布绕组，通过手柄改变滑动触头，沿着绕组裸露的表面与绕组接触，从而改变低压绕组的匝数，来调节输出电压大小。这种调压器常用于电气试验中。实验室中广泛使用的单相自耦调压器，其输入电压一般为 220 V，输出电压可在 0 ~ 250 V 之间调节。

自耦调压器也可以做成三相自耦调压器，常用于大容量交流电动机降压启动，以减小电动机启动电流。如图 3–2 所示为三相自耦调压器。

图 3–2 三相自耦调压器

2. 制造材料省且工作效率高

除了靠高压绕组、低压绕阻之间电磁感应原理传递的功率之外，自耦变压器的功率传输还有一部分是由电路直接传导的功率，后者是普通双绕组变压器所没有的。

自耦变压器的视在功率为：

$$S=U_1I_1=U_2I_2 \tag{3-10}$$

将 $I_2=I+I_1$ 代入式（3–10）得：

$$S=U_2I_2=U_2\ (I+I_1)\ =U_2I+U_2I_1 \tag{3-11}$$

自耦变压器的视在功率可以分为两部分，一部分的视在功率为 U_2I，是靠高压绕组与低压绕组之间电磁感应传递的功率，与普通变压器传递的功率一样，这部分的视

在功率 $U_2 I=U_2(I_2-I_1)=U_2 I_2-U_2 I_1=U_2 I_2-U_2\frac{I_2}{K}=S\left(1-\frac{1}{K}\right)$，这说明靠电磁感应传递的视在功率是总视在功率的 $\left(1-\frac{1}{K}\right)$ 倍。另一部分的视在功率为 $U_2 I_1$，是通过电路直接从高压绕组传递到低压绕组的功率，这部分的视在功率 $U_2 I_1=U_2\frac{I_2}{K}=\frac{S}{K}$，说明直接输送的视在功率是总视在功率的 $\frac{1}{K}$ 倍。这两部分传递的功率比例完全取决于变压比 K。

正因为自耦变压器有直接传送的视在功率存在，在传送这部分功率时，不需要消耗有效的材料，所以自耦变压器所用的铜线、硅钢片和其他结构材料也都减少了，相应的铜耗和铁耗也减少了，从而提高了效率。自耦变压器的变压比 K 越接近于 1，直接传送的视在功率比例就越大，经济效果就越显著。

3．过电压保护环节较复杂

由于自耦变压器高压绕组、低压绕组之间有电的直接联系，一定要有相应的过电压保护环节，防止高压侧的电气故障波及低压侧，使高电压直接进入低压侧。为此，自耦变压器的运行方式、继电保护及过电压保护装置都比普通变压器复杂。一般自耦变压器高压绕组、低压绕组都要装设避雷装置，中性点必须可靠接地。

四、自耦变压器的正确接线

如图 3–3a 所示为单相自耦变压器的接法。如果自耦变压器按照图 3–3b 所示接线，没有将高压绕组、低压绕组的公共端接零线，这时候很不安全。假设自耦变压器输出电压为 30 V，在安全电压之内，但由于自耦变压器高压绕组两个出线端接线错误，将高压绕组、低压绕组的公共端接相线，低压绕组输出端对地的电位高达 190 V，远远超过安全电压，若操作者不小心触及，就会有触电危险。即使调节自耦变压器使输出电压为零，但自耦变压器输出端对地电压仍是 220 V，操作者不小心碰到也会发生触电事故。

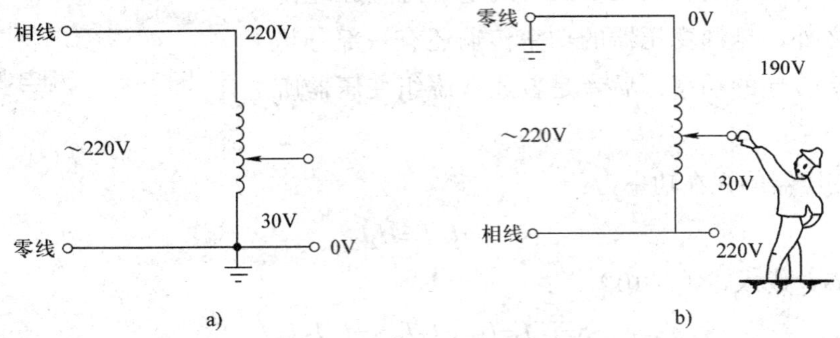

图 3–3　单相自耦变压器的接法

a）接线正确　b）接线错误

§3-2 仪用变压器

要做一个能直接测量大电流、高电压的仪表是很困难的，即使做出来了，操作起来也难以保证工作人员的安全。利用变压器能改变电压和电流的功能，制造出一种特殊的变压器——仪用变压器（或称互感器）。把高电压变成低电压，就是电压互感器；把大电流变成小电流，就是电流互感器。利用互感器，可以将测量仪表与高电压或大电流回路隔离，保证工作人员和测量仪表的安全，同时也可以减小测量损耗和误差，扩大测量仪表的量程，实现仪表的标准化。仪用变压器被广泛应用于交流电压、电流、功率的测量中，以及各种继电保护和控制电路中。

一、电流互感器

电流互感器是将比较大的交流电流转换为小电流的仪用变压器。电流互感器一次绕组的额定电流范围为 10 ~ 25 000 A，二次绕组额定电流为 5 A，可用于扩大交流电流表量程，或扩大功率表、电能表中电流线圈的量程。

1．电流互感器的结构和工作原理

电流互感器在结构上与普通双绕组变压器相似，也有铁芯和一次绕组、二次绕组，但它的一次绕组匝数很少，只有一匝到几匝，导线很粗。使用时，应将一次绕组串联在被测电路中，流过被测电流，该被测电流的大小与电流互感器二次绕组上的负载无关。电流互感器的二次绕组匝数较多，它与电流表或功率表的电流线圈串联成为闭合电路。电流互感器的实物图、电路图和图形符号如图 3-4 所示。

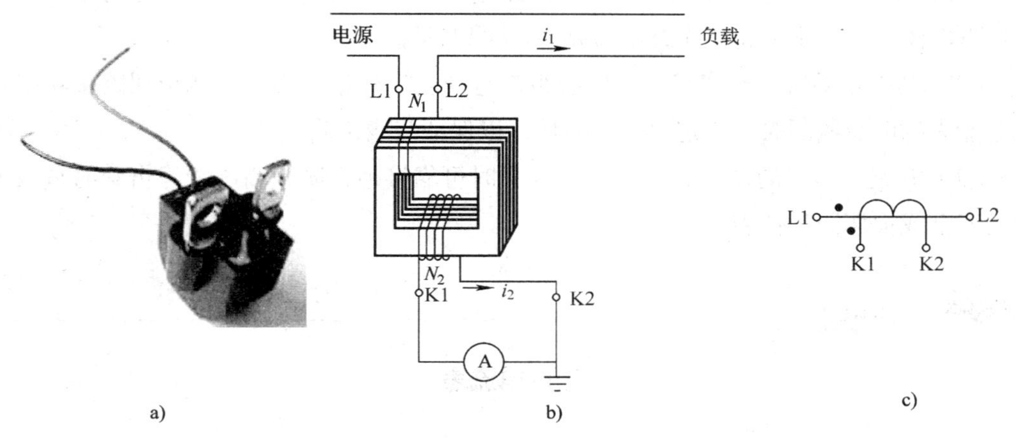

图 3-4 电流互感器

a）实物图 b）电路图 c）图形符号

电流互感器二次绕组接电流表，电流表的内阻很小，所以电流互感器运行时，二次绕组近似于短路状态。

根据变压器磁动势平衡方程式 $i_1N_1+i_2N_2=i_0N_1$，如果忽略励磁电流大小 I_0，则有：

$$i_1N_1+i_2N_2=0 \tag{3-12}$$

$$i_1=-\frac{N_2}{N_1}i_2 \tag{3-13}$$

即一次绕组、二次绕组上电流大小关系为：

$$I_1=\frac{N_2}{N_1}I_2=K_iI_2 \tag{3-14}$$

式中 K_i——电流互感器的额定电流比；

I_2——二次绕组所接电流表的读数。

当一次绕组有被测电流流过时，对应就有一个固定的电流表读数。如果电流表读数为 3 A，电流互感器的额定电流比为 $\frac{50}{5}$，则一次绕组流过的被测电流为 30 A。

2. 电流互感器的使用注意事项

在使用电流互感器时，为了测量的准确性和安全性，应注意以下问题：

（1）电流互感器在运行中，二次绕组不允许开路。电流互感器运行时，由于二次侧电流的去磁作用，励磁磁动势 i_0N_1 很小。若二次绕组开路，则磁动势 i_2N_2 为零，由于一次绕组上流过的被测量电流较大，且是固定的，于是 $i_1N_1=i_0N_1$，较大的一次侧磁动势全都变成励磁磁动势，使铁芯中的磁通密度急剧增加。一方面，磁通密度急剧增加使磁路严重饱和，铁芯中损耗也急剧增大，造成铁芯过热，绝缘加速老化；另一方面，在二次绕组上将会产生很高的感应电压，可能将绕组绝缘击穿，对操作人员也会产生危险。因此，在电流互感器二次侧回路绝对不允许安装熔断器。在运行中，如果要拆下电流表，一定要将二次绕组短路后才可以拆除。

（2）电流互感器一次绕组、二次绕组都有同名端标记，当二次绕组回路接功率表或电能表的电流线圈时，一定要注意极性，以保证接线正确。

（3）电流互感器的铁芯和二次绕组要同时可靠接地，防止高压绝缘击穿时危及人身的安全或损坏测量仪表。

小贴士

钳形电流表

电工常用的钳形电流表实际上就是电流互感器与电流表的组合，如图 3-5 所示。它的闭合铁芯可以张开，将被测载流导线钳入铁芯窗口中，被测导线相当于电流互感器的一次绕组，铁芯上绕有二次绕组，与测量仪表相连，在钳形电流表上可直接读出被测电流的数值，其优点是测量线路电流时不必断开电路，使用方便。

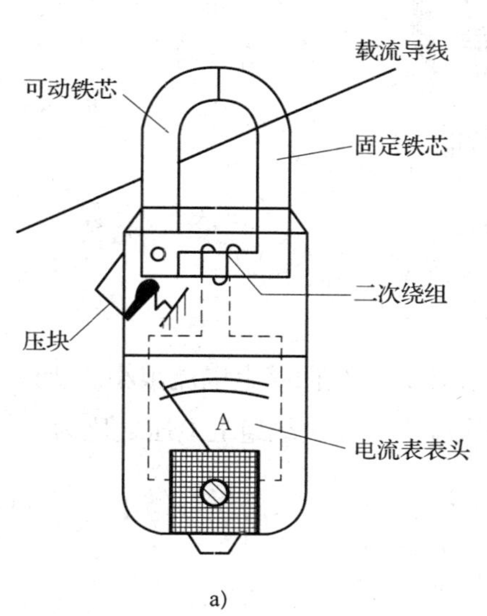

a)

b)

图 3–5 钳形电流表

a）示意图 b）实物图

使用钳形电流表时应注意使被测导线处于窗口中央，否则会增加测量误差；不知电流大小时，应将选挡开关置于大量程上。转换量程挡位时，必须在不带电情况下或者在钳口张开情况下进行，以免损坏仪表；如果被测电流过小，可将被测导线在钳口内多绕几圈，然后将读数除以所绕匝数。使用时还要注意安全，保持其与带电部分的安全距离，并应戴绝缘手套和使用绝缘垫。

二、电压互感器

电压互感器是将比较高的交流电压转换成低电压的仪用互感器。电压互感器一次绕组的额定电压为电力系统规定的电压等级，二次绕组的额定电压为 100 V。电压互感器常用于扩大交流电压表量程，或功率表、电能表中电压线圈的量程。

1. 电压互感器的结构和工作原理

电压互感器实际上就是一台降压变压器，一次绕组、二次绕组也是绕在一个闭合的铁芯上。一次绕组匝数很多，通常将一次绕组并联在被测线路上。二次绕组匝数较少，一般为几匝，二次绕组接交流电压表等高阻抗测量仪表。电压互感器的实物图、电路图和图形符号如图 3–6 所示。

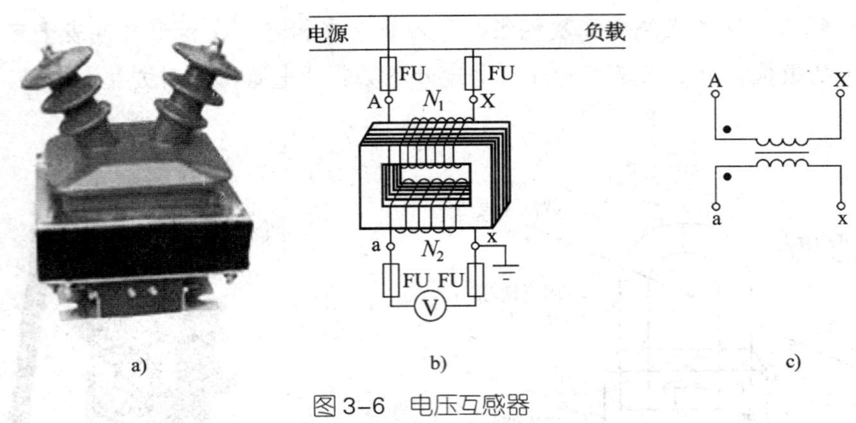

图 3-6 电压互感器
a）实物图 b）电路图 c）图形符号

由于电压互感器二次绕组接高阻抗的测量仪表，二次回路上电流很小，所以电压互感器实际上是一台空载运行的降压变压器，一次绕组、二次绕组上电压之比为：

$$\frac{U_1}{U_2}=\frac{N_1}{N_2}=K_u \tag{3-15}$$

或

$$U_1=K_uU_2 \tag{3-16}$$

式中 K_u——电压互感器的额定电压比；

U_2——二次绕组所接电压表的读数。

当一次绕组并联到被测电路上，对其施加一个固定电压后，对应就有一个固定的电压表读数。如果电压表读数为 80 V，电压互感器的额定电压比为 150，则一次绕组上的被测电压为 12 000 V。

2. 电压互感器的使用注意事项

（1）电压互感器在运行时绝对不允许短路。这是因为电压互感器二次绕组的阻抗很小，如果发生短路事故，很大的短路电流将烧坏互感器。为了防止短路，一次绕组、二次绕组回路中都应该串接熔断器进行短路保护。

（2）电压互感器的铁芯和二次绕组的一端必须可靠接地，以防止高压绕组绝缘损坏时，铁芯或二次绕组带上高电压而发生工作人员触电事故。

（3）电压互感器二次绕组回路接功率表或电能表的电压线圈时，要注意同名端，按要求的极性连接。

例 3-1 用额定电压比为 10 000 V/100 V 的电压互感器以及额定电流比为 100 A/5 A 的电流互感器扩大量程来测量高电压和大电流，其电流表读数为 3.5 A，电压表读数为 96 V，试求被测电路的电流、电压。

解： 因为电流互感器所测大电流等于电流表读数乘以电流互感器的额定电流比，即：

$$I_1=K_iI_2=100/5\times3.5\ \text{A}=70\ \text{A}$$

而电压互感器所测高电压等于电压表读数乘以电压互感器的额定电压比，即：

$$U_1=K_uU_2=10\,000/100\times 96\text{ V}=9\,600\text{ V}$$

可知被测电路的电流为 70 A，电压为 9 600 V。

§3-3 电焊变压器

交流电弧焊在生产实际中应用很广泛。从结构上来看，交流弧焊机就是一台具有特殊外特性的降压变压器，其工作原理与普通变压器没有本质区别，通常称为电焊变压器，但工作性能则有很大不同。为了保证焊接质量和电弧燃烧的稳定性，对电焊变压器有以下几点要求：

1. 电焊变压器应具有 60 ~ 75 V 的空载电压，以保证容易引燃电弧，为了操作者的安全，空载电压一般不超过 85 V。

2. 电焊变压器应具有陡降的外特性。当电弧产生后，二次绕组输出电压应急剧下降。通常额定运行时的输出电压 U_{2N} 约为 30 V。

3. 当焊条接触焊接工件时，电焊变压器处于短路状态，短路电流 I_K 不能太大，一般不超过额定电流的两倍，以免损坏电焊机。

4. 为了适应不同的焊接工件和焊条，电焊变压器还应可以调节焊接电流大小。

为了满足以上这几点要求，电焊变压器必须有较多的漏磁通，以便得到较大可变的漏电抗和急剧下降的外特性。电焊变压器的一次绕组、二次绕组一般分别安装在两个铁芯柱上，使绕组的漏抗比较大，通过改变漏抗大小来达到调节输出电流的目的，根据形成漏抗和改变漏抗的方法不同，电焊变压器可以分为带可调电抗器的电焊变压器、磁分路动铁式电焊变压器、动圈式电焊变压器等类型。

一、带可调电抗器的电焊变压器

如图 3–7 所示，带可调电抗器的电焊变压器由一台降压变压器和一个可调电抗器两部分组成。为了调节变压器输出的空载电压 U_{02}，变压器的一次绕组具有分接开关 S。可调电抗器磁路的气隙一般可以在 6 ~ 7 mm 的范围内变化，通过调节螺杆，可以改变气隙的大小。气隙越大，则电抗器的电抗越小；气隙越小，则电抗器的电抗越大。由于可调电抗器的绕组与变压器二次侧回路串联，改变电抗的大小，就可以调节电焊变压器起弧时短路电流 I_d 的大小。如图 3–8 所示为带可调电抗器的电焊变压器外特性曲线。

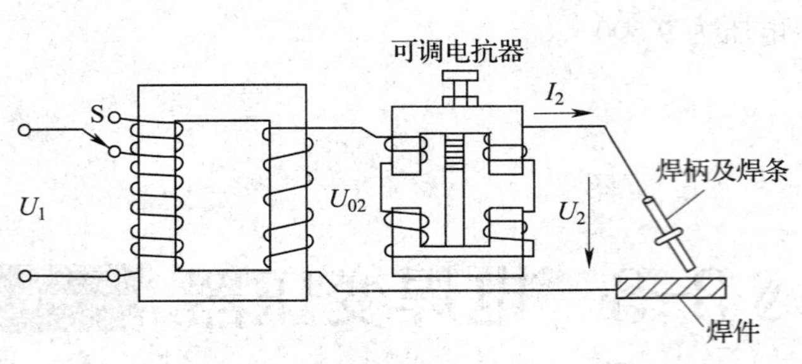

图 3-7　带可调电抗器的电焊变压器

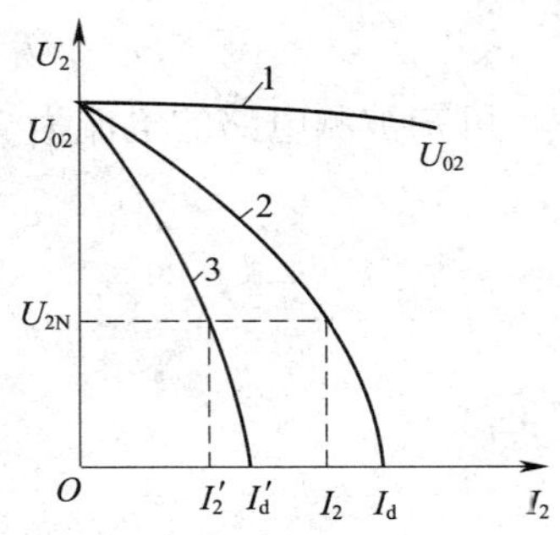

图 3-8　带可调电抗器的电焊变压器外特性曲线

1—空载曲线　2—电抗小时的外特性　3—电抗大时的外特性

二、磁分路动铁式电焊变压器

磁分路动铁式电焊变压器具有三个铁芯柱，两边为主铁芯柱，安放一次绕组与二次绕组；中间为一个可以活动的动铁芯，其结构示意图如图 3-9a 所示。一次绕组安放在左边主铁芯柱上，其绕组的出线端为 1 号和 2 号线端。二次绕组分为两部分，一部分安放在一次绕组外层，与一次绕组在同一个铁芯柱上；另一部分安放在右边主铁芯柱上。二次绕组的出线端是 5 号和 7 号线端。通过更换二次绕组接线板上的连接片接法，有两挡焊接电流粗调，Ⅰ挡粗调是将二次绕组中 4 号线端与 6 号线端短接，Ⅱ挡粗调是将二次绕组中 4 号线端与 3 号线端短接，二次绕组匝数减少，不同的连接片接法可以改变二次绕组的匝数，电路图如图 3-9b 所示。

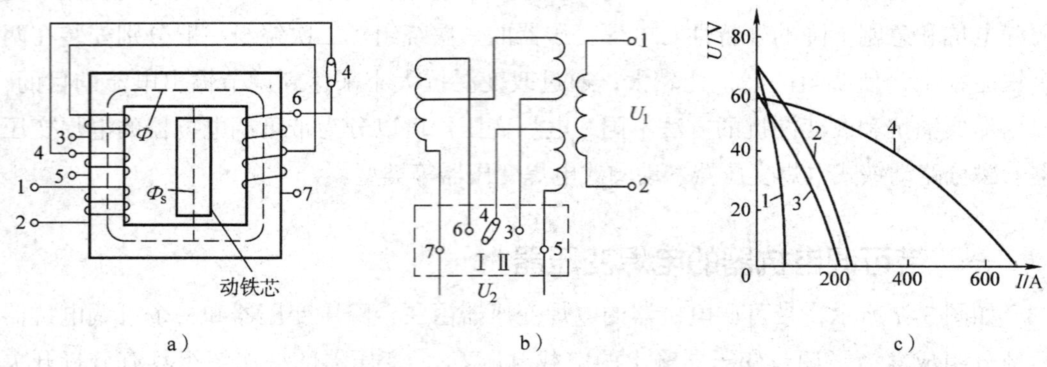

图 3-9　磁分路动铁式电焊变压器

a）结构示意图　b）电路图　c）外特性曲线

1—粗调Ⅰ，动铁芯在最内侧　2—粗调Ⅰ，动铁芯在最外侧

3—粗调Ⅱ，动铁芯在最内侧　4—粗调Ⅱ，动铁芯在最外侧

由于磁分路动铁式电焊变压器有两个空气隙，中间铁芯又是可动的，这就大大增加了变压器的漏抗。通过手柄可以改变动铁芯的位置，当动铁芯在最内侧位置时，漏

磁通最多，漏电抗最大，起弧时短路电流就小，外特性曲线下降就快，如图 3-9c 所示曲线 1。当动铁芯在最外侧位置时，漏磁通最小，漏电抗最小，起弧时短路电流就大，外特性曲线下降就慢，如图 3-9c 所示曲线 4。如果把动铁芯从内逐步往外移动，那么漏磁通会慢慢地减小，这是因为动铁芯往外移动，气隙加大，磁阻也加大，漏磁通就会减小，漏电抗也随之减小。随着漏电抗的减小，焊接电流下降速度也就变慢，如图 3-9c 所示曲线 3 和曲线 2。

三、动圈式电焊变压器

上述两种电焊变压器是通过改变气隙大小来改变漏电抗大小，从而达到限制短路电流的目的，实现陡降的外特性曲线。动圈式电焊变压器与前二者的主要区别是改变漏磁通的方式不一样，它是通过改变一次绕组、二次绕组的相对位置，以改变两者的耦合程度来实现的。

如图 3-10 所示为动圈式电焊变压器结构示意，其铁芯是壳式结构，铁芯气隙是固定不可调的，一次绕组固定在铁芯柱下部，二次绕组置于它的上面，并且可借助手轮转动螺杆，使二次绕组上下移动，从而改变一次绕组、二次绕组之间的距离来调节漏磁通的大小，进而以改变漏电抗。

显然，一次绕组、二次绕组之间距离越小，其耦合越紧，漏磁通越小，漏电抗也就越小，动圈式电焊变压器二次绕组输出电压也就越高，对应变压器外特性曲线下降陡度就小，输出电流就大；反之则输出电流就小。

动圈式电焊变压器的优点是没有动铁芯，不会因铁芯振动而造成电弧的不稳定。但是在一次绕组、二次绕组距离较近时，调节作用会大大减弱，需要加大绕组的间距，铁芯要做得较高，增加了硅钢片的用量。

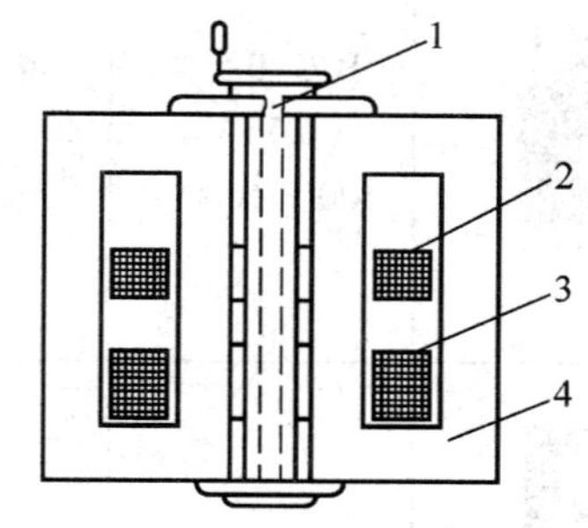

图 3-10 动圈式电焊变压器结构示意

1—二次绕组手轮转动螺杆 2—可动二次绕组

3—固定的一次绕组 4—铁芯

试验与实训　电流互感器和电压互感器的接线

一、试验与实训目的

1. 能识别电流互感器，并能对电流互感器进行简单接线。

2. 能识别电压互感器，并能对电压互感器进行简单接线。

3. 通过对仪用互感器的接线，掌握其作用和使用注意事项。

二、主要实训器材

主要实训器材见表 3–1。

表 3–1　主要实训器材

序号	器材名称	图例	规格	作用	备注
1	电流互感器		LMZJ1–0.5 型（0.5 kV、50 A/5 A）	变换交流电流，测量大的交流电流	一次绕组串联在被测的电路，而二次绕组与电流表或功率表的电流线圈串联成为闭合电路
2	电压互感器		JDG–0.5 型（0.5 kV、400 V/100 V）	变换交流电压，测量高的交流电压	一次绕组并联在被测的电路，而二次绕组并接有电压表或其他仪表（如功率表、电能表等）的电压线圈
3	三相四线电能表		DTS607	测量三相交流电路负载的用电量	注意区分接线端子的含义

续表

序号	器材名称	图例	规格	作用	备注
4	交流电流表		量程为 5 A	显示电流互感器二次侧的电流	一般二次侧电流表均用量程为 5 A 的仪表
5	交流电压表		量程为 100 V	显示电压互感器二次侧的电压	一般二次侧电压表均用量程为 100 V 的仪表

三、实训内容及步骤

1. 电流互感器的接线

电力系统中广泛采用的是电磁式电流互感器（以下简称电流互感器），也称作TA。它是把数值较大的一次侧电流通过一定的变比转换为数值较小的二次侧电流，实现保护、测量等用途。如额定电流比为 400 A/5 A 的电流互感器，可以把实际为 400 A 的电流转变为 5 A 的电流。电流互感器一般安装在开关柜内，是为了接电流表之类的仪表和继电保护用。电流互感器的接线方式有一相式接线、三相星形接线、不完全星形接线、两相电流差接线等，下面主要介绍电流互感器常见的二次回路的接线方式。

（1）电流互感器三相星形联结接线

三台电流互感器组成星形接线，此方式可以用来测量负荷平衡或不平衡的三相电力系统中的三相电流。

1）绘制电流互感器三相星形联结的电路图。电流互感器三相星形联结电路如图 3–11 所示。

2）连接电流互感器三相星形联结的工作电路。在指导教师指导下接线，电流互感器的接线要注意极性，电流互感器的极性是指在某一瞬间，一次绕组和二次绕组同时达到高电位的对应端，称为同极性端或同名端。通常在电流互感器的一次侧标有 L1、L2，二次侧标有 K1、K2，其中的 L1 和 K1、L2 和 K2 为同名端，在电路图中常用

“·”或“*”表示。接线时每个电流互感器一次侧直接串联到线路中，母线直接穿过电流互感器，L1 端进，L2 端出，二次侧则直接接到负荷（电流表、继电器等），K1 端进，K2 端出，一般在 K2 侧进行接地，如图 3-12 所示。

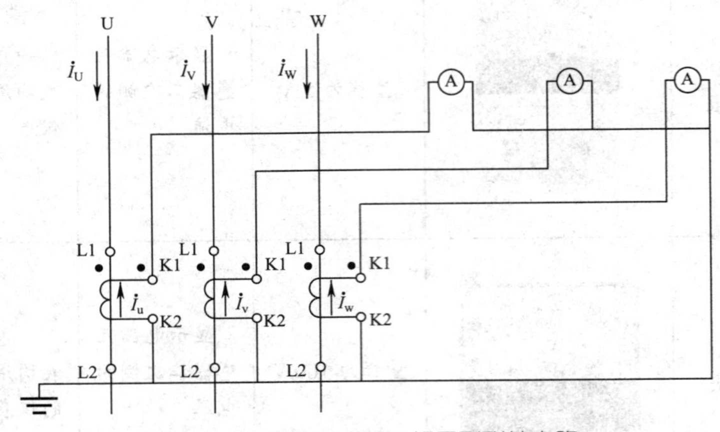

图 3-11　电流互感器三相星形联结电路

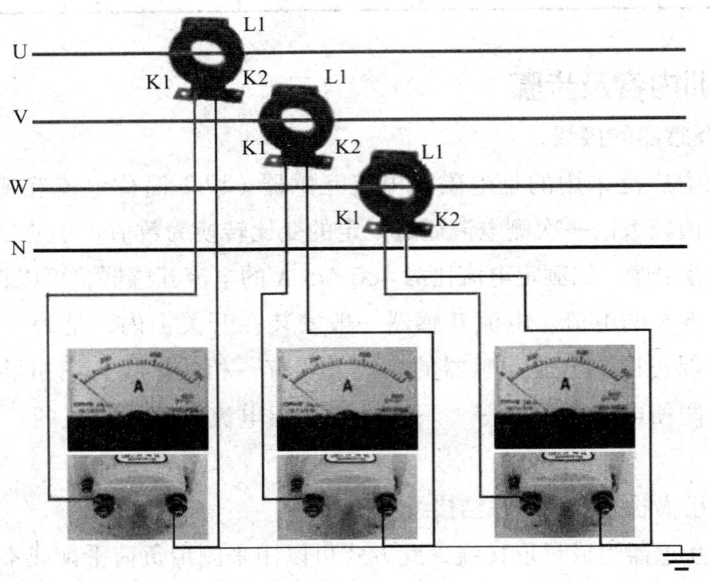

图 3-12　电流互感器三相星形联结实物接线示意

电流互感器极性接错将产生以下危害：用于继电保护电路中的电流互感器将引起继电保护装置误动或拒动；用于计量回路中的电流互感器会使计量及监视仪表失准，还可能使电能表反转。所以接线前必须正确判断电流互感器的极性。

（2）三相四线有功电能表经电流互感器接线

三相四线有功电能表经电流互感器接线方式可以用来测量三相电力系统负载的用电量。

1）三相四线有功电能表的接线方法。翻开三相四线有功电能表接线端子盖，就可以看到三相四线有功电能表接线图，如图 3–13 所示为三相四线有功电能表接线端子示意图。

三相四线有功电能表端子接线说明：端子 1、4、7 接电流互感器二次侧 K1 端，即电流进线端；端子 3、6、9 接电流互感器二次侧 K2 端，即电流出线端；端子 2、5、8 分别接三相电源；端子 10、11 是接零端。为安全起见，应将电流互感器 K2 端连接后接地。注意：各电流互感器的电流测量取样必须与其电压取样保持同相，即 1、2、3 为一组；4、5、6 为一组；7、8、9 为一组。

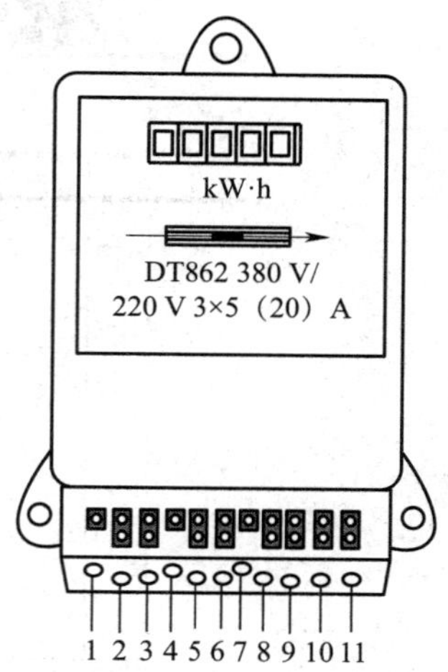

图 3–13　三相四线有功电能表接线端子示意

2）绘制三相四线有功电能表经电流互感器接线的电路图。如图 3–14 所示为三相四线有功电能表经电流互感器接线的电路图。

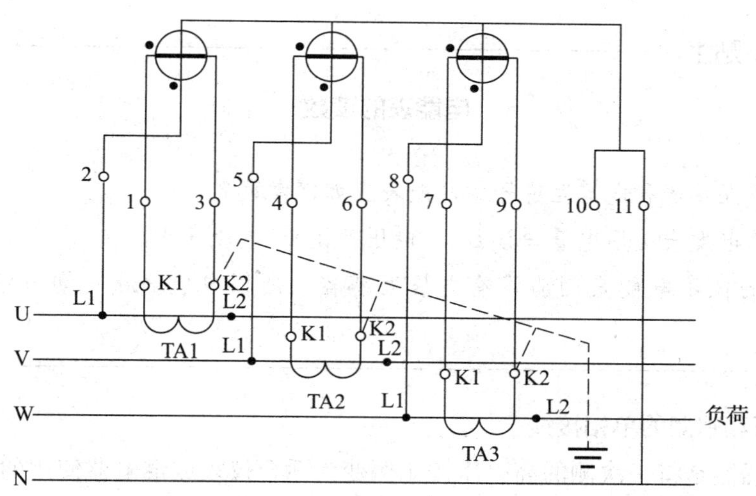

图 3–14　三相四线有功电能表经电流互感器接线的电路图

3）连接三相四线有功电能表经电流互感器接线的工作电路。在指导教师指导下接线，如图 3–15 所示，三根相线从互感器中穿过，注意电流方向一致，然后接负载，电流互感器的 K1 端接电能表的电流线圈输入端，电能表的电流线圈输出端接电流互感器的 K2 端，同时 K2 端接地。也就是说，电流互感器与电能表的电流线圈是串接的，再从每根相应的相线上接根线到电能表的电压线圈，零线接电能表最后的零线桩头，注意电流互感器的一端是要接地的。

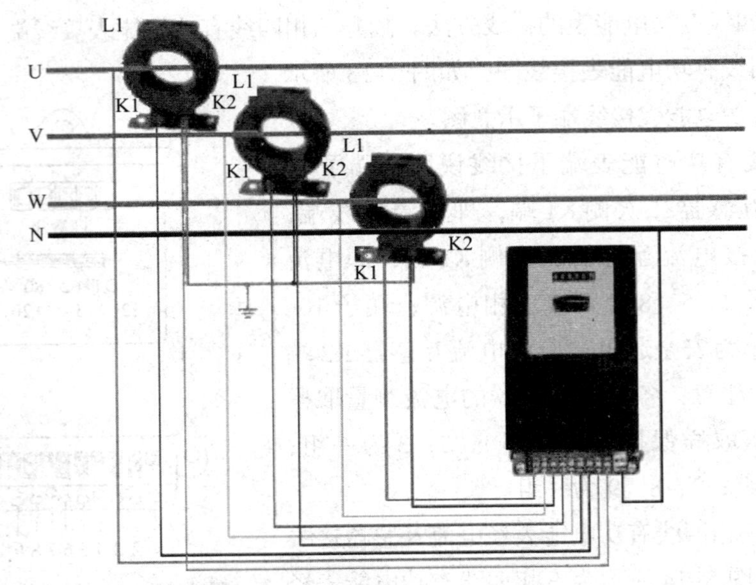

图 3–15　三相四线有功电能表经电流互感器接线示意

小贴士

电能表的读数

带有电压互感器和电流互感器的电能表应如何读数？

电能表（电度表）用电量 = 读数 × 电压变比 × 电流变比。

但常见的低压电能表因为没有电压互感器，所以电能表用电量 = 读数 × 电流变比。

2. 电压互感器的单相接线

电压互感器是将一次侧的高电压按比例变为适合仪表或继电器使用的额定电压为 100 V 的变换设备，也称作 TV。在电压互感器的外壳上常标有 A、X 和 a、x，其中 A、X 表示一次绕组，a、x 表示二次绕组，且 A 和 a、X 和 x 为同名端。电压互感器的接线形式有：单相接线、V/V 接线、Y/Y接线、$Y_0/Y_0/\triangle$接线。下面介绍用一台单相电压互感器来测量两相间线电压的接线方式。

（1）绘制电压互感器的单相接线的电路图

用一台单相电压互感器来测量两相间线电压，电压互感器的工作特点和要求是：一次绕组与高压电路并联，二次绕组不允许短路（短路电流会烧毁 TV），要装有熔断器，二次绕组有一点直接接地。建议自行设计并绘制电压互感器的单相接线工作电路。电压互感器的单相接线参考电路如图 3–16 所示。

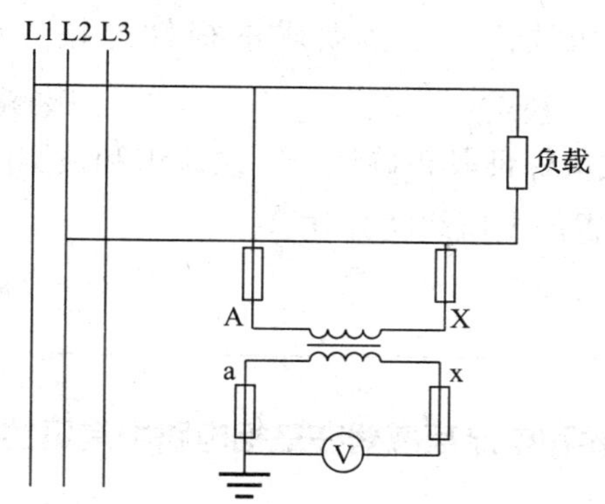

图 3-16 电压互感器的单相接线参考电路

（2）连接电压互感器的单相接线的工作电路

经指导教师认可后，按照所绘制的电压互感器的单相接线电路进行连接，如图 3-17 所示。

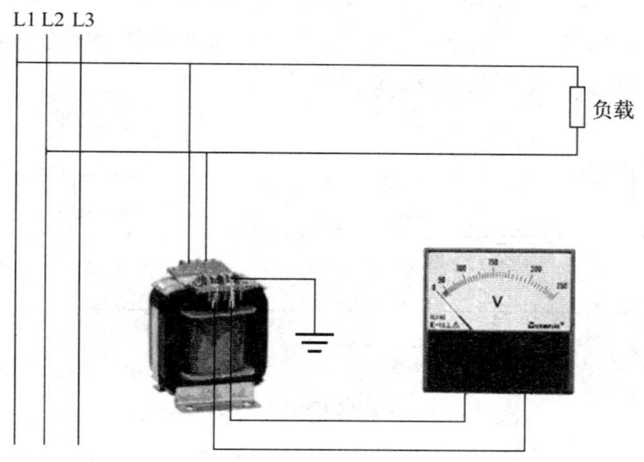

图 3-17 电压互感器的单相接线示意

四、注意事项

1. 电流互感器运行中二次侧不得开路，因此二次侧不能接熔断器；运行中如要拆下电流表，必须先将二次侧短路才行。电压互感器在工作时，其二次侧不允许短路。为此，电压互感器二次侧电路中应串接熔断器，作为短路保护。

2. 电流互感器和电压互感器的铁芯及二次绕组一端要可靠接地，其目的是防止一次绕组、二次绕组间的绝缘击穿时，一次绕组的高电压窜入到二次绕组，危及人身和设备安全。

3. 电流互感器的一次绕组、二次绕组有“+”“−”或“·”的同名端标记，二次侧接功率表或电能表的电流线圈时，极性不能接错。电压互感器二次侧所接测量仪表和继电器的电压线圈，应按要求的极性连接。否则，将会产生不良后果。

4. 电压互感器的接线应保证其正确性，一次绕组和被测电路并联，二次绕组应和所接的测量仪表、自动装置的电压线圈并联。

知识拓展

电压互感器和电流互感器在三相电路中常见的接线方式

1. 电压互感器常见的接线方式

在三相电力系统中，通常需要测量的有线电压、相对地电压和发生单相接地故障时的零序电压。为了测量这些电压，就需要不同的接线方式，常见的电压互感器接线方式有以下几种。

（1）用一台单相电压互感器来测量某一相对地电压或相间电压，一次绕组不能接地，二次绕组应有一端接地。此接线方式适用于三相对称的小容量线路的测量与保护，二次绕组可接仪表和继电器，如图 3–18 所示。

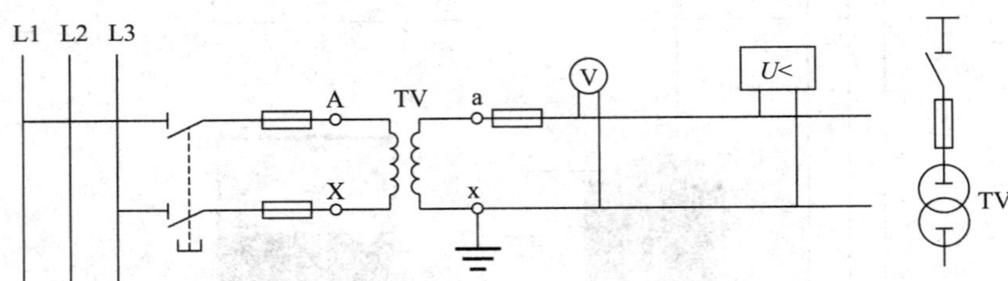

图 3–18 一台单相电压互感器接法

（2）用两台单相电压互感器接成不完全星形，也称 V/V 接线，用来测量各相间电压（线电压），但不能测相电压，一次绕组不能接地，二次绕组 L2 相接地。此接线方式广泛应用于三相三线制 6 ~ 10 kV 配电线路中，如图 3–19 所示。

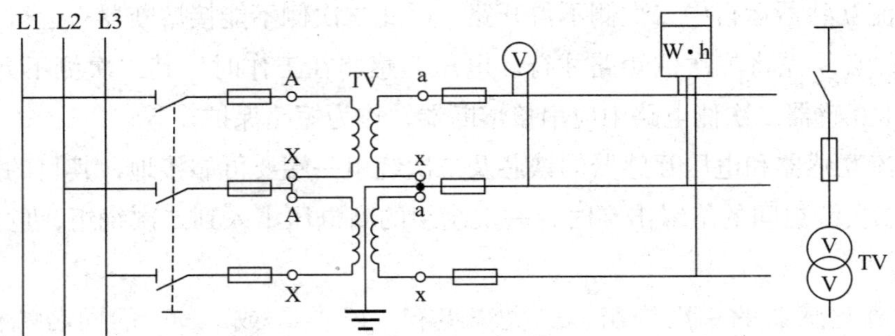

图 3–19 两台单相电压互感器 V/V 形接法

（3）三台单相电压互感器接成 Y_0/Y_0 形，仪表和继电器接于各个线电压，绝缘监视电压表接于相电压。此接线方式适用于三相三线制和三相四线制线路，广泛应用于 3～220 kV 系统中，如图 3–20 所示。

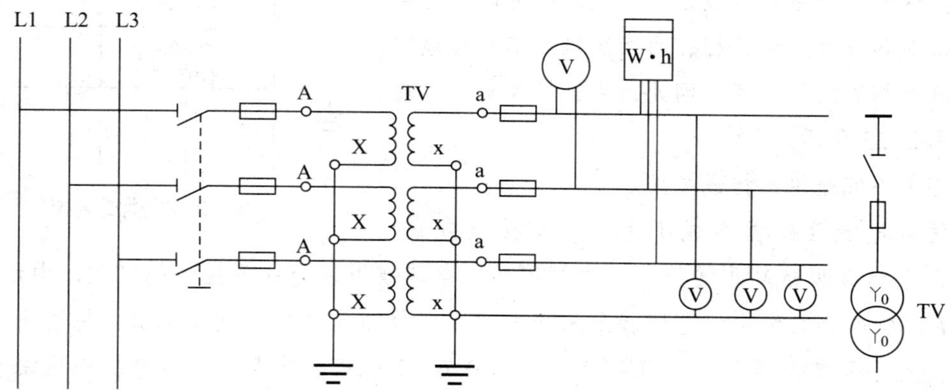

图 3–20 三台单相电压互感器接成 Y_0/Y_0 形接法

（4）使用三台单相三绕组电压互感器或一台三相五柱式三绕组电压互感器接成 $Y_0/Y_0/\triangle$（开口三角形）。接成 Y_0 形的二次绕组供电给仪表、继电器及绝缘监视电压表等。辅助二次绕组接成开口三角形，供电给绝缘监视电压继电器。当三相系统正常工作时，三相电压平衡，开口三角形两端电压为零。当某一相接地时，开口三角形两端出现零序电压，接近于 100 V，使绝缘监视电压继电器动作，发出信号。此接线方式一般只用于 3～15 kV 三相三线制线路，如图 3–21 所示。

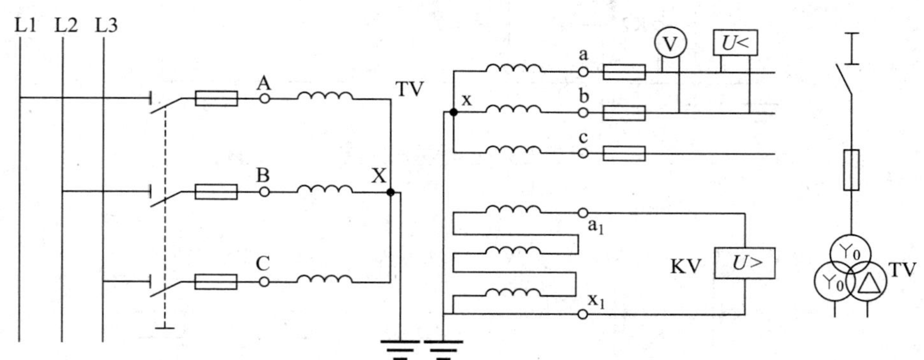

图 3–21 三相五柱式三绕组电压互感器 $Y_0/Y_0/\triangle$（开口三角形）接法

2. 电流互感器的常见接线方式

（1）一相式接线方式

用一台电流互感器来测量单相负荷电流或三相系统中平衡负荷下的某一相电流，其接线如图 3–22 所示。

（2）三相星形联结方式

三台电流互感器组成星形接线。此方式可以用来测量负荷平衡或不平衡的三相电力系统中的三相电流。这种三相星形接线方式组成的继电保护电路能保证对各种故障（三相、两相短路及单相接地短路）具有相同的灵敏度，因此，可靠性较高，其接线如图 3–23 所示。

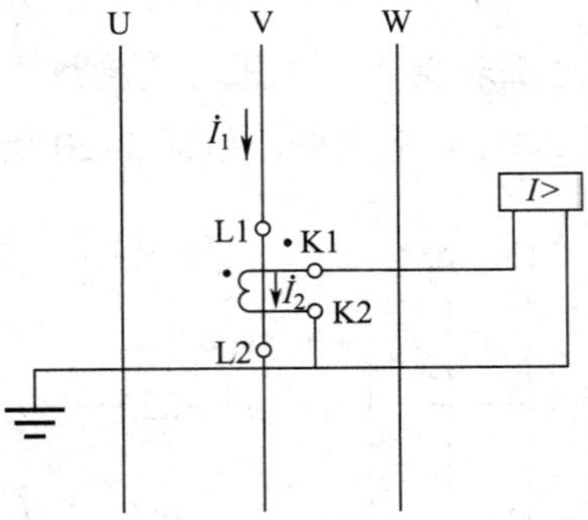

图 3–22　一相式接线

（3）不完全星形接线方式

两台电流互感器组成不完全星形接线方式，此方式也称为两相 V 形接线，二次侧接三只电流表用以分别测量三相电流，由于 $\dot{I}_u+\dot{I}_w=-\dot{I}_v$，所以公共线中的电流就是未接电流互感器的 V 相的二次侧电流。它可用于测量负荷不论平衡与否的三相三线制线路，在 6～10 kV 中性点不接地系统中应用较广泛。与三相星形接线方式相比，该接线方式继电保护灵敏度较差，但可节省投资费用，其接线如图 3–24 所示。

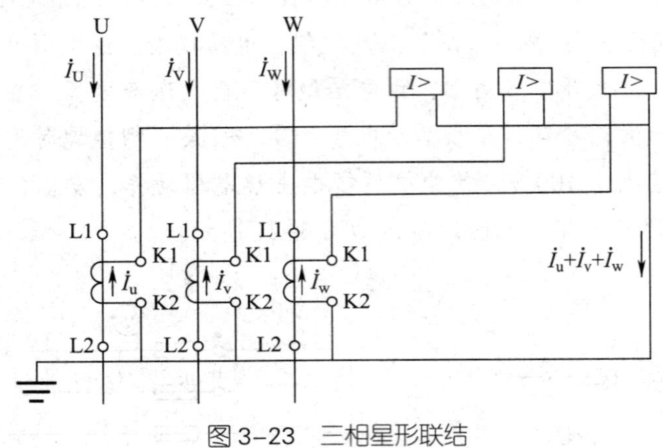

图 3–23　三相星形联结

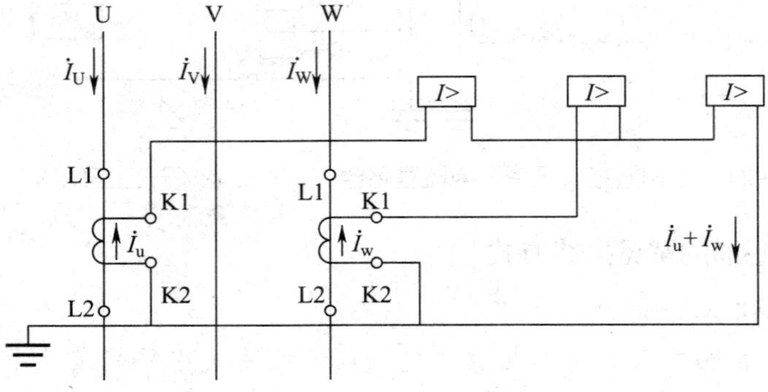

图 3–24　不完全星形接线

（4）两相电流差接线方式

两台电流互感器组成两相电流差接线。二次侧公共线中流过的电流为两相电流之差，即 $\dot{I}_u-\dot{I}_w=\dot{I}$，其数值为一相电流的 $\sqrt{3}$ 倍，多用于三相三线制电路的继电保护线路中，其接线如图 3–25 所示。

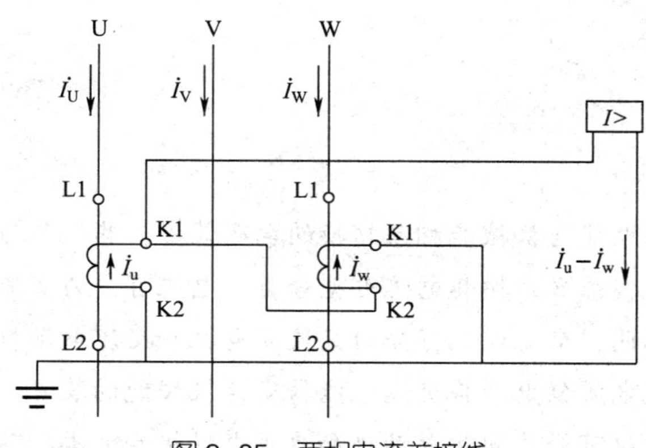

图 3–25 两相电流差接线

第四章
三相异步电动机

电机是一种实现电能与机械能相互转换的电磁装置，其运行原理基于电磁感应定律。电机的种类与规格很多，按其电流类型分类，电机可分为直流电机和交流电机两大类；按其功能的不同，交流电机可分为交流发电机和交流电动机两大类，其中交流电动机则是指由交流电源供电，将交流电能转变为机械能的装置。根据电动机转速的变化情况，交流电动机可分为同步电动机和异步电动机两大类。其中，异步电动机按供电电源的不同，又可分为三相异步电动机和单相异步电动机两大类。三相异步电动机由三相交流电源供电，由于其结构简单、价格低廉、坚固耐用、使用维护方便，因此，在工业、农业及其他领域中获得了广泛的采用。本章主要讲述三相异步电动机的工作原理、结构、特性和使用维护检修技术。

§4-1　三相异步电动机的分类、用途和基本结构

一、三相异步电动机的分类和用途

三相异步电动机的主要分类方式见表 4-1；根据转子结构形式不同，三相异步电动机分为笼型和绕线式两大类，其结构形式、特点及适用场合见表 4-2。

表 4-1　三相异步电动机的主要分类方式

项目	分类		
转子结构形式	鼠笼式、绕线式		
形式	小型	中型	大型
机座中心高 /mm	80 ~ 315	>315 ~ 630	>630

续表

项目	分类		
定子铁芯外径 /mm	125 ~ 560	>560 ~ 990	>990
防护形式	开启式、防护式、封闭式、防爆式		
安装结构形式	卧式、立式、带地脚、带凸缘		
绝缘等级	Y 级、A 级、E 级、B 级、F 级、H 级、N 级、R 级		
冷却方式	自冷式、自扇冷式、他扇冷式、管道通风式		
工作定额	连续、短时、断续		

表 4–2　三相异步电动机的结构形式、特点及适用场合

结构形式		特点	适用场合
鼠笼式转子	普通鼠笼式转子	机械特性硬，启动转矩不大，调速时需要调速设备	适用于调速性能要求不高的各种机床、水泵、通风机（与变频器配合使用，可方便地实现电动机的无级调速）
	高启动转矩	启动转矩大	适用于带冲击性负载的机械，如剪床、冲床、锻压机；静止负载或惯性负载较大的机械，如压缩机、粉碎机、小型起重机
	多速	有几挡转速（2 ~ 4 速）	适用于要求有级调速的机床、电梯、冷却塔等
绕线式转子		机械特性硬（转子串电阻后变软），启动转矩大，调速方法多，调速及启动性能较好	适用于要求有一定调速范围、调速性能较好的生产机械，如桥式起重机；启动、制动频繁且对启动、制动转矩要求高的生产机械，如起重机、矿井提升机、压缩机、不可逆轧钢机

二、三相异步电动机的基本结构

三相异步电动机又称为感应电动机，是一种将电能转变为机械能并拖动生产机械工作的动力设备。它具有结构简单、工作可靠、价格低廉、维护方便、效率较高、体积小、质量轻等一系列优点。与同容量的直流电动机相比，三相异步电动机的质量和价格约为直流电动机的三分之一。

三相异步电动机由定子和转子两大部分组成，在定子和转子之间存在 0.25 ~ 2 mm 的气隙，此外，还有端盖、轴承、接线盒、吊环等其他附件。如图 4–1 所示为笼型三相异步电动机的主要结构示意。

1．定子部分

定子是三相异步电动机的静止部分，由定子绕组、定子铁芯和机座三部分组成，其各部分特点及用途见表 4–3。

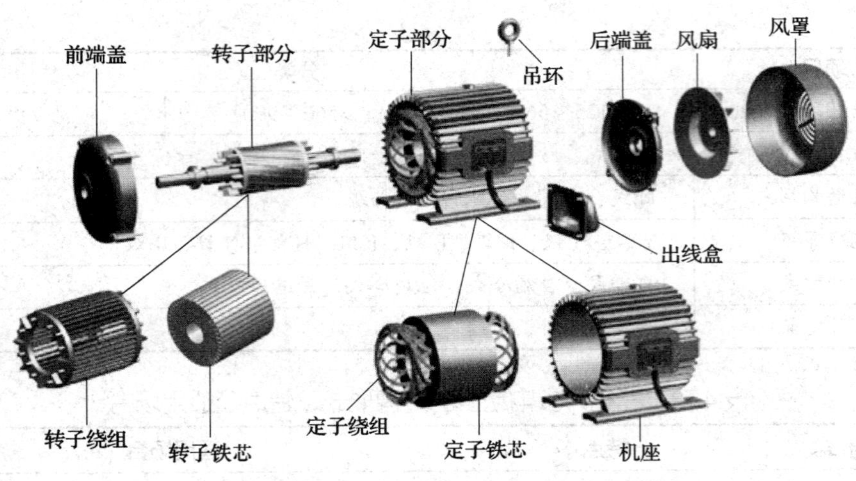

图 4–1　笼型三相异步电动机的主要结构示意

表 4–3　定子各部分特点及用途

名称	特点	实物图片	用途
机座	中小型电动机机座大多用铸铁制成，小型电动机机座也可用铝铸造。封闭式电动机的机座外面有散热筋，可以增加散热面积		固定和支撑定子铁芯
定子铁芯	由 0.35～0.5 mm 厚、表面涂有绝缘漆的硅钢片叠压而成，内圆冲有均匀分布的槽，槽有开口、半开口、半闭口三种，半闭口一般用于小型电动机	定子冲片　定子铁芯	利用硅钢片内圆冲有均匀分布的槽嵌放定子绕组，是异步电动机磁路的一部分
定子绕组	由许多线圈按一定规律连接而成，线圈由高强度漆包铜线或铝线绕成		是三相异步电动机的电路部分，通入三相对称交流电流后产生旋转磁场

为了保证电动机能正常工作，绕组与铁芯之间必须要有槽绝缘，如果是双层绕组，两层绕组之间还要有层间绝缘，以免电动机在运行时绕组出现击穿或短路故障。定子铁芯采用表面涂有绝缘漆的薄硅钢片叠压而成，目的是减少交变磁通在铁芯中产生的涡流损耗。

三相定子绕组的六个首尾端都引到电动机机座的接线盒内，如图 4-2a 所示，U1、V1、W1 是三相定子绕组的首端，U2、V2、W2 是三相定子绕组的尾端。按需要三相定子绕组可接成星形，如图 4-2b 所示；也可接成三角形，如图 4-2c 所示。

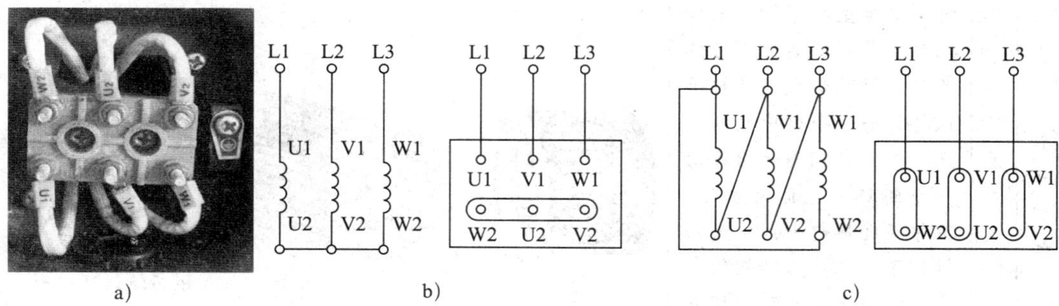

图 4-2 三相定子绕组的接法

a）出线端的排列 b）星形联结 c）三角形联结

2. 转子部分

转子是三相异步电动机的旋转部分，由转子铁芯、转子绕组和转轴等组成，其各部分特点及用途见表 4-4。

表 4-4 转子各部分特点及用途

名称		特点	实物图片	用途
转子铁芯		固定在转轴上，一般用 0.5 mm 厚、相互绝缘的硅钢片叠装而成，为了改善电动机的启动及运行性能，笼型异步电动机转子铁芯一般采用斜槽结构	转子冲片 转子铁芯	利用硅钢片外圆冲有均匀分布的槽嵌放转子绕组，同时，转子铁芯也是异步电动机磁路的一部分
转子绕组	绕线式绕组	绕线式转子绕组是与定子绕组具有相同极数的三相对称绕组，一般接成星形。绕组的尾端接在一起，绕组的首端分别接到转轴上的三个与转轴绝缘的集电环上。通过集电环和电刷接入附加电阻或其他控制装置，以便改善电动机的启动性能或调速特性	转轴 集电环 转子铁芯 转子绕组 电刷 星形联结中性点	转子绕组的作用是产生感生电动势和电流，并在旋转磁场的作用下产生电磁力矩而使转子转动

续表

名称		特点	实物图片	用途
转子绕组	鼠笼式绕组	鼠笼式转子绕组有单笼型、双笼型和深槽型三种结构。单笼型通常又可分为两种结构形式，在转子铁芯的每一个槽中插入一根铜条，在铜条两端各用一个铜环（也称为端环）把导条连接起来，称为铜排转子。也可用铸铝的方法，把转子导条和端环风扇叶片用铝液一次浇铸而成。100 kW 以下异步电动机一般采用铸铝转子	铜排转子　铸铝转子	转子绕组的作用是产生感生电动势和电流，并在旋转磁场的作用下产生电磁力矩而使转子转动

在容量较大的笼型异步电动机中，鼠笼式转子可采用双鼠笼形（上、下两笼）或深槽式转子，利用交流电的“趋肤效应”以提高电动机的启动转矩。部分绕线式异步电动机上装有举刷短路装置，启动时，举刷短路装置合到启动挡，转子绕组通过电刷装置和集电环与外电路接通；启动完毕后，举刷短路装置合到运行挡，将转子绕组短接，同时把三组电刷举起，不再与集电环接触，这样就减少了电刷与集电环间的磨损。

3. 其他附件

三相异步电动机其他附件包括端盖、轴承、轴承盖、接线盒、吊环、风罩和风扇等，见表 4-5。

表 4-5　三相异步电动机其他附件

名称	实物图片	说明
端盖		用铸铁或铸钢浇铸成形，端盖装在机座的两侧，起支撑转子的作用，并保持定子、转子之间同心度的要求
轴承和轴承盖		轴承的作用是支撑转轴转动，一般采用滚动轴承以减小摩擦。轴承内注有润滑油脂，为防润滑油脂溢出，可以加装内、外轴承盖，同时起到固定转子、使转子不能轴向移动的作用

续表

名称	实物图片	说明
接线盒		一般用铸铁浇铸，其作用是保护和固定绕组的引出线端子
吊环		一般用铸钢制造，安装在机座的上端用来起吊、搬抬电动机
风罩和风扇		转轴带动风叶一起旋转，用来冷却电动机，风罩用于保护风叶

§4-2 三相异步电动机的铭牌和型号

三相异步电动机的机座上钉有一块铭牌，标注电动机的型号、规格等有关技术数据，如图4-3所示。铭牌是选择、安装、使用和修理（包括重绕绕组）三相异步电动机的重要依据。现以Y180M-4三相异步电动机为例，说明铭牌上各个数据的含义。

三相异步电动机					
型号	Y180M-4	功率	18.5 kW	电压	380 V
电流	35.9 A	频率	50 Hz	转速	1 470 r/min
接法	△	工作方式	连续	外壳防护等级	IP44
产品编号	××××××	质量	180 kg	绝缘等级	B级
××电机厂			××××年××月		

图4-3 三相异步电动机的铭牌

一、型号

型号是三相异步电动机类型和规格的代号。国产异步电动机的型号由汉语拼音字母、国际通用符号和阿拉伯数字组成。如 Y180M–4 的含义是：

Y—— 一般用途三相笼型异步电动机；

180——机座中心高 180 mm；

M——机座为中机座（S 表示短机座，M 表示中机座，L 表示长机座）；

4——旋转磁场磁极数为 4（磁极对数 p=2）。

二、额定值

三相异步电动机铭牌上标注的主要额定值见表 4–6。

表 4–6　三相异步电动机铭牌上标注的主要额定值

额定值	说明	备注
额定效率 η_N	指三相异步电动机输出机械功率 P_2 与输入电功率 P_1 的比值	$\eta_N=\frac{P_2}{P_1}\times100\%$
额定电压 U_N	指在额定负载情况下，加在三相异步电动机定子绕组上的线电压，单位是 kV 或 V	三相异步电动机要求所接的电源电压值的变动一般不应超过额定电压的 ±5%。电压过高，电动机容易烧毁；电压过低，电动机难以启动，即使启动后电动机也可能带不动负载，容易烧坏。Y 系列三相异步电动机的额定电压统一为 380 V
额定电流 I_N	指三相异步电动机在额定工作状态下运行时定子绕组输入的线电流，单位是 A	若超过额定电流过载运行，三相电动机就会过热乃至烧毁
额定频率 f_N	指三相异步电动机所使用的交流电源的频率，单位是 Hz	国产三相异步电动机的额定频率为 50 Hz
额定功率因数 $\cos\varphi$	指三相异步电动机从电网所吸收的有功功率与视在功率的比值	三相异步电动机的功率因数较低，在额定运行时为 0.7～0.9，空载时只有 0.2～0.3，因此，必须正确选择电动机的容量，防止“大马拉小车”，并力求缩短空载运行时间
额定转速 n_N	指三相异步电动机在额定电压、额定频率和额定负载下工作时的转速，单位是 r/min	略小于对应的同步转速 n_1
额定功率 P_N	指三相异步电动机在额定工作状态下运行时转轴上输出的机械功率，单位是 kW 或 W	$P_N=\sqrt{3}U_NI_N\cos\varphi_N\eta_N$ $\eta_N=\frac{P_N}{P_1}\times100\%$

三、其他

1. 工作方式

异步电动机常用的工作方式有三种，分别是连续工作制、短时工作制和断续周期工作制，见表 4–7。

表 4–7 异步电动机常用的工作方式

工作方式	说明
连续工作制（S1）	指电动机在额定负载范围内，允许长期连续不停使用，但不允许多次断续重复使用
短时工作制（S2）	指电动机不能连续不停使用，只能在规定的负载下短时使用
断续周期工作制（S3）	指电动机在规定的负载下，可多次断续重复使用

2. 接法

接法指电动机在额定电压下三相定子绕组应采用的联结方法。Y 系列三相异步电动机规定额定功率在 3 kW 及以下的为Y形联结，4 kW 及以上的为△形联结，有的电动机铭牌上标有两种额定电压值，如 380 V/220 V，这时铭牌上会标有Y/△两种接法，同时也会标出两种额定电流值，表示当电源电压为 380 V 时，三相异步电动机应采用Y形联结；当电源电压为 220 V 时，三相异步电动机应采用△形联结。

3. 绝缘等级

绝缘等级指电动机定子绕组所用的绝缘材料允许极限温度的等级，有 Y、A、E、B、F、H、N、R 八级。如 Y 系列电动机采用的是 B 级绝缘，它的允许极限温度为 130 ℃。发展趋势是 N 级和 R 级绝缘，其目的是可以在一定输出功率下，减轻电动机的质量，缩小电动机的体积。

4. 防护等级

防护等级指三相异步电动机外壳的防护等级，其中 IP 是防护等级标志符号，其后面的两位数字分别表示电动机的防固体和防水能力。数字越大，防护能力越强。如 IP44 表示电动机能防护尺寸大于 1 mm 固体物入内，同时能防止溅水入内。

§4-3 三相异步电动机的工作原理

一、三相异步电动机的工作原理

在三相异步电动机定子铁芯中嵌放了三相对称的定子绕组，如果在定子绕组中通入三相对称的交流电流，就会在电动机的气隙中建立旋转磁场。旋转磁场是三相异步电动机工作的基本条件之一。

1．旋转磁场的产生

三相异步电动机的定子绕组通入对称三相交流电流后，产生旋转磁场必须具备两个条件：

（1）三相定子绕组必须对称，即每相定子绕组在定子铁芯空间上互差 120° 电角度。

如图 4–4 所示为三相异步电动机定子绕组在定子铁芯空间上的分布示意。图中将定子绕组简化成三个集中绕组 U1U2、V1V2 和 W1W2，其中 U1、V1 和 W1 为绕组首端，U2、V2 和 W2 为绕组尾端。

（2）通入三相对称绕组的三相交流电流也必须对称，即 i_U、i_V、i_W 三相电流大小和频率相同、相位互差 120°。三相对称交流电流 i_U、i_V、i_W 波形如图 4–5 所示。

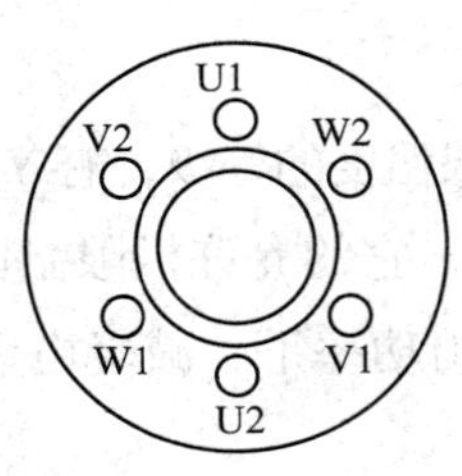

图 4–4 三相异步电动机定子绕组在定子铁芯空间上的分布示意

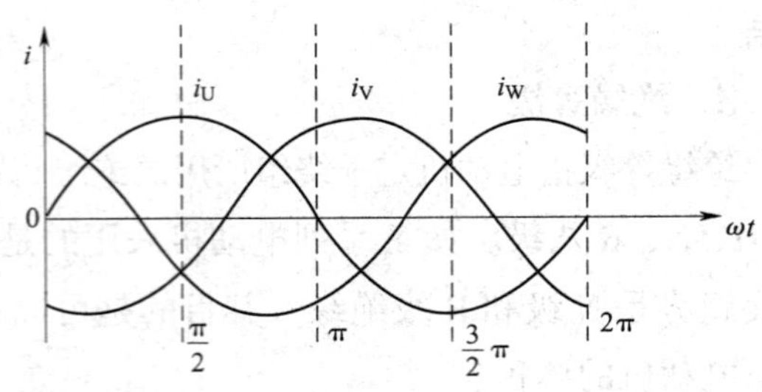

图 4–5 三相对称交流电流 i_U、i_V、i_W 波形

对称三相交流电流产生旋转磁场的过程是：假设三相异步电动机定子绕组接成星形联结，定子绕组的首端接三相对称电源，每相定子绕组分别通入对称三相交流电流 i_U、i_V、i_W，其参考方向由首端流到尾端，如图 4–6 所示。设各相电流的表达式为：

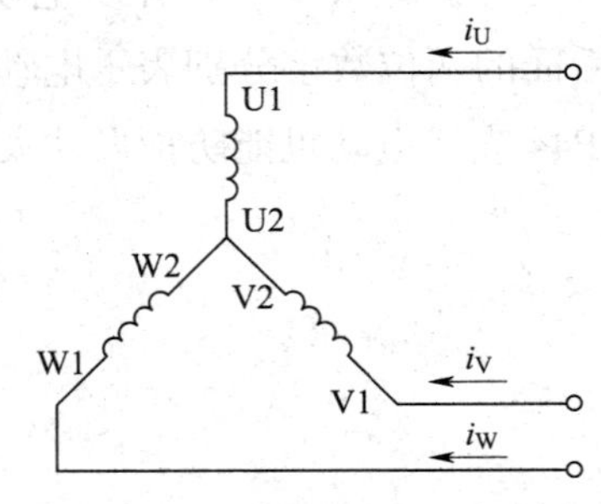

图 4–6 星形联结的定子绕组通入三相对称交流电流

$$i_U=I_m\sin\omega t$$

$$i_V=I_m\sin（\omega t-120°）$$

$$i_W=I_m\sin(\omega t+120°)$$

由图4–5可以看到，在不同时刻，对称三相交流电流 i_U、i_V 和 i_W 的正负各不同，说明流过每相定子绕组的电流实际方向不同，当电流为正值时，说明定子绕组中电流的实际方向与参考方向相同，即电流由绕组的首端流进、尾端流出（规定⊗表示从纸面流进，⊙表示从纸面流出）；当电流为负值时，说明定子绕组中电流实际方向与参考方向相反，即电流由绕组的尾端流进、首端流出。在某一瞬间，将每相定子电流所产生的磁场相叠加，便可以得到对称三相交流电流的合成磁场。表4–8中分析了对称三相交流电流在一个周期内五个瞬间所产生的合成磁场的情况。交流电流变化一周，三相合成磁场的磁极在空间顺时针旋转了一周。当对称三相交流电流持续变化时，合成磁场的磁极则会不断地连续旋转，就形成了旋转磁场。

表4–8 对称三相交流电流在一个周期内五个瞬间所产生的合成磁场的情况

电角度	三相电流			合成磁场	说明
	i_U	i_V	i_W		
$\omega t=0$	0	−	+	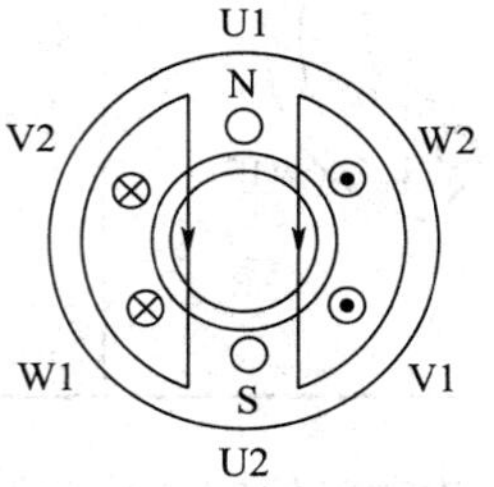 U1 N V2 W2 W1 S V1 U2	在该瞬间，$i_U=0$ 说明U相绕组中没有电流流过；$i_V<0$ 说明V相绕组中电流从尾端V2流进，由首端V1流出；$i_W>0$ 说明W相绕组中电流从首端W1流进，由尾端W2流出
$\omega t=90°$	+	−	−	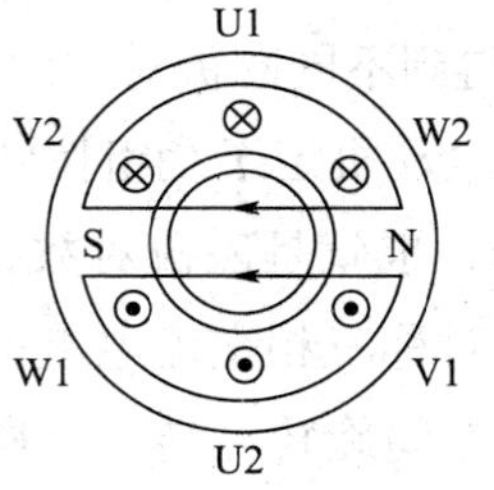 U1 V2 W2 S N W1 V1 U2	在该瞬间，$i_U>0$ 说明U相绕组中电流从首端U1流进，由尾端U2流出；$i_V<0$、$i_W<0$ 说明V相与W相绕组中电流都从尾端V2和W2流进，由首端V1和W1流出
$\omega t=180°$	0	+	−	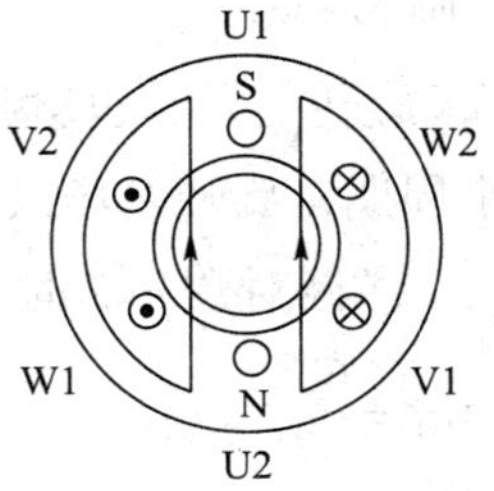 U1 S V2 W2 W1 N V1 U2	在该瞬间，$i_U=0$ 说明U相绕组中没有电流流过；$i_V>0$ 说明V相绕组中电流从首端V1流进、由尾端V2流出；$i_W<0$ 说明W相绕组中电流从尾端W2流进，由首端W1流出

续表

电角度	三相电流			合成磁场	说明
	i_U	i_V	i_W		
ωt=270°	−	+	+	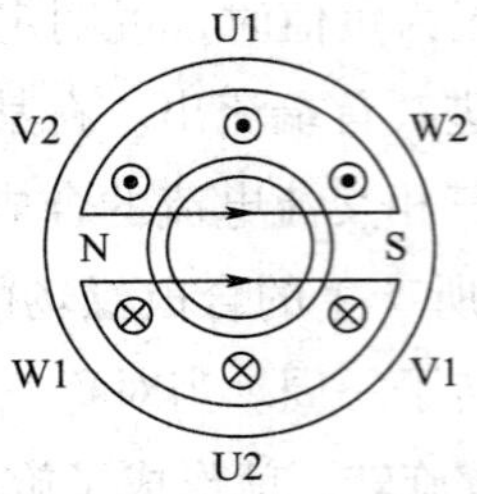 U1 V2 W2 N S W1 V1 U2	在该瞬间，i_U<0 说明 U 相绕组中电流从尾端 U2 流进、由首端 U1 流出；i_V>0、i_W>0 说明 V 相与 W 相绕组中电流都从首端 V1 和 W1 流进，由尾端 V2 和 W2 流出
ωt=360°	0	−	+	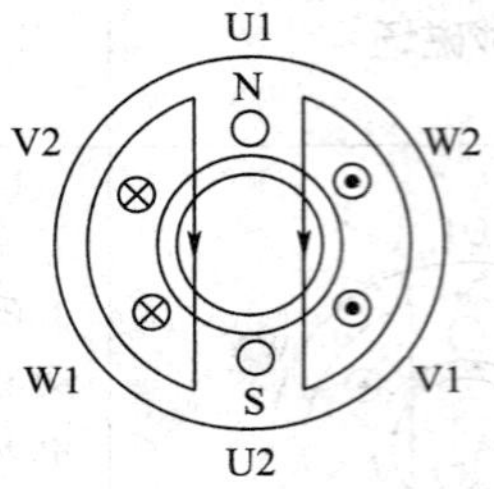 U1 N V2 W2 W1 V1 S U2	与 ωt=0 时相同，是第二个周期开始，以后依次重复循环进行下去，形成了旋转磁场

1）同步转速。三相异步电动机旋转磁场的转速称为同步转速。同步转速的大小取决于旋转磁场的磁极对数和交流电源的频率。旋转磁场的磁极对数与定子绕组中线圈的连接规律有关。不同的连接规律可得到不同磁极对数的旋转磁场。

由表 4–8 可以看到，当三相异步电动机定子绕组按图 4–4 分布时，对称三相交流电流产生的合成磁场为两极旋转磁场，也就是磁极对数 p=1。当交流电流变化一个周期时，旋转磁场正好转过一周。如果对称三相交流电流的频率是 f_1，即电流每秒钟变化 f_1 个周期，则旋转磁场每秒钟将在空间旋转 f_1 转。这样，磁极对数 p=1 时，一分钟内旋转磁场的转速为 n_1=60f_1。如果把三相定子绕组按图 4–7a 所示安排，三相定子绕组及其电流参考方向如图 4–7b 所示，则 ωt=90° 时定子绕组中电流和磁力线分布情况如图 4–7a 所示，可以看出它是一个 4 极旋转磁场，也就是磁极对数 p=2。可以运用同样的分析方法，分析交流电流变化一个周期，旋转磁场只转过半周。

如果对称三相交流电流的频率是 f_1，磁极对数 p=2 时，旋转磁场的转速为：

$$n_1 = \frac{60f_1}{2}$$

由此类推，当旋转磁场具有 p 对磁极时，旋转磁场的转速为：

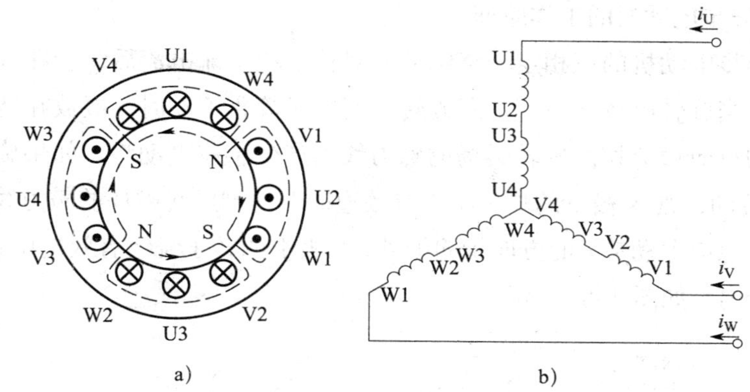

图 4–7　三相（4 极）电动机旋转磁场的形成（ωt=90°）

a）产生 4 极旋转磁场时三相定子绕组分布示意　b）三相定子绕组及其电流参考方向

$$n_1=\frac{60f_1}{p} \tag{4–1}$$

式中　n_1——旋转磁场的转速，也称为同步转速，r/min；

f_1——三相交流电源的频率，Hz；

p——旋转磁场的磁极对数，磁极数为 $2p$。

对于工频交流电来说，f_1=50 Hz，则不同的磁极对数对应有一个同步转速，常见的同步转速见表 4–9。

表 4–9　常见的同步转速　r/min

磁极对数 p	1	2	3	4	5	6
同步转速 n_1	3 000	1 500	1 000	750	600	500

2）旋转磁场的旋转方向。由图 4–6 可以看到，三相异步电动机 U 相、V 相和 W 相绕组分别接到三相交流电源的 U 相、V 相和 W 相相线上，流入对称三相交流电流 i_U、i_V 和 i_W。在一个周期内，三相交流电流达到最大值的顺序叫相序，由图 4–5 可知，U 相绕组中电流 i_U 先达到最大值，其次是 V 相绕组中电流 i_V 达到最大值，最后是 W 相绕组中电流 i_W 达到最大值，这时相序为 U—V—W。如果将三相异步电动机所接三根电源线中任意两根对调，则相序会发生变化。例如，将 V 相和 W 相两根相线对调，则 U 相绕组中电流 i_U 还是先达到最大值，其次是 W 相绕组中电流 i_V 达到最大值，最后是 V 相绕组中电流 i_W 达到最大值，这时三相绕组中电流的相序为 U—W—V。

由表 4–8 可以看出，交流电流变化一个周期，旋转磁场旋转一周，其旋转方向是由 U 相绕组的首端 U1 转到 V 相绕组的首端 V1，再转到 W 相绕组的首端 W1，这和流入三相定子绕组的交流电流 i_U、i_V 和 i_W 的相序一致。也就是说，三相异步电动机旋转磁场的旋转方向取决于三相定子绕组中流入的三相交流电流相序，改变三相交流电流的相序，旋转磁场的旋转方向随之改变。

2. 三相异步电动机的工作原理

当三相异步电动机的三相定子绕组通入对称三相交流电流后，会在气隙中产生一个旋转磁场。当旋转磁场在空间不断旋转，而转子静止不动时，嵌放在转子铁芯槽中的转子绕组的有效边会切割旋转磁场的磁力线而产生感应电动势。如果旋转磁场以转速 n_1 顺时针转动，则 N 极下的转子绕组有效边向左切割旋转磁场的磁力线，用右手定则判定可确定感应电动势 e 的方向指向纸外，S 极下的转子绕组有效边中感应电动势 e 的方向指向纸内，如图 4–8a 所示。

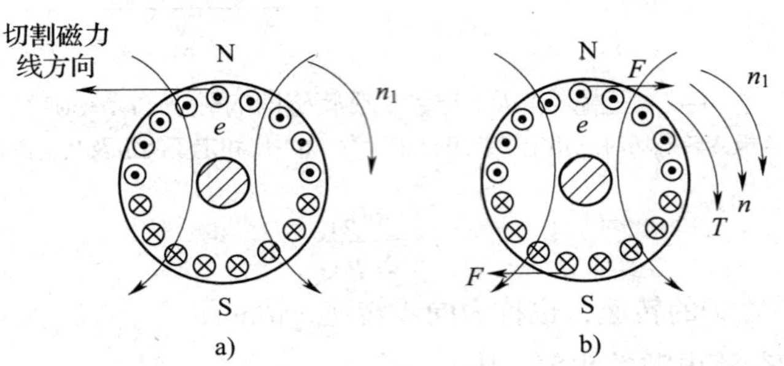

图 4–8　三相异步电动机的转动原理

a）感应电动势 e 的方向　b）电磁力 F 的方向

转子绕组中产生感应电动势后，由于转子绕组的有效边两端被短路环短接构成闭合回路，则在转子绕组中将会产生感应电流，其感应电流的方向与感应电动势方向一致。旋转磁场与转子绕组中感应电流相互作用，会产生电磁力 F，其方向可以用左手定则判定，如图 4–8b 所示。

一对大小相等、方向相反且不作用在一条线上的电磁力，会形成一个电磁转矩 T。由图 4–8b 可以看出，该电磁转矩方向与旋转磁场旋转方向一致，若此转矩足够大到可以克服转轴上的阻力矩时，转子将以转速 n 顺着旋转磁场的旋转方向转动起来，带动机械负载工作。此时，电动机从电源上吸取电能，通过电磁作用，转换为机械能输出给机械负载。

二、三相异步电动机的转差率

由三相异步电动机的工作原理可知，三相异步电动机要产生足够大的电磁转矩带动负载旋转，转子绕组一定要切割旋转磁场的磁力线而产生感应电动势和感应电流。如果三相异步电动机转子的转速 n 等于旋转磁场的同步转速 n_1，则两者之间相对静止，此时转子绕组的有效边不会切割旋转磁场的磁力线，也就不会产生感应电动势，当然也不可能有感应电流和电磁转矩，所以三相异步电动机的转速总是小于旋转磁场的同步转速，因此，该种电动机称为异步电动机。

1. 转差率的定义

通常将同步转速 n_1 与转子转速 n 之差称为三相异步电动机的转速差，转速差与同

步转速 n_1 之比称为三相异步电动机的转差率，用 s 表示：

$$s=\frac{n_1-n}{n_1} \tag{4-2}$$

$$n=n_1(1-s) \tag{4-3}$$

转差率 s 是三相异步电动机的一个重要参数，在正常运行状态下，$0<s\leqslant 1$。其中转子转速 n 也称为电动机转速。

2．三相异步电动机各运行状态转差率的特点

（1）在三相异步电动机启动瞬间，$n=0$、$s=1$，转子绕组切割磁力线的相对速度最大，所以产生的感应电动势和感应电流最大，反映在定子绕组上，三相异步电动机的启动电流就很大，一般为 4～7 倍的额定电流。

（2）三相异步电动机空载运行时，三相异步电动机的转速很大，接近同步转速，即 $n\approx n_1$，这时候 s 很小，一般在 0.005 左右，转子感应电动势、感应电流也较小，反映在定子绕组上，电动机的空载电流也较小，一般为 0.3～0.5 倍额定电流。

（3）三相异步电动机在额定状态下运行，电动机转速为额定转速 n_N，对应的转差率为额定转差率 s_N。s_N 一般在 0.01～0.07 之间，通常为 0.05 左右。

例 4–1 当电源频率为 50 Hz 时，三相异步电动机的额定转速为 1 450 r/min，求电动机的同步转速、磁极数和额定转差率。

解：（1）因为电源频率 f_1=50 Hz，所以，同步转速只能是 3 000 r/min、1 500 r/min 或 1 000 r/min 等。

根据三相异步电动机转速要接近而小于同步转速，由三相异步电动机的额定转速为 1 450 r/min，可以得到同步转速只会是 n_1= 1 500 r/min。

（2）由公式 $n_1=\frac{60f_1}{p}$ 得 $p=\frac{60f_1}{n_1}=\frac{60\times 50}{1\ 500}=2$

旋转磁场的磁极数等于 4。

（3）额定转差率 $s_N=\frac{n_1-n_N}{n_1}=\frac{1\ 500-1\ 450}{1\ 500}\approx 0.033$

三、三相异步电动机的主要参数及相互关系

1．定子绕组的感应电动势 E_1 及其频率 f_1

三相异步电动机工作时定子绕组和转子绕组与同一旋转磁通相交链，工作原理与变压器非常相似。由于磁通不断地在空间旋转，定子绕组中将产生感应电动势，其大小近似与定子绕组所加电源电压相平衡，即：

$$U_1\approx E_1=4.44K_1N_1f_1\Phi_m \tag{4-4}$$

式中 E_1——定子绕组感应电动势有效值，V；

K_1——定子绕组的绕组系数，$K_1<1$，约为 0.9；

N_1——每相定子绕组的匝数；

f_1——定子绕组感应电动势频率，等于所加电源频率；

Φ_m——旋转磁场的每极磁通，等于通过每相绕组的磁通最大值，Wb。

由此可见，在三相异步电动机中，若外加电源电压一定时，定子绕组的感应电动势基本不变，旋转磁场的每极磁通也基本不变。电源电压、频率和绕组匝数变化都会引起主磁通 Φ_m 变化，影响电动机的性能。

2．转子绕组的感应电动势 E_2 及其频率 f_2

转子绕组被旋转磁场切割，产生感应电动势 E_2。E_2 的大小与磁通密度及旋转磁场切割磁力线的速度有关。

（1）当转子静止不动时（启动瞬间），旋转磁场以 n_1 的相对转速切割转子绕组，这时转子绕组中产生最大的感应电动势，转子绕组感应电动势频率 f_2 等于电源频率 f_1，则：

$$E_{20} = 4.44K_2N_2f_1\Phi_m \tag{4-5}$$

式中 E_{20}——转子不转时的感应电动势，V；

K_2——转子绕组的绕组系数，略小于 1；

N_2——转子每相绕组匝数。

（2）当转子以转速 n 旋转时，旋转磁场就以 $n_1-n=sn_1$ 的相对转速切割转子绕组，此时：

$$E_2 = 4.44K_2N_2f_2\Phi_m \tag{4-6}$$

$$f_2 = p\frac{n_1-n}{60} = \frac{n_1-n}{n_1}\frac{pn_1}{60} = sf_1$$

因此

$$E_2 = 4.44K_2N_2sf_1\Phi_m = sE_{20} \tag{4-7}$$

由此可见，电动机启动时，转子绕组感应电动势较高，$f_2=f_1=50$ Hz；电动机在额定情况下运行时，由于 $s_N=0.02\sim0.06$，因此，转子绕组感应电动势的数值及频率都较低。

3．转子绕组的阻抗

（1）漏电抗 X_{S2}

三相异步电动机和变压器一样也有漏磁现象。定子绕组的漏磁通 Φ_{S1} 是指定子电流产生的磁通中极少量的不穿过转子铁芯，不与转子绕组相交链，而沿定子铁芯经空气隙自行闭合的磁通。定子绕组的漏磁通在定子绕组中引起漏电感 L_{S1}。

同样，在转子绕组的周围也有极少量的磁通不穿过定子铁芯，不与定子绕组相交链，而沿转子铁芯经空气隙自行闭合。这部分磁通称为转子绕组的漏磁通 Φ_{S2}。转子绕组的漏磁通 Φ_{S2} 在转子绕组中引起漏电感 L_{S2}。

$$X_{S2}=2\pi f_2L_{S2}=2\pi sf_1L_{S2}=sX_{20} \tag{4-8}$$

式中 X_{S2}——每相转子转动时的漏电抗，Ω；

X_{20}——每相转子不转时的漏电抗，Ω。

（2）转子阻抗 Z_2

转子绕组既有电阻 r_2，又有漏电抗 X_{20}，因此转子阻抗为：

$$Z_2=\sqrt{r_2^2+(sX_{20})^2} \tag{4-9}$$

4. 转子电流 I_2 和转子功率因数 $\cos\varphi_2$

（1）转子电流 I_2

转子绕组的电阻可认为是不变的，漏电抗随 s 的变化而变化。转子电流为：

$$I_2=\frac{E_2}{Z_2}=\frac{sE_{20}}{\sqrt{r_2^2+(sX_{20})^2}}=\frac{E_{20}}{\sqrt{\left(\frac{r_2}{s}\right)^2+X_{20}^2}} \tag{4-10}$$

（2）转子功率因数 $\cos\varphi_2$

$$\cos\varphi_2=\frac{r_2}{Z_2}=\frac{r_2}{\sqrt{r_2^2+(sX_{20})^2}} \tag{4-11}$$

由此可见，转子电流 I_2 随 s 的增大而增大，转子功率因数 $\cos\varphi_2$ 随 s 的增大而减小。电动机转子静止时，s=1，转子电流最大，功率因数最小。

转子电流 I_2 和转子功率因数 $\cos\varphi_2$ 随转差率 s 变化的曲线如图 4–9 所示。

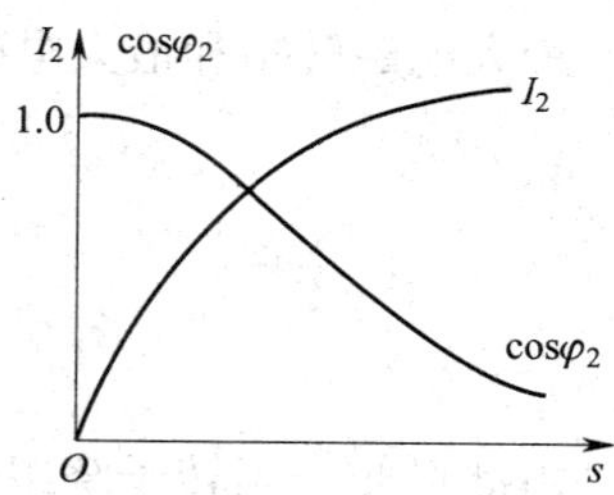

图 4–9 转子电流和转子功率因数随转差率变化的曲线

异步电动机中定子电流 I_1 是由转子电流 I_2 来决定的，在异步电动机中，能量以旋转磁通为媒介，由定子电路传递到转子。转子从旋转磁场中所获得的能量除很少一部分转换为热损耗外，其余均转换为转子输出的机械能。

四、三相异步电动机的电磁转矩

1. 电磁转矩的一般表达式

三相异步电动机的电磁转矩 T 是由旋转磁场的每级磁通 Φ_m 与转子电流 I_2 相互作用而产生的，因此，电磁转矩与转子电流的有功分量及定子旋转磁场的每极磁通成正比，磁场越强，转子电流越大，电磁转矩也越大。电磁转矩的一般表达式为：

$$T=C_T\Phi_mI_2\cos\varphi_2 \tag{4-12}$$

式中 C_T——电动机转矩常数，与电动机结构有关。

在电源电压保持不变的情况下，旋转磁场的每级磁通保持不变，因此有：

$$T\propto I_2\cos\varphi_2 \tag{4-13}$$

转子电流 I_2 随 s 的增大而增大，转子功率因数 $\cos\varphi_2$ 随 s 的增大而减小，而电磁转矩 T 随 s 如何变化，必须看 I_2、$\cos\varphi_2$ 的增减程度如何。

2. 电磁转矩的参数表达式

由$U_1 \approx E_1 = 4.44K_1N_1f_1\Phi_m$得$\Phi_m \approx \dfrac{U_1}{4.44K_1N_1f_1}$，将 Φ_m、I_2 和 $\cos\varphi_2$ 一起代入电磁转矩的一般表达式，则可得三相异步电动机电磁转矩的参数表达式：

$$T = CU_1^2 \frac{sr_2}{f_1[r_2^2 + (sX_{20})^2]} \tag{4-14}$$

式中　C——电动机结构常数。

由此可见，电磁转矩 T 也与转差率 s 有关，并且与定子每相电压 U_1 的平方成正比，电源电压对电磁转矩影响较大。同时，电磁转矩 T 还受到转子电阻 r_2 的影响。绕线式异步电动机是通过改变转子电阻 r_2，从而改变电动机的电磁转矩的。

五、三相异步电动机的转矩特性曲线

三相异步电动机的转矩特性曲线如图 4–10 所示。从图中可以看出，当 s 较小时，电磁转矩 T 随着 s 的增大而增大；当 s 达到一定值时，电磁转矩 T 随着 s 的增大而减小。中间的转折点对应电磁转矩的最大值 T_m。最大电磁转矩又称为临界转矩，对应 T_m 的转差率称为临界转差率 s_m。

最大电磁转矩和最大电磁转矩时的转差率 s_m 表达式为：

$$s_m = \frac{r_2}{X_{20}} \tag{4-15}$$

$$T_m = KU_1^2 \frac{1}{2X_{20}} \tag{4-16}$$

由此可知，当转子绕组的漏电抗 sX_{20} 等于转子绕组的电阻 r_2 时，三相异步电动机产生最大电磁转矩 T_m。由于不论是笼型异步电动机还是绕线式异步电动机，它们的转子电阻 r_2 都很小，因此，一般异步电动机的 s_m 在 0.04（大型电动机）到 0.2（小型电动机）之间。三相异步电动机的最大电磁转矩 T_m 和转子电阻 r_2 的大小无关。但若使 r_2 增大，则 s_m 增大，转矩特性曲线向右偏移；反之，则 s_m 减小，转矩特性曲线向左偏移，如图 4–11 所示。绕线式异步电动机就是利用这一原理改善启动和调试性能的。

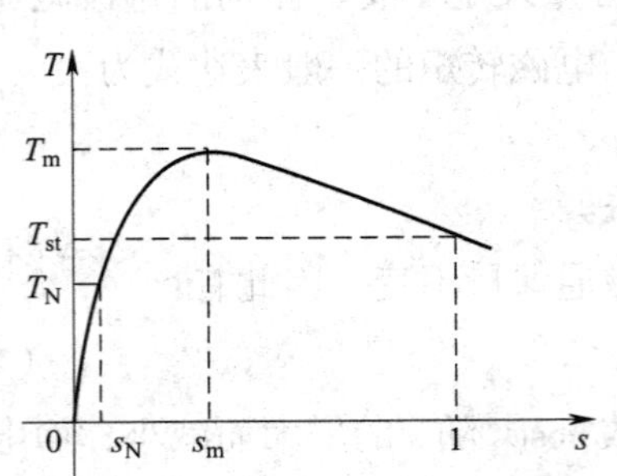

图 4–10　三相异步电动机的转矩特性曲线

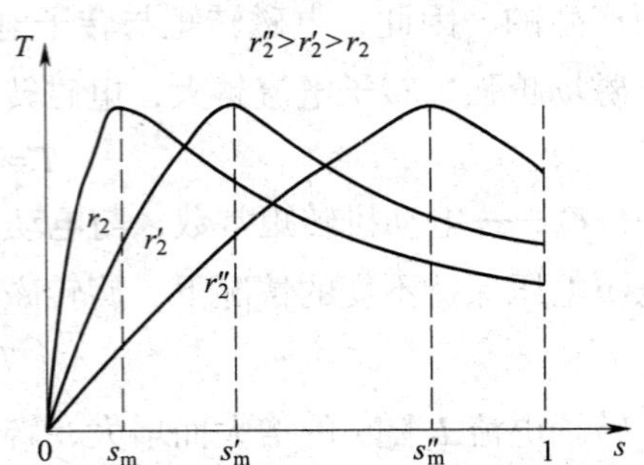

图 4–11　转子电阻不同时的转矩特性曲线

s=1 时对应的转矩称为启动转矩 T_{st}。在异步电动机启动的瞬间，虽然转子和旋转磁场之间立即有最大的相对运动，但启动转矩 T_{st} 并不是最大的。这是因为由式（4–13）可知，启动时 I_2 虽然较大，但 $\cos\varphi_2$ 却很小，所以它们的乘积 $I_2\cos\varphi_2$ 不是最大的。因此，启动转矩 T_{st} 并不是最大的。

六、三相异步电动机的机械特性

三相异步电动机的机械特性是指电动机的转速与电磁转矩之间的关系曲线 $n=f(T)$。它表明了电动机的主要性能指标，也是选择电动机的依据。

如图 4–12 所示为三相异步电动机的机械特性曲线。其机械特性可分为两部分，其中 a 点到 c 点之间的曲线段为电动机稳定运行区，c 点到 d 点之间的曲线段为电动机不稳定运行区。c 点为电动机稳定运行区和不稳定运行区的临界点，也是出现最大电磁转矩 T_m 的点。一般的三相异步电动机都是工作在稳定运行区，在该稳定运行区间负载变化时，n 变化很小，机械特性属于硬特性。对于电扇、鼓风机等风机型负载，则可以工作在不稳定运行区。

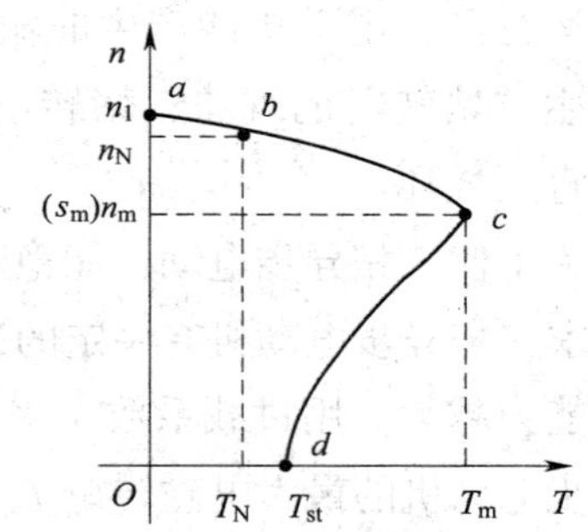

图 4–12 三相异步电动机的机械特性曲线

1. 机械特性曲线上的 a 点

三相异步电动机机械特性曲线上 a 点是（0，n_1）点，这点的电磁转矩 T 等于零，电动机转速等于同步转速 n_1。在分析三相异步电动机工作原理时知道，转子绕组相对于旋转磁场是相对静止而不切割磁力线，不会产生感应电动势和感应电流，也就不会产生电磁转矩。当三相异步电动机不带机械负载空载运行时，电动机的输出功率和输出转矩为零，如果不考虑阻转矩的影响，电磁转矩 T 也就等于零。所以，机械特性曲线上 a 点是三相异步电动机理想的空载运行状态。实际空载运行中，三相异步电动机存在阻转矩，电磁转矩 T 不会等于零，对应的空载电流 I_0 是额定电流的 20% ~ 35%，且空载运行时功率因数很低，一般 $\cos\varphi_0<0.2$。

2. 机械特性曲线上的 b 点

机械特性曲线上 b 点出现在稳定运行区，是三相异步电动机稳定工作点。如果一台三相异步电动机带额定负载稳定工作在 b 点时，产生的电磁转矩为额定电磁转矩 T_N，稳定的转子转速也就为额定转速 n_N，它们之间的关系为：

$$T_N = 9\ 550\frac{P_N}{n_N} \tag{4-17}$$

式中 T_N——三相异步电动机的额定转矩，N · m；

P_N——三相异步电动机的额定功率，kW；

n_N——三相异步电动机的额定转速，r/min。

三相异步电动机带某一个负载稳定运行时，输出的转矩小于其额定转矩 T_N 时称为轻载运行；电动机输出的转矩等于其额定转矩 T_N 时称为满载运行；电动机输出的转矩超过其额定转矩 T_N 时称为过载运行。过载状态下电动机只能短时运行，否则工作电流太大，温升过高致使电动机绝缘老化，使用寿命会缩短。

3. 机械特性曲线上的 *c* 点

机械特性曲线上 c 点为三相异步电动机稳定运行区和不稳定运行区的临界点，也是出现最大电磁转矩 T_m 的点，该点转速对应的转差率 s_m 称为临界转差率。三相异步电动机运行时，如果负载转矩 T_L 突然增大到大于最大电磁转矩 T_m，电动机进入不稳定运行区，电动机能产生的输出转矩 T_2 小于负载转矩 T_L，电动机便会迅速停下来而发生“堵转”的现象，堵转电流是额定电流的数倍，若时间过长，电动机会剧烈发热直至烧坏。

为了使三相异步电动机能稳定运行，不因负载稍有波动就出现过载停下来的现象，就要求三相异步电动机有一定的过载能力。最大电磁转矩 T_m 越大，三相异步电动机的过载能力越大。用过载系数 λ 来表示三相异步电动机的过载能力。过载系数 λ 是指三相异步电动机的最大电磁转矩 T_m 与额定转矩 T_N 的比值，即：

$$\lambda=\frac{T_m}{T_N} \tag{4-18}$$

一般三相异步电动机的 λ 为 1.8～2.5，特殊用途电动机（冶金、超重）的过载能力较大，λ 可达 3.4。

4. 机械特性曲线上的 *d* 点

机械特性曲线上 d 点是（T_{st}，0）点，该点出现在三相异步电动机接通电源启动瞬间，由于机械惯性，电动机转子的转速为零，产生的电磁转矩为启动转矩 T_{st}。启动转矩的大小也是衡量电动机性能指标之一，从生产机械对拖动的要求考虑，启动转矩大一点较好，特别是重载启动时，这样可以缩短启动时间，提高生产效率。如果启动转矩过小，电动机的启动将变得十分困难，有时甚至难以启动。电动机要能启动，启动转矩必须大于负载转矩。三相异步电动机的启动性能可用启动转矩倍数 K_m 来表示。在额定电压、额定频率及三相异步电动机固有参数的条件下，启动转矩 T_{st} 与额定转矩 T_N 之比称为三相异步电动机的启动转矩倍数 K_m。即：

$$K_m=\frac{T_{st}}{T_N} \tag{4-19}$$

Y 系列三相异步电动机的启动转矩倍数 K_m 一般为 1.7～2.2，特殊三相异步电动机的启动转矩倍数 K_m 为 2.6～3.1。

5. 关于三相异步电动机机械特性的两个结论

（1）当三相异步电动机的参数和交流电源频率一定时，三相异步电动机的电磁转矩（包括最大电磁转矩和启动转矩）与电源电压有效值的平方成正比。电源电压发生变化时，三相异步电动机转矩变化较大。满载运行时，如果电压过低，容易损坏三相异步电动机。如图 4–13 所示为降低电源电压时的机械特性曲线。由图 4–13 可知，当电源电压有效值由额定电压 U_N 降到 $0.8U_N$ 时，三相异步电动机的同步转速 n_1 和临界转差率 s_m 不变，但最大电磁转矩 T_m 和启动转矩 T_{st} 都相应减小到 $0.64T_m$ 和 $0.64T_{st}$。

（2）加大转子电路的电阻可以增大三相异步电动机的启动转矩和临界转差率，但对最大电磁转矩没有影响。如图 4–14 所示为增大转子电阻时的机械特性曲线。从图 4–14 可知，随着转子回路串接的电阻增大，临界转差率也增大，当转子电阻为某一个合适的阻值（图中串接了 R_1+R_2）时，在 $n=0$ 时出现最大电磁转矩 T_m，这时候的电磁转矩也为启动转矩 T_{st}，也就是 $T_{st}=T_m$，启动性能最好。绕线式异步电动机可以在转子回路中串接电阻来增加启动转矩。

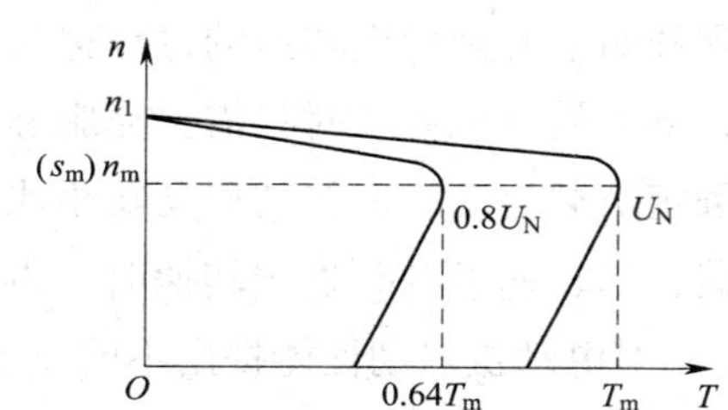

图 4–13 降低电源电压时的机械特性曲线

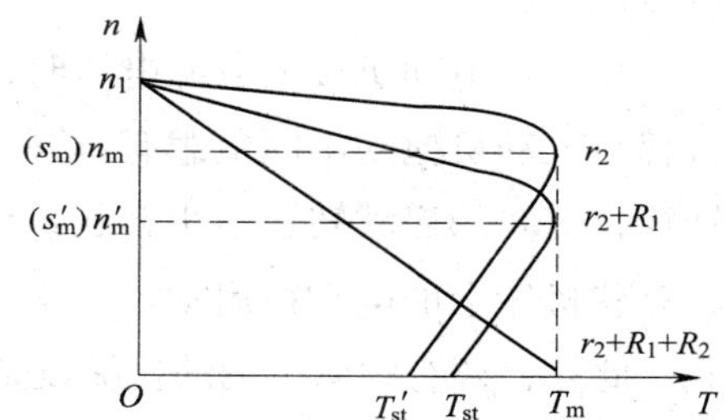

图 4–14 增大转子电阻时的机械特性曲线

例 4–2 某三相异步电动机的铭牌数据如下：U_N=380 V，I_N=15 A，P_N=7.5 kW，$\cos\varphi_N$=0.83，n_N=960 r/min。求：

（1）额定状态时电动机的输入功率和效率。

（2）电动机的额定转矩。

解：（1）$P_1=\sqrt{3}U_N I_N\cos\varphi_N=\sqrt{3}\times380\times15\times0.83\ \text{kW}\approx8.19\ \text{kW}$

$$\eta_N=\frac{P_2}{P_1}\times100\%=\frac{P_N}{P_1}\times100\%=\frac{7.5}{8.19}\times100\%\approx91.58\%$$

（2）$T_N=9\ 550\dfrac{P_N}{n_N}=9\ 550\times\dfrac{7.5}{960}\ \text{N}\cdot\text{m}\approx74.61\ \text{N}\cdot\text{m}$

例 4–3 笼型三相异步电动机额定功率 P_N=30 kW，额定转速 n_N=950 r/min，过载系数 λ=2.2。求：

（1）电动机的额定转矩 T_N 和最大电磁转矩 T_m。

（2）当电网电压下降为额定电压的 90% 时的最大电磁转矩 T'_m。

解：（1）$T_N=9\ 550\dfrac{P_N}{n_N}=9\ 550\times\dfrac{30}{950}\ \text{N}\cdot\text{m}\approx301.58\ \text{N}\cdot\text{m}$

$$T_m=\lambda T_N=2.2\times301.58\ \text{N}\cdot\text{m}\approx663.48\ \text{N}\cdot\text{m}$$

（2）三相异步电动机的电磁转矩与电源电压有效值的平方成正比

设 $T_m=KU_1^2$

则 $\frac{T'_m}{T_m}=\frac{K(0.9U_1)^2}{KU_1^2}=(0.9)^2=0.81$

$$T'_m=0.81T_m=0.81\times663.48\ \text{N}\cdot\text{m}\approx537.42\ \text{N}\cdot\text{m}$$

§4-4　三相异步电动机的启动

三相异步电动机接入电源电压时，其转速由零开始上升到稳定转速的过程称为启动过程。电动机拖动不同负载有不同的启动条件，例如鼓风机启动时只需要克服静摩擦转矩，需要的启动转矩很小；起重机一般是带额定负载启动，需要的启动转矩比较大；有些机床上的电动机启动过程中几乎接近空载，当转速上升到稳定转速时，再加负载。此外，还有频繁启动的机械设备。这些因素都对电动机启动性能提出不同要求。

一、电动机的启动性能指标

1. 电动机应有足够大的启动转矩，使启动时间尽量短。
2. 在保证具有足够的启动转矩前提下，启动电流应尽可能小。
3. 电动机转速应尽可能平滑上升，以减小对电动机及负载的冲击。
4. 启动设备应尽量简单、经济、可靠，维护方便。

二、三相异步电动机启动的特点

1. 启动电流大

三相异步电动机在启动瞬间，其转子转速 $n=0$，转差率 $s=1$，转子电流达到最大值，这时定子电流也达到最大值，为额定电流的 4 ~ 7 倍。

2. 启动转矩不大

由电磁转矩公式 $T=C_T\Phi_mI_2\cos\varphi_2$ 可知，虽然异步电动机的启动电流很大，但是启动时转子电路的功率因数很低，故启动转矩并不大，一般笼型异步电动机的启动转矩倍数 K_m 只有 1.7 ~ 2.2。

电动机启动电流大将带来两种不良影响：

（1）大启动电流在线路上产生很大的电压降，影响同一线路上其他负载的正常工作，如日光灯熄灭、电磁铁自动释放，使其他电动机的转矩减小，转速降低，甚至造成堵转，严重时还可能使本电动机的启动转矩太小，启动时间较长，或不能在满载情况下启动。

（2）经常需要启动的电动机，容易造成绕组发热，绝缘老化，从而缩短电动机的使用寿命。

综上所述，电动机在启动时应尽可能减小启动电流，以减小对电网的冲击；启动转矩应足够大，以便缩短启动时间，提高生产效率。

下面分别研究笼型三相异步电动机和绕线式三相异步电动机的启动方法。

三、笼型三相异步电动机的启动方法

1. 笼型三相异步电动机的直接启动

电动机直接启动又称为全压启动，是最简单的启动方法。启动时加在电动机定子绕组上的电压为额定电压。如图 4-15 所示为用电源开关 QS 直接启动电路。

（1）直接启动的条件

电动机直接启动时，启动电流很大，所以三相异步电动机只有满足下面三个条件中的一个，才能采用直接启动方式启动。

1）容量在 7.5 kW 以下的三相异步电动机。

2）三相异步电动机在启动瞬间，造成电网电压波动小于 10%，不经常启动的电动机可放宽到 15%。如有专用变压器，则变压器额定容量不小于电动机额定功率的 5 倍，电动机才允许直接启动。

3）满足下列经验公式：

$$\frac{I_{st}}{I_N} \leqslant \frac{3}{4} + \frac{S_T}{4P_N} \tag{4-20}$$

式中　I_{st}——启动电流，A；

I_N——电动机的额定电流，A；

S_T——电源变压器容量，kV · A；

P_N——电动机的额定功率，kW。

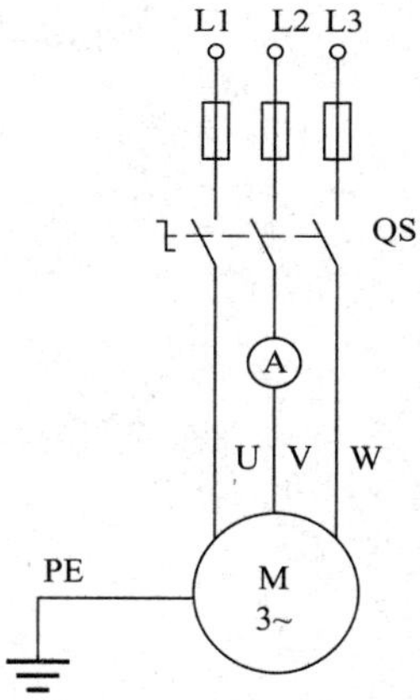

L1 L2 L3
QS
A
U V W
PE
M
3~

图 4-15　用电源开关 QS 直接启动电路

（2）直接启动的优缺点

电动机直接启动时，设备简单可靠，方便经济，启动时间短。但由于直接启动的启动电流较大，因而只有在满足三相异步电动机直接启动条件时才可以采用。

2. 笼型三相异步电动机的降压启动

当三相异步电动机容量较大而供电变压器与电网容量较小时，一般都采用降压启动，以减小启动电流及其对电网造成的不利影响。所谓降压启动，就是使电动机定子绕组在低于其额定电压下启动，当电动机转速上升到一定值后，再接入额定电压，使电动机达到额定转速和输出额定功率。降压启动的目的是减小三相异步电动机的启动电流，一般在降低电压时，启动电流限制为电动机额定电流的 2 ~ 3 倍，三相异步电动机的电磁转矩与定子每相电压 U_1 的平方成正比，所以降压启动也大大减小了电动机的启动转矩，故降压启动只适用于空载或轻载启动。

笼型三相异步电动机常用的降压启动方法有星 - 三角形（Y -△）降压启动、定子绕组串电阻降压启动和自耦变压器降压启动。

（1）Y -△降压启动

1）Y -△降压启动方法。启动时，将定子绕组接成星形接法，待电动机转速接近额定值时，再转换成三角形接法进入正常运行。如图 4-16 所示为Y -△降压启动电路。

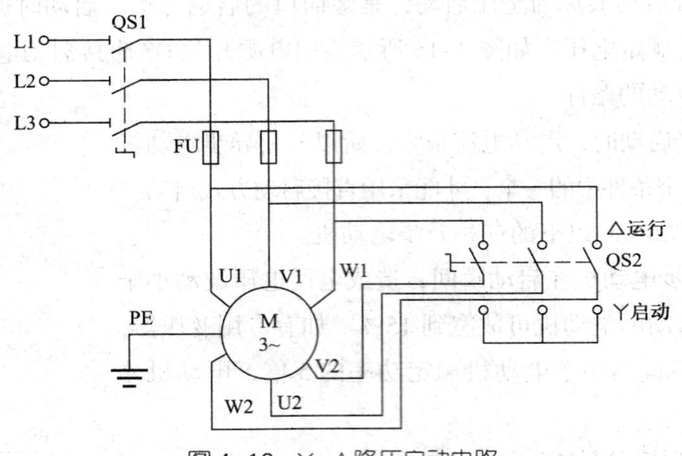

图 4-16　Y -△降压启动电路

2）Y -△降压启动原理。启动时，先合上电源开关 QS1，同时将开关 QS2 扳到“启动”位置（Y），此时定子绕组接成Y形，每相定子绕组承受的电压为额定电压的 $\frac{1}{\sqrt{3}}$，从而实现了降压启动。待电动机转速升高至接近额定转速时，再把开关 QS2 迅速扳到“运行”位置（△），使定子绕组恢复为△接法，于是每相绕组加上额定电压，电动机进入全压运行。

由于启动时三相异步电动机定子绕组接成Y形，加在定子绕组上的相电压降低为正常工作时电压的 $\frac{1}{\sqrt{3}}$ 倍，设定子每相绕组的阻抗为 $|Z|$，电源线电压为 U_1，△接法时直接启动的线电流为 $I_{st\triangle}$，Y接法时降压启动的线电流为 I_{stY}，则有：

$$\frac{I_{st\curlyvee}}{I_{st\triangle}}=\frac{\dfrac{U_1}{\sqrt{3}\,|Z|}}{\sqrt{3}\dfrac{U_1}{|Z|}}=\frac{1}{3} \tag{4-21}$$

可见Y－△启动时的启动电流是△接法时直接启动电流的 $\frac{1}{3}$。由于电磁转矩与定子绕组相电压的平方成正比，所以Y－△启动时的启动转矩也减小为直接启动时的 $\frac{1}{3}$。

3）Y－△降压启动适用范围。Y－△降压启动只适用于正常运行时定子绕组接成△形的笼型三相异步电动机。采用Y－△降压启动不需专用降压设备，投资少，线路简单。因此，Y 系列笼型三相异步电动机额定功率在 4 kW 及以上的定子绕组均设计成△接法。

（2）定子绕组串电阻降压启动

1）定子绕组串电阻降压启动方法。启动时，在定子绕组与电源之间串入启动电阻进行分压，使定子绕组电压降低，以达到限制启动电流的目的，启动完毕时将电阻短接，电动机全压运行。

2）定子绕组串电阻降压启动原理。如图 4–17 所示为定子绕组串电阻降压启动电路。用开关 QS1 来使电动机与电源接通，开关 QS2 用于短接降压电阻 R。启动时 QS2 处于断开位置，合上 QS1 后，即在电动机定子绕组回路中串入电阻降压启动，待转速升高到接近额定转速时，把 QS2 合上，启动电阻被短接切除，电动机在全压下继续加速到额定转速，进入正常运行。

3）定子绕组串电阻降压启动优缺点。三相异步电动机定子绕组串电阻降压启动所需降压设备简单，成本较低。但启动电阻使控制设备体积增大，启动时电阻上要消耗大量的电能，且启动转矩较小，所以目前这种方法在生产现场中的应用已越来越少。

（3）自耦变压器降压启动

1）自耦变压器降压启动的方法。启动时，在定子绕组与电源之间串入自耦变压器来降低加在电动机定子绕组上的电压，达到限制启动电流的目的，待电动机转速上升到接近额定转速时，再将电动机与自耦变压器断开，接入额定电压，电动机在全压下加速到额定转速运行。由于自耦变压器变压比可以改变，电动机的启动电压可以调节，自耦变压器降压启动通常用于既不允许大电流冲击，又要求启动转矩较大的场合。

2）自耦变压器降压启动原理。如图 4–18 所示为自耦变压器降压启动电路。启动时，先将电源开关 QS1 合上，再将控制开关 QS2 扳向“启动”位置，此时电动机定子绕组得到的电压是自耦变压器二次侧的电压，电动机降压启动。待电动机转速上升到一定值时，迅速将开关 QS2 从“启动”位置扳到“运行”位置，自耦变压器被切除，电源电压直接加于定子绕组上，电动机进入全压运行工作状态。

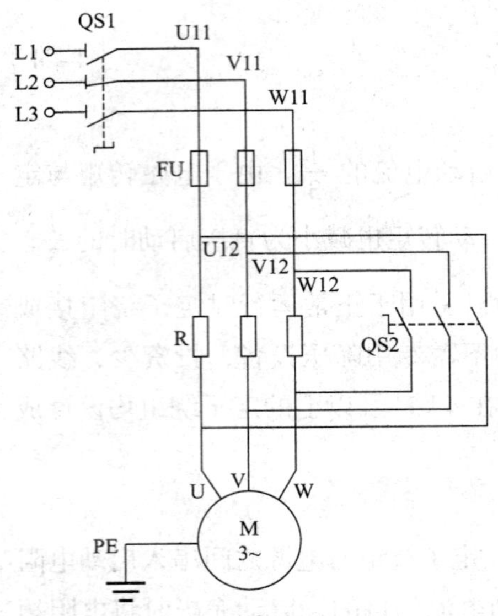

图 4–17　定子绕组串电阻降压启动电路

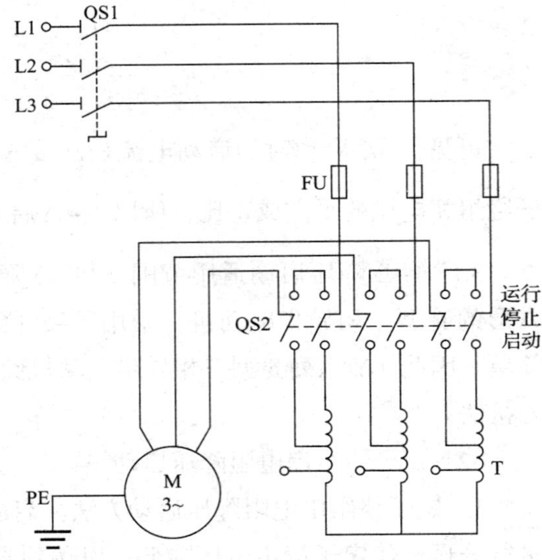

图 4–18　自耦变压器降压启动电路

自耦变压器二次绕组一般有 65%（或 60%）额定电压、80%额定电压两组抽头，在使用中可根据实际需要选用不同的启动电压，以调节启动电流并获得不同的启动转矩。

3）自耦变压器降压启动优缺点。自耦变压器降压启动的优点是启动转矩和启动电流可以调节。缺点是启动设备体积大，价格较贵。自耦变压器降压启动主要应用于较大容量三相异步电动机的启动。

四、绕线式三相异步电动机的启动方法

笼型三相异步电动机的转子绕组是短接的，因此，无法改变其参数来改善启动性能。对于既要限制启动电流又要满载启动的场合，必须采用绕线式三相异步电动机。

绕线式三相异步电动机的启动方法有转子串电阻和转子串频敏变阻器两种启动方法。

1. 绕线式三相异步电动机转子串电阻启动

（1）绕线式三相异步电动机转子串电阻启动方法

如图 4–19 所示为绕线式三相异步电动机转子串电阻启动电路。启动时在转子电路中串入三相对称电阻，通过限制启动时的转子电流，达到限制三相异步电动机启动电流的目的。随着转速的上升，逐段切除启动电阻，直到转子启动电阻完全被切除，转子绕组正常短接，电动机进入正常运行状态。

（2）绕线式三相异步电动机转子串电阻启动机械特性

如图 4–20 所示为绕线式三相异步电动机转子串电阻启动时的机械特性曲线。启动开始瞬间，全部电阻都串入转子电路中，只要选择合适的电阻值，就可以保证启动

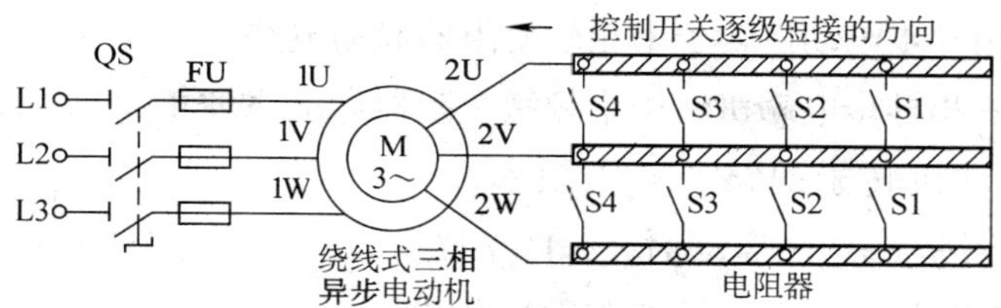

图 4-19 绕线式三相异步电动机转子串电阻启动电路

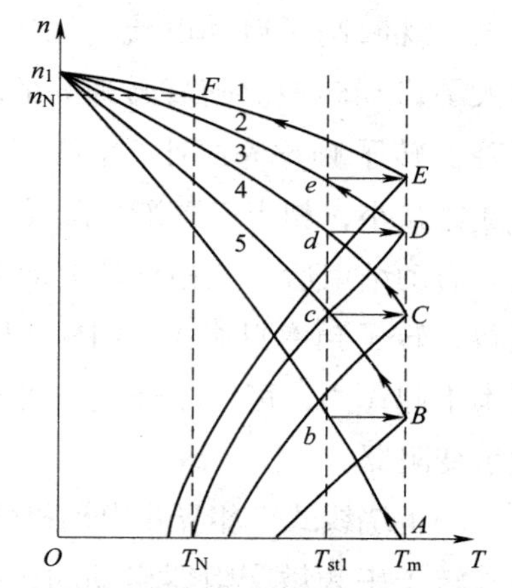

图 4-20 绕线式三相异步电动机转子串电阻启动时的机械特性曲线

转矩等于最大电磁转矩，如图 4-20 中的 *A* 点。在最大的启动转矩作用下，沿着机械特性曲线，随着转速上升、转矩减小，当转速上升到 *b* 点时，合上开关 S1，切断一段电阻。这时候，转子回路的电阻值减小，相应的机械特性曲线也发生变化，由于惯性，此瞬间电动机转速不会突变，工作点由 *b* 点变为 *B* 点，启动转矩又恢复到最大电磁转矩，这样可以保证有足够大的启动加速度，使转速迅速上升。在整个启动过程中，保持电动机的转矩在 T_{st1} 和 T_m 之间变化，直到转子中所串接的电阻器被全部切除，电动机便稳定运行在额定转速，启动过程结束。

（3）绕线式三相异步电动机转子串电阻启动优缺点

采用这种方法启动时，转子电路电阻增加，转子电流 I_2 虽然减小，但是 $\cos\varphi_2$ 提高，启动转矩反而会增大。这是一种比较理想的启动方法，既能减小启动电流，又能增大启动转矩，因此，适合于重载启动的场合，例如起重机械、卷扬机、龙门吊等。其缺点是绕线式三相异步电动机价格昂贵，启动设备笨重，启动过程电能浪费多；电阻段数较少时，启动过程转矩波动大；而电阻段数较多时，控制线路复杂，所以一般只设计为 2 ~ 4 段。

2. 绕线式三相异步电动机转子串频敏变阻器启动

（1）绕线式三相异步电动机转子串频敏变阻器启动方法

为了改进转子串电阻启动过程中电阻级数有限、电流和转矩波动大的缺点，可以改用转子串频敏变阻器启动。频敏变阻器由一个三相铁芯和绕在铁芯上的线圈构成，其铁芯不用硅钢片叠成，而是用 30 ~ 50 mm 厚的钢板叠成。当频敏变阻器线圈上通入交流电流以后，铁芯中产生交变磁通，交变磁通在铁芯中产生大量的涡流损耗和磁滞损耗，铁损耗很大，铁芯中的涡流损耗和磁滞损耗都随频率变化而变化，所以等效电阻和线圈的电抗都与频率有关，随频率的变化而变化，因此称为频敏变阻器。启动过程中铁损耗和等效电阻不断减小，相当于逐渐切除转子电路串入的电阻。如图 4-21

所示为绕线式三相异步电动机转子串频敏变阻器启动电路。

（2）绕线式三相异步电动机转子串频敏变阻器启动原理

三相异步电动机转子回路上转子频率f_2与电源频率f_1的关系是$f_2=sf_1$。启动时，$s=1$，$f_2=f_1=$50 Hz，此时频率最大，相应频敏变阻器的铁芯中涡流损耗最大，所以频敏变阻器的等效电阻也最大，既限制了启动电流，又提高了功率因数，增大了启动转矩。随着转速n的上升，转差率s下降，转子频率f_2减小，涡流损耗和等效电阻也随之减小，相当于逐渐切除转子电路串入的电阻。启动结束后，三相异步电动机在额定转速下运行，转子频率只有1～3 Hz，此时频敏变阻器基本不起作用，可以用开关短接转子绕组，切除频敏变阻器。

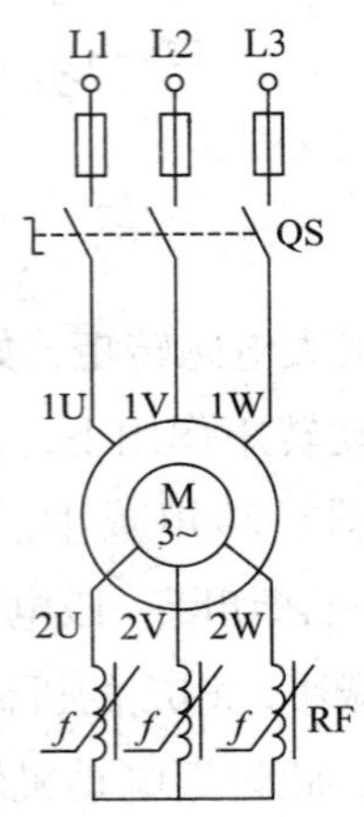

图 4–21　绕线式三相异步电动机转子串频敏变阻器启动电路

（3）绕线式三相异步电动机转子串频敏变阻器启动优缺点

转子串频敏变阻器启动的优点是结构简单，使用方便，使用寿命长，运行可靠，启动过程自动完成，能平滑、恒转矩启动。但与转子串电阻启动相比，由于频敏变阻器中电抗的影响，在同样的启动电流下，启动转矩略小，常应用在启动转矩要求不高的场合。

§4-5　三相异步电动机的调速

在电动机的机械负载不变的条件下改变电动机的转速叫调速。由三相异步电动机转差率计算公式可以得到转速公式：

$$n=\frac{60f_1}{p}(1-s) \tag{4-22}$$

从上式可以看出，三相异步电动机的调速方法可以分为以下三种：

（1）改变定子绕组的磁极对数p，即变极调速。

（2）改变供电电源的频率f_1，即变频调速。

（3）改变电动机的转差率s，即变转差率调速。

一、变极调速

在电源频率不变的条件下，改变异步电动机定子绕组的接线，可以改变磁极对数，从而得到不同的转速。由于磁极对数 p 只能成倍地变化，所以这种调速方法不能实现无级调速。

1. 变极调速的原理

如图 4–22 所示为三相异步电动机定子绕组改变磁极对数调速的原理。下面以单绕组双速电动机为例，对变极调速的原理进行分析。为简便起见，图中将一个线圈组集中起来用一个线圈代表。单绕组双速电动机的定子每相绕组由两个相等圈数的“半绕组”组成。图 4–22a 中两个“半绕组”串联，其电流方向相同；图 4–22b 中两个“半绕组”并联，其电流方向相反。它们分别代表两种磁极对数，即 $2p=4$ 与 $2p=2$。由此可见，改变磁极对数的关键在于使定子每相绕组中一半绕组内的电流改变方向。即改变半相绕组的电流方向，使磁极对数减少一半，从而使转速增加一倍，这就是变极调速的原理。

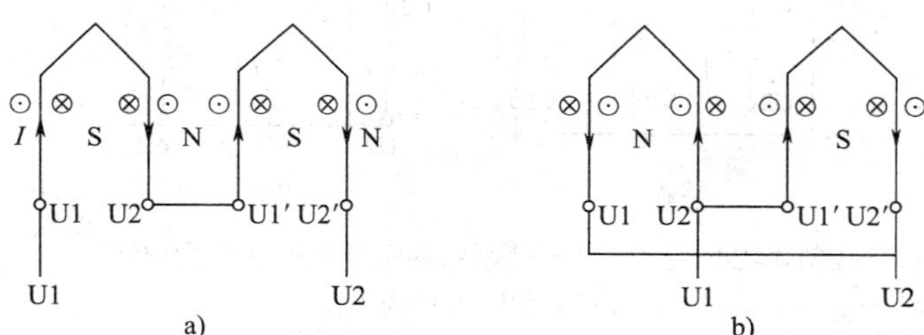

图 4–22 三相异步电动机定子绕组改变磁极对数调速的原理
a）串联 $2p=4$ b）并联 $2p=2$

2. 双速电动机的变极调速

通过改变每一相定子绕组的连线，使绕组中一半线圈上电流方向发生改变后，旋转磁场的磁极对数由四极变为两极，同步转速由 1 500 r/min 变为 3 000 r/min，相应转子转速也增加一倍，该电动机称为双速电动机。

双速电动机应用较多的接线有两种，一种是Y / YY，如图 4–23 所示。每相定子绕组都有一个中间抽头 U3、V3 和 W3，将定子绕组分成上半段和下半段两部分，当定子绕组接成Y联结时，上半段和下半段是串联，如图 4–23a 所示。如果将每相绕组的首尾短接，中间抽头接电源，如图 4–23b 所示，定子绕组即接成了YY联结，这时流过每相绕组上半段的电流方向发生了改变，即每相定子绕组中一半线圈上电流方向发生了改变，旋转磁场的磁极对数将减少一半，所以电动机转速将增加一倍，即 $n_{YY}=2n_{Y}$。

另一种是△ / YY，如图 4–24 所示，将定子绕组由△改接成YY时，旋转磁场的磁极对数也减少了一半，电动机转速将提高一倍，即 $n_{YY}=2n_{\triangle}$。

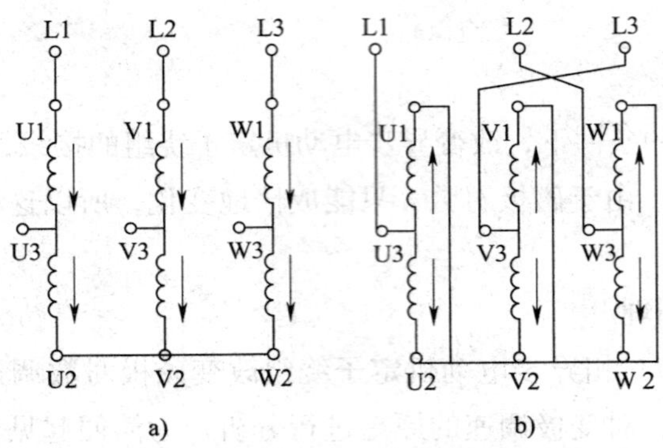

图 4-23　Y/YY 单绕组双速电动机定子绕组接线

a）Y联结　b）YY联结

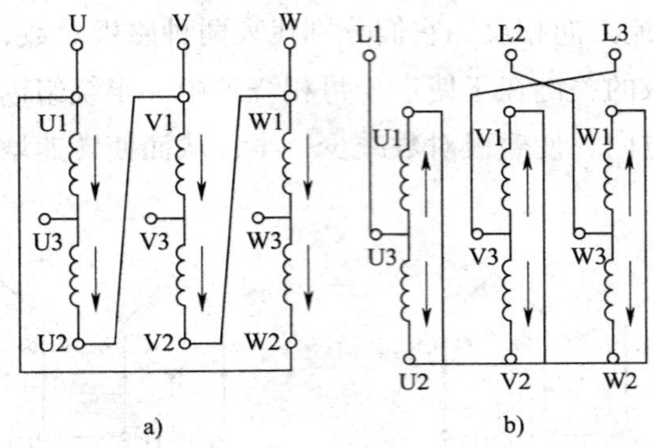

图 4-24　△/YY 单绕组双速电动机定子绕组接线

a）△联结　b）YY联结

无论是Y/YY还是△/YY接线的双速电动机，为保证变极前后三相异步电动机的旋转方向不发生改变，应改变施加到电动机上的电源相序。其主要原因是旋转磁场极对数不同，空间电角度也发生了变化。假设高速时，U、V、W 三相定子绕组在空间分布的电角度依次为 0→120°→240°，那么低速时磁极对数增加一倍，U、V、W 三相定子绕组在空间分布的电角度依次变成了 0→120°×2→240°×2（相当于是 120°），从而改变了原来的相序，电动机将反转。为了使电动机变极前后维持原来的转向不变，就必须在变极的同时，改变施加到电动机上的电源相序，如图 4-23b 和图 4-24b 所示，将 V 相和 W 相定子绕组所接的电源线 L2 和 L3 相对换。

采用Y/YY或△/YY接线的双速电动机有着不同的机械特性，究竟是采用Y/YY还是△/YY接线，要根据生产机械要求来决定。采用Y/YY接线的双速电动机适用于恒转矩负载的调速，如起重机、运输机械等。采用△/YY接线的双速电动机适用于恒功率负载的调速，如金属切削机床等。

3. 多速电动机的变极调速

若三相异步电动机在定子上装两套独立绕组，各自具有所需的磁极对数，两套独立绕组中每套又可以有不同的接法，这样就可以分别得到三速或四速运行状态，统称为多速电动机。三速笼型异步电动机定子绕组及接线示意如图 4–25 所示。从图 4–25a 可知，三相异步电动机具有两套定子绕组，一套定子绕组已经接成丫联结，为中速绕组；另外一套定子绕组为开口的△联结，为低速和高速的双速绕组。图 4–25b、图 4–25c、图 4–25d 所示分别为低速、中速和高速时接线盒的接线示意。

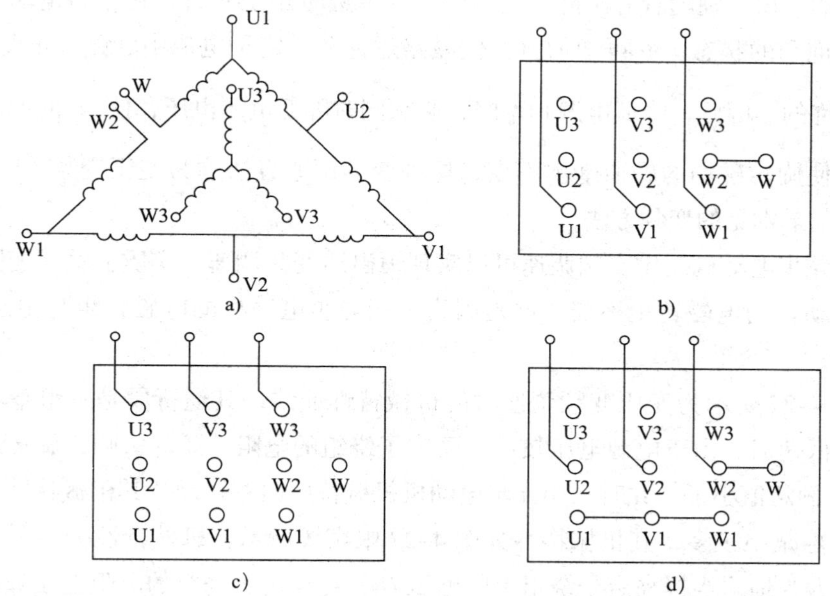

图 4–25　三速笼型异步电动机定子绕组及接线示意

a）三速电动机的两套绕组　b）低速 –△接法　c）中速 – 丫接法　d）高速 – 丫丫接法

4．变极调速的优缺点

变极调速的优点是调速设备简单，缺点是电动机定子绕组引出头多，调速只能实现有级调节。由于级数少，变极调速通常不单独使用，往往与机械调速配套使用，以达到相互补充、扩大调速范围的目的。变极调速只适用于笼型异步电动机且调速要求不高的场合。

二、变频调速

由于三相异步电动机的同步转速与电源频率成正比，因此，改变三相异步电动机的电源频率，可以实现平滑的调速。三相异步电动机进行变频调速时，需要一套专用的变频调速装置，如图 4–26 所示，它由整流器和逆变器组成。整流器先将 50 Hz 的交流电变换为直流电，再由逆变器变换为频率可调的三相交流电，供给笼型三相异步电动机，连续改变逆变器输出电压的频率，可以实现大范围的无级调速，而且电动机机械特性的硬度基本不变，这是一种比较理想的调速方法。此调速方法近年来发展很快，已经在很多领域内获得广泛的应用，如轧钢机、纺织机、球磨机、鼓风机、水泵、电梯、自动化生产线等设备中。

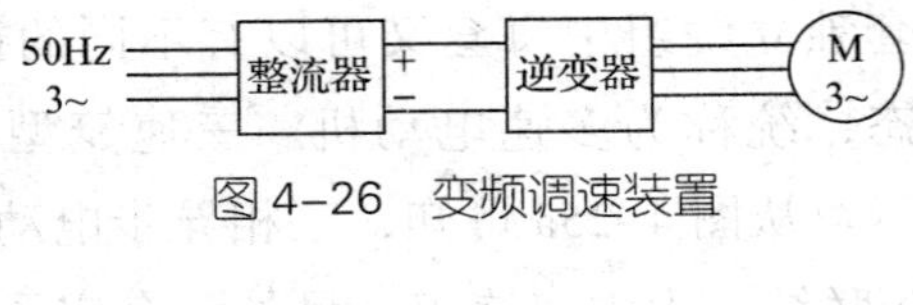

图 4–26　变频调速装置

1．从额定频率往下改变频率的恒转矩变频调速

三相异步电动机的相电压 $U_1 \approx E_1 = 4.44K_1N_1f_1\Phi_m$，如果降低电源频率时还保持电源电压为额定值，则随着 f_1 下降，旋转磁场的主磁通 Φ 会增加。由于将电动机磁路设计在临界饱和的状态，Φ 再增加就会使磁路过饱和，定子电流中励磁分量急剧增加，这是不允许的。因此，降低电源频率时，必须同时降低电源电压，使 $\dfrac{U_1}{f_1}$ 的比值保持不变，从而使旋转磁场的磁通基本不变，这种变频调速方法称为变压变频（VVVF）调速，是目前最常见的变频方法。

三相异步电动机变压变频调速可以实现恒磁通变频调速，实质上就是变频调速时要保证电动机的电磁转矩不变，这是因为三相异步电动机的电磁转矩与主磁通 Φ 成正比。

如图 4–27 所示为变压变频调速时的机械特性曲线，其运行段是一组基本平行的曲线。在低速时，由于电源电压较小，受定子绕组的电阻上压降影响，旋转磁场的主磁通 Φ 比额定值小了，此时三相异步电动机机械特性向左移动，其机械特性对应的最大电磁转矩减小较多，其机械特性如图 4–27 中实线所示，机械特性变差了。如果在低速时，人为地适当提高定子绕组上的电压 U_1，补偿定子绕组的电阻上压降影响，使得旋转磁场的主磁通 Φ 基本保持额定值不变，其机械特性上对应的最大电磁转矩基本不变，其机械特性曲线如图 4–27 中虚线所示。

2．从额定频率往上改变频率的恒功率变频调速

加到三相异步电动机上交流电的频率从额定频率往上升时，由于绝缘等级和目前变频技术上存在的问题，无法升高电压，因此，电源电压只能保持额定值不变。升高交流电的频率进行调速时，旋转磁场的主磁通 Φ 会减小，三相异步电动机的电磁转矩也随之减小，而电动机的功率几乎不变。交流电的频率越高，电动机转速越高，磁通 Φ 越小，这是一种降低磁通升速的方法，类似直流电动机弱磁调速的情况，属于恒功率调速，通常把这种变频调速方法称作恒压变频（CVVF）调速。如图 4–28 所示为恒压变频调速时的机械特性曲线。其运行段也是一组基本平行的曲线。

综上所述，三相异步电动机变频调速具有以下特点：在额定频率以下进行调速时，要保证交流电压与频率成正比减小，使 Φ 基本不变，属恒转矩调速方式；在额定频率以上进行调速时，要保证交流电压不变，属恒功率调速方式；三相异步电动机变频调速的调速范围大，平滑性好，机械特性硬，效率高，可以实现无级调速。

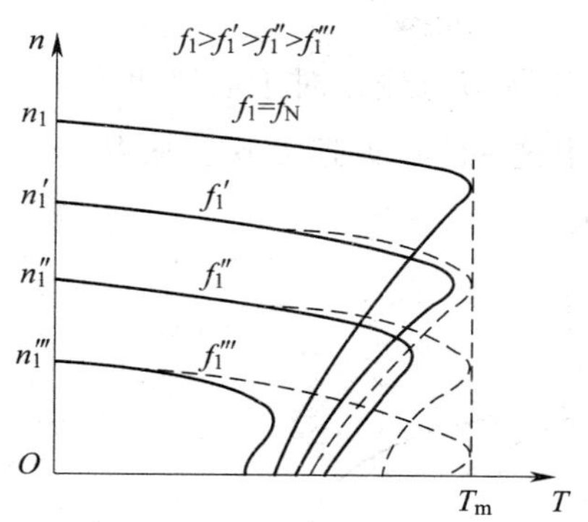

图 4-27 变压变频调速时的机械特性曲线

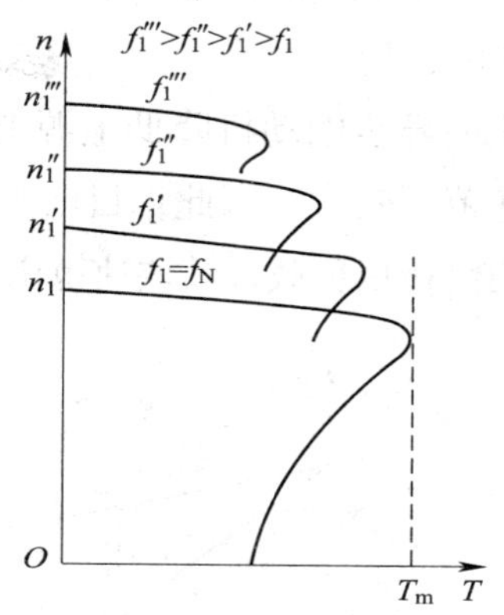

图 4-28 恒压变频调速时的机械特性曲线

3．变频调速的优缺点

其优点是质量轻、体积小、惯性小、效率高等，价格也在逐步下降。采用矢量控制技术，机械特性曲线可以做得像直流电动机调速一样硬，这是目前交流调速的发展方向。

三、变转差率调速

变转差率调速是在不改变同步转速 n_1 条件下进行的调速。改变三相异步电动机转子回路电阻或者改变外加的电源电压，都可以改变电动机的转差率，前者仅适应于绕线式异步电动机的调速，后者用于笼型异步电动机的调速。

1．绕线式异步电动机转子串电阻调速

绕线式异步电动机工作时，如果在转子回路中串入电阻，改变其电阻的大小，就可以达到调速的目的。

如图 4-29a 所示为绕线式异步电动机转子串电阻调速的机械特性。设负载转矩为 T_L，当转子电路的电阻为 R_a 时，电动机稳定运行在 a 点，转速为 n_a。若绕线式异步电动机 T_L 不变，转子电路电阻增大为 R_b，这时候电动机的最大电磁转矩保持不变，临界转差率对应的转速将减小，机械特性变软，转子电路电阻增大后达到新的稳定运行状态，工作点由 a 点就移至 b 点，于是绕线式异步电动机的转速降为 n_b。转子电路串接的电阻越大，绕线式异步电动机的转速越低。

绕线式异步电动机转子串电阻调速的优点是设备简单，成本低；缺点是低速时机械特性软，转速不稳定，电能浪费多，电动机的效率低，轻载时调速效果差。绕线式异步电动机转子串电阻调速主要用于恒转矩负载，如起重运输设备中。

2．笼型异步电动机降低电源电压调速

如图 4-29b 所示为三相异步电动机降低电源电压时调速的机械特性，如果三相异步电动机的负载转矩不变，电动机的电源电压由 U_N 降到 U'，电动机的转速将由 n_N 减

小到 n'。电源电压越低，电动机的转速也越低，笼型异步电动机降低电源电压可以达到调速的目的。

笼型异步电动机降低电源电压调速的优点是电压调节方便，对于通风机型负载，其调速范围较大。因此，目前大多数的电风扇都采用这种降压调速方式。缺点是对于常见的恒转矩负载，其调速范围很小，实用价值不大。

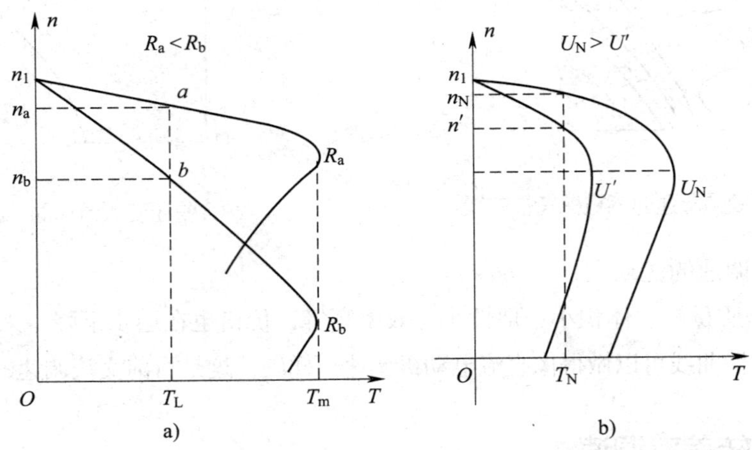

图 4–29 绕线式异步电动机改变转差率调速特性曲线

a）转子串电阻调速 b）降低电源电压调速

§4–6 三相异步电动机的制动

一、三相异步电动机的反转

由三相异步电动机拖动的生产机械，往往需要改变运动方向，如电梯的上下、刨床的来回运动、起重机的提升和下放重物，都需要电动机能快速地正反转。

从三相异步电动机的工作原理可知，电动机的旋转方向取决于定子旋转磁场的旋转方向。因此，只要改变旋转磁场的转向，就能使三相异步电动机反转。图 4–30 所示是利用控制开关来实现三相异步电动

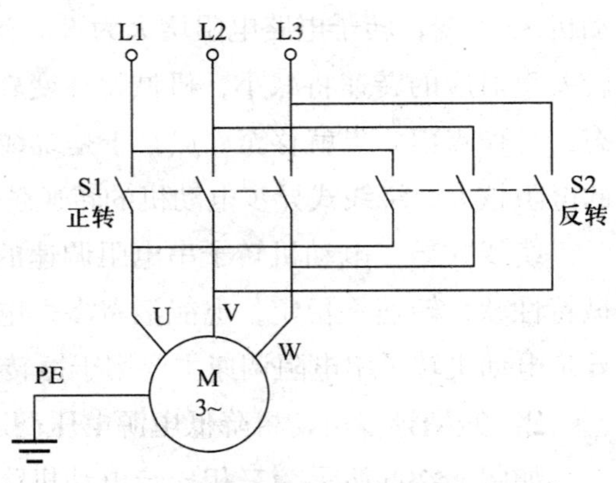

图 4–30 利用控制开关来实现三相异步电动机正、反转工作电路

机正、反转工作电路。当正转开关S1闭合、反转开关S2断开时，L1接U相，L2接V相，L3接W相，电动机正转。当正转开关S1断开、反转开关S2闭合时，L1接U相，L2接W相，L3接V相，将电动机V相和W相绕组与电源的接线互换，则旋转磁场反向，电动机跟着反转。

因此，要改变电动机的转动方向，只要对调电动机任意两相电源线，旋转磁场就会改变转动方向，电动机也随之反转。

二、三相异步电动机的制动

三相异步电动机与电源断开之后，由于转子有惯性，要经过一段时间后才会停止运行。为了使电动机迅速准确地停转，必须对电动机实行制动，通常采用的制动方法有机械制动和电气制动，电气制动又分为反接制动、能耗制动和再生发电制动。

1. 三相异步电动机的机械制动

机械制动是利用机械装置使电动机在电源切断以后迅速停转的方法。常用的机械制动有电磁离合器和电磁抱闸装置，这里只介绍电磁抱闸装置。

（1）电磁抱闸装置的结构

电磁抱闸装置分为通电型电磁抱闸装置与断电型电磁抱闸装置两种。如图4–31所示为断电型电磁抱闸装置的结构示意，它主要由两大部分构成：电磁铁和闸瓦制动器。其中，电磁铁又有单相电磁铁和三相电磁铁之分，它主要由电磁线圈和铁芯组成。闸瓦制动器包括弹簧、闸轮、杠杆、闸瓦和转轴等，闸轮与电动机转轴是刚性固定式连接。

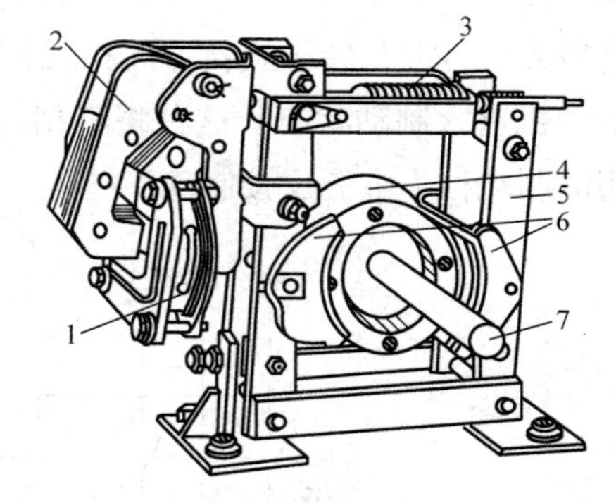

图4–31 断电型电磁抱闸装置的结构示意
1—电磁线圈 2—铁芯 3—弹簧 4—闸轮 5—杠杆 6—闸瓦 7—转轴

（2）断电型电磁抱闸装置的工作原理

电动机通电启动时，同时给电磁抱闸装置的电磁线圈通电，电磁铁的动铁芯被吸引与静铁芯合拢，同时克服弹簧拉力，迫使杠杆向外张开，于是闸瓦与闸轮松开，闸轮可自由转动，电动机就能正常运转。当切断电动机电源时，电磁线圈电源也同时被切断，动铁芯与静铁芯之间无吸引力，在弹簧的作用下，闸瓦把闸轮紧紧抱住，电动机迅速停止转动。由于电动机和电磁铁共用一个电源和控制线路，同时通、断电，因此只要电动机不通电，闸瓦总是把闸轮紧紧抱住，电动机总是被制动。因此，电磁线圈连接必须可靠，不能再装接熔断器。

（3）机械制动的特点及适用范围

电磁抱闸装置广泛应用于起重机械。起重机械上吊重物时，电动机和电磁铁同时通电，闸瓦松开，电动机启动；停机或停电时，闸瓦立即把闸轮抱住，电动机迅速制动，重物不仅不会因断电而下落，而且能准确地停留在某一位置上，杜绝了因突然停电而发生的事故。对具有位能性质的负载，它是必不可少的安全装置。虽然机械制动可靠，但容易导致磨损，应定期检查机械制动装置。

2. 三相异步电动机的电气制动

三相异步电动机的电气制动是在电动机转子中产生一个与转动方向相反的电磁转矩，使电动机迅速停止转动的过程。

（1）反接制动

反接制动有两种情况：一是转子旋转方向不变，借助定子两相电源反接使定子旋转磁场的方向改变，这种制动方式叫作电源反接制动；二是保持定子旋转磁场方向不变，借助位能负载的作用使转子反转，这种制动方式叫作倒拉反接制动。

1）电源反接制动。在图 4-32a 所示的电路图中，假设三相异步电动机按顺时针方向旋转，电动机转速为 n，在将 S1 断开的同时，迅速将 S2 闭合，这时电动机三相电源中 L2 和 L3 两根相线对调，电动机的旋转磁场将改变旋转方向，旋转磁场以转速 n_1 逆时针旋转，由于惯性，转子仍沿原旋转方向转动。由图 4-32b 可知，旋转磁场的旋转方向与转子旋转方向相反，旋转磁场与转子中感应电流互相作用产生电磁力，其电磁力的方向与转子旋转方向相反，所以对应的电磁转矩方向与转子旋转方向也相反，电动机进入制动状态。这种将三相异步电动机电源反接（任意两相对调）而起制动作用的制动称为电源反接制动。

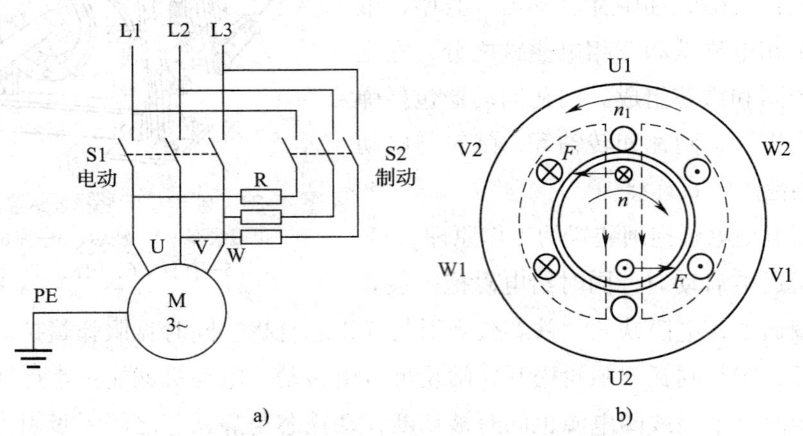

图 4-32　三相异步电动机电源反接制动

a）电路图　b）原理图

如图 4-33 所示为三相异步电动机电源反接制动的机械特性曲线。制动前，三相异步电动机工作在曲线 1 的 a 点。在电源反接制动瞬间，旋转磁场改变旋转方向，即同步转速 $n_1<0$，相应的机械特性曲线改变为曲线 2，由于机械惯性，电动机转速 n 瞬时不能突变，工作点由 a 点转移至 b 点，这时电磁转矩 $T<0$，但电动机转速 $n>0$，所以电磁转矩的方向与转子旋转方向相反，为制动转矩。在此制动转矩作用下，电动机转速 n 下降很快，迅速沿机械特性曲线 2 接近 c 点，即电动机转速接近于零，此时要利用控制电器将三相电源及时切断，并用电磁抱闸装置制动，否则电动机将反转。电源反接制动刚开始时的电流比直接启动的电流还要大得多，为了减小制动电流，常在三相定子回路中串入电阻或电抗器。对于绕线式异步电动机，可在转子回路串入制动电阻，其机械特性曲线如曲线 3 所示，制动过程同上。

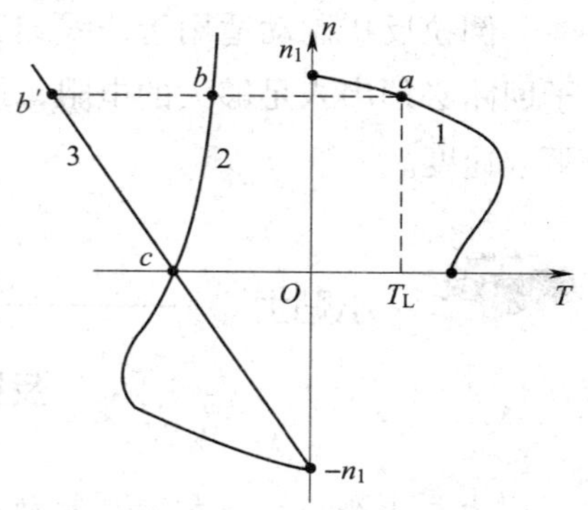

图 4–33　三相异步电动机电源反接制动的机械特性曲线

电源反接制动的优点是制动电路比较简单，设备简易，制动转矩较大，停机迅速，但制动瞬间电流较大，电能消耗也较大，机械冲击强烈，易损坏传动部件。电源反接制动一般只用于小型电动机，且要求迅速反转或不经常停机制动的场合。

2）倒拉反接制动。倒拉反接制动是反接制动的一种特殊情况，应用在起重机下放重物 G 的场合，绕线式三相异步电动机倒拉反接制动原理图如图 4–34a 所示，机械特性曲线如图 4–34b 所示。在绕线式三相异步电动机提升重物时，其工作点为曲线 1 上的 a 点，如果电动机的电源相序不变，在转子回路串入大电阻 R，相应机械特性曲线变为斜率很大的曲线 2，由于机械惯性，增加转子电阻瞬间转速不能突变，工作点由 a 点转移至 b 点，此时的电磁转矩 T 小于负载转矩 T_L，绕线式三相异步电动机的转速 n 沿机械特性曲线 2 下降，电磁转矩增加。当转速下降至 n=0 时，电磁转矩仍小于负载转矩，在位能负载的作用下，电动机开始反转，电磁转矩继续增加，直至电磁转矩等于负载转矩，电动机稳定运行于 c 点。这时电动机电磁转矩方向与转子的实际转向相反，电动机进入制动运行状态。由于此时负载转矩成为拖动转矩，拖着电动机反转，所以称为倒拉反接制动。

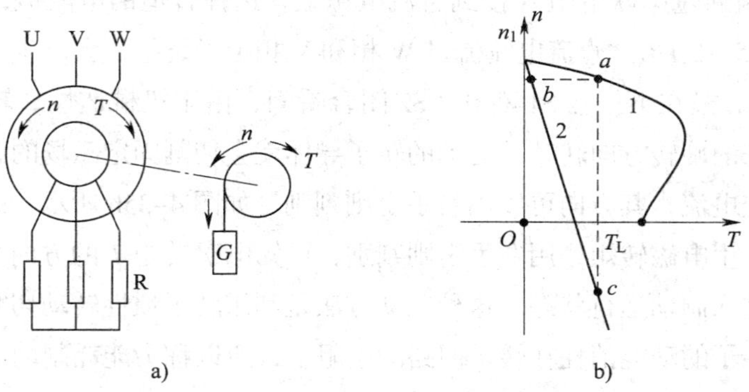

图 4–34　绕线式三相异步电动机倒拉反接制动

a）原理图　b）机械特性曲线

倒拉反接制动适用于绕线式三相异步电动机拖动位能性负载的情况，且电动机转子回路必须串入足够大的电阻，使其工作点位于第四象限，目的是使重物获得稳定的下放速度。

小贴士

反接制动电阻大小的估算

为防止绕组过热和减小制动的冲击作用，通常在反接制动时，在三相电路每相串入电阻 R 以限制反接制动电流。如果电源电压为 380 V，反接制动电阻值按下面的经验公式计算：

$$R = K\frac{220}{I_{st}} \tag{4-23}$$

式中 R——反接制动时定子绕组串接的电阻，Ω；

K——当要求反接制动电流 $I<I_{st}$ 时，取 0.13；当要求反接制动电流 $I=I_{st}$ 时，取 1.5；

I_{st}——电动机全电压启动时的启动电流，A。

若在反接制动时只在两相定子绕组中串入制动电阻，则制动电阻按上述计算值的 1.5 倍选取。如果电动机的容量较小，也可以不接入制动电阻。

（2）能耗制动

如果将运行的三相异步电动机定子绕组从三相交流电源上断开后，立即接到直流电源上，电动机就进入能耗制动运行状态。

如图 4–35a 所示为三相异步电动机能耗制动电路图。三相异步电动机通过 S1 接到三相交流电源上，假设电动机按顺时针方向旋转，电动机转速为 n，断开开关 S1，三相异步电动机脱离三相交流电源，此时旋转磁场转速 $n_1=0$。同时立即合上开关 S2，W 相和 V 相定子绕组通过串联电阻 R 接到直流电源上，选择合适的电阻值，控制流入直流电流大小为（1.5 ~ 2）I_N。直流电流流过 W 相和 V 相定子绕组，会产生一个固定的磁场 Φ，N 极在上，S 极在下。在 S1 断开、S2 闭合瞬间，由于机械惯性，转子要以原来的转速 n 保持原来的旋转方向转动，运动的转子导体就会切割固定磁场的磁力线，产生感应电动势和感应电流，其方向可以用右手定则判别，如图 4–35b 所示。感应电流与固定磁场互相作用产生电磁转矩，用左手定则判别，可知电磁转矩 T 的方向与转子转动方向相反，电动机进入制动运行状态。这种制动方法是利用转子惯性转动切割磁力线而产生制动转矩，把转子的动能消耗在转子回路的电阻上，所以称为能耗制动。

三相异步电动机能耗制动的优点是制动效果较强，能耗少，制动较平稳，对电网及机械设备冲击小；缺点是需要直流电源，低速时制动力矩小。

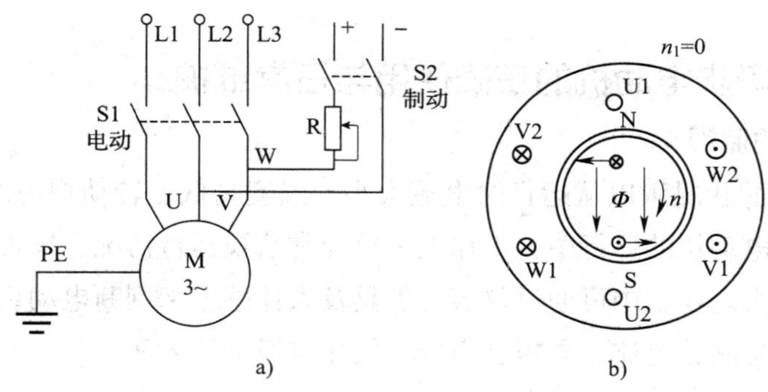

图 4–35　三相异步电动机能耗制动

a）电路图　b）原理图

（3）再生发电制动

再生发电制动又称回馈制动。三相异步电动机正常运行时，转子转速 n 小于同步转速 n_1。如果由于某种原因，电动机的转子转速 n 超过同步转速 n_1，如图 4–36 所示，上半部分转子绕组切割磁力线的方向将变为向右，产生的感应电动势和感应电流方向是进入纸面，对应电磁力方向向左；同样下半部分转子绕组产生的电磁力向右，这样，电磁转矩方向为逆时针方向，与电动机旋转方向相反，电动机进入制动状态。这时三相异步电动机转子转速 n 超过了同步转速 n_1，处于发电状态，定子电流方向变成相反方向，电动机将机械能转化为电能输送给电网，所以这种制动方法也称为再生发电制动。

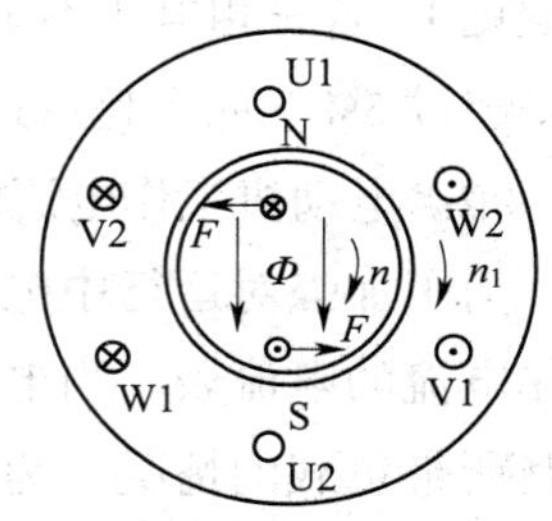

图 4–36　再生发电制动原理

要使三相异步电动机的转子转速 n 超过同步转速 n_1，转子必须受到外力的作用，在生产实践中，异步电动机的再生发电制动会出现在位能性负载的下放时、电动机变极调速或变频调速的过程中。再生发电制动经济性较好，因此，常用于起重机、电力机车和多速电动机中。

§4–7　三相异步电动机的维护

三相异步电动机以及所用的各种电气设备都必须时时处于正常运行状态，以保证生产顺利进行。因此，平时应对它们加强维护，发现问题和故障及时处理。

一、三相异步电动机的正确使用与日常维护

1．运行中的监视

电动机运行的状况可以从运行时电流大小、温度高低、转动响声的差异等特征表现出来。所以在电动机的运行中，工作人员要经常监视运行情况，发现问题及时处理，减少不必要的损失。运行中可通过仪表、工具及人体感官来判断电动机运行是否正常。监视内容主要有温度、电流、电压、声音、气味与振动等方面。

（1）电动机工作电压监视

通过电压表来监视电动机的电压以及三相电压的不平衡情况。电源电压过高或过低，都会引起电动机过热。按要求电源电压波动不应超过 ±5%（即在 361 ~ 399 V 之间变化）。若三相电压不平衡也会引起电动机额外发热，按要求三相电压间的不平衡率不得超过 5%。如果超过这一范围，则应找出原因并设法调整电源或负载。

（2）电动机工作电流监视

为了加强对运行中电动机的监视，在配电屏（盘面）上装设了反映电动机运行时工作电流的电流表。当电源电压正常时，三相异步电动机正常运行时的电流直接反映出其所带负载的情况。为了获得理想的功率因数，三相异步电动机驱动的负载必须适当，既要防止发生过载运行，也要防止电动机轻载运行，这样才能使电动机容量得到充分利用，所以只有带额定负载运行的电动机，才有最好的工作参数和状态。当环境温度为标准值时，带额定负载运行的电动机定子电流应不超过铭牌上的额定电流值。如果运行电流超过额定电流值，电动机可能在过载运行或发生单相运行等异常现象，应及时切断电源，停机检查，防止发生故障，以免烧毁电动机。另外，要注意监视运行中的电动机三相定子电流是否平衡，即三相定子电流中最大的电流或最小的电流与其三相平均值的偏差不能超过 10%，如果超过这一数值，应停机检查，排除故障。

（3）运行温升监视

所谓温升是指电动机运行温度与环境温度的差值。温升反映了电动机运行中的发热状况，是电动机运行的重要参数之一。

若发现电动机温升过高，这是电动机绕组和铁芯过热的外部表现。严重过热会加速绝缘材料的老化，损坏电动机绕组绝缘，缩短电动机使用寿命，甚至还可能因绝缘损坏降低其他方面的性能和引发各种事故。为保证电动机可靠运行，需要监测与测量电动机绕组、铁芯和轴承等部件的温度。

对于中小型电动机，在确定外壳不带电的情况下，可以用手去感觉温度的高低，如图 4–37 所示。先用验电笔测试电动机外壳是否带电，然后再用手去感觉电动机外壳的温度是不是过高。如发现电动机过热，可在电动机外壳上滴几滴水，如果水急剧汽化，说明电动机显著过热，此时应立即停止运行，查明原因，排除故障后方能继续使用。

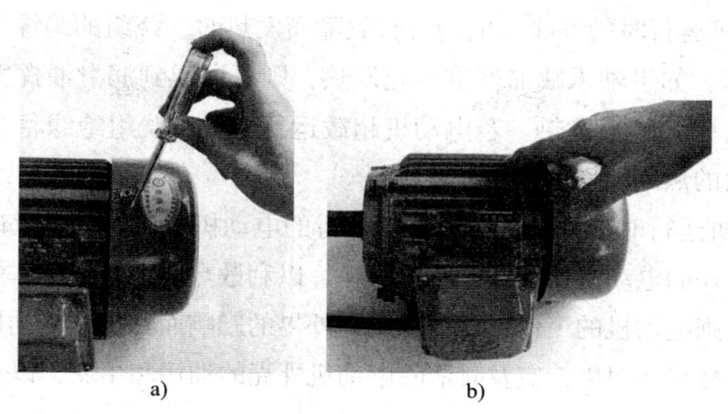

图 4–37 温度监视
a）用验电笔测试 b）用手触及外壳

（4）机组传动部分监视

如图 4–38 所示，当电动机机组采用传动带轮传动时，在电动机运行时要经常检查传动带连接处是否良好，传动带松紧是否合适，如果传动带太松，会发生打滑现象；如果传动带过紧，电动机的轴承会发热。另外，还要注意电动机机组转动部分是否灵活，有无卡位、窜动及其他不正常的现象。

（5）其他方面监视

1）听电动机运行时的声音。用长柄旋具头触及电动机轴承外的小油盖，将耳朵贴紧旋具柄，细听电动机轴承有无杂音、振动，以判断轴承运行情况，如图 4–39 所示。如果电动机过负荷运行，则有较大的“嗡嗡”声，当三相电源不平衡或缺相时，“嗡嗡”声特别大；轴承间隙不正常或滚珠损坏时，则发出“咕噜咕噜”的声音；转子扫膛或鼠笼条断裂脱槽则有严重的碰擦声。

图 4–38 传动带轮传动

图 4–39 轴承运行情况检查

2）闻电动机运行时的气味。电动机有故障而发热时，绕组的绝缘材料受热，分解出绝缘漆的气味。如果轴承缺油严重引起发热，则可以嗅到润滑油挥发的气味；润滑油填充过量也会引起轴承发热。若电动机超载运行太久，绕组绝缘将会遭到损坏，这时能嗅到绝缘漆的焦煳味。

3）看电动机运行时的环境。对于正常运行的电动机，应保证进风口、出风口畅通无阻，在室内工作的电动机，要注意环境通风，以利散热；在室外工作的电动机，要避免阳光直晒，否则电动机的工作温度也会受到外界的影响而升高。电动机及所拖动的机械设备周围应保持清洁卫生，应及时清除电动机外壳的油污和尘垢，以免影响散热。

2. 日常维护

（1）日常保养

主要是检查电动机的润滑系统、外观、温度、噪声、振动等是否有异常情况。检查其通风冷却系统、滑动摩擦状况和紧固情况，认真做好记录。

（2）月保养及定期巡回检查

检查开关、配线、接地装置等有无松动和破损现象；检查引线和配件有无损伤和老化；检查电刷和集电环的磨损情况，电刷在刷握内是否灵活等。如果有问题，则应及时修理或更换。如果有粉尘堆积，则应及时清扫。

（3）年保养及检查

除了上述项目外，还要检查和更换润滑剂。必要时对电动机进行抽芯检查，清扫或清洗污垢；检查绝缘电阻，进行干燥处理；检查零部件生锈和腐蚀情况；检查轴承磨损情况，判断是否需要更换。

二、三相异步电动机常见故障及检修方法

三相异步电动机的故障多种多样，产生的原因也比较复杂，在检查电动机时，一般按照先外后里、先机后电、先听后检的顺序来检查。先检查电动机的外部是否有故障，后检查电动机内部；先检查机械方面，再检查电气方面；先听使用者介绍使用情况和故障情况，再动手检查，这样才能正确迅速地找出故障原因。三相异步电动机常见故障现象、可能原因及检修方法见表 4-10。

表 4-10　三相异步电动机常见故障现象、可能原因及检修方法

常见故障现象	可能原因	检修方法
接通电源后，电动机不能启动或有异常响声	（1）熔丝熔断 （2）电源线或绕组断线 （3）开关或启动设备接触不良 （4）定子和转子相擦 （5）轴承损坏或有其他异物卡住	（1）更换熔丝 （2）查出断线处 （3）修复开关或启动设备 （4）找出相擦的原因，校正转轴 （5）清洗轴承，检查或更换轴承

续表

常见故障现象	可能原因	检修方法
接通电源后，电动机不能启动或有异常响声	（6）定子铁芯或其他零件松动 （7）负载过重或负载机械卡死 （8）电源电压过低 （9）机壳破裂 （10）绕组连线错误 （11）定子绕组断路或短路	（6）将定子铁芯或其他零件复位，重新焊牢或紧固 （7）减轻拖动负载，检查负载机械和传动装置 （8）调整电源电压 （9）修补机壳或更换电动机 （10）检查绕组首尾，正确连线 （11）检查定子绕组断路和短路处，重新接好
电动机的转速低，转矩小	（1）将△形错接为Y形 （2）鼠笼式转子端环、笼条断裂或脱焊 （3）定子绕组局部短路或断路	（1）重新接线 （2）焊补并修接断裂处或重新更换绕组 （3）找出短路和断路处
电动机过热或冒烟	（1）电源电压过低或三相电压相差过大 （2）负载过重 （3）电动机断相运行 （4）定子铁芯硅钢片间绝缘损坏，使定子涡流增加 （5）转子和定子相擦 （6）绕组受潮 （7）绕组短路或接地	（1）查出电源电压不稳定的原因 （2）减轻负载或更换功率较大的电动机 （3）检查线路或绕组中断路或接触不良处，重新接好 （4）对铁芯进行绝缘处理或适当增加每槽的匝数 （5）校正转子铁芯或轴，或更换轴承 （6）将绕组烘干 （7）修理或更换有故障的绕组
电动机轴承过热	（1）轴承装配不当，使轴承受外力 （2）轴承内有异物或缺润滑油 （3）轴承弯曲，使轴承受外应力或轴承损坏 （4）传动带过紧或联轴器装配不良 （5）轴承标准不合适	（1）重新装配轴承 （2）清洗轴承并注入新的润滑油 （3）矫正轴承或更换轴承 （4）适当松开传动带，修理联轴器或更换轴承 （5）选配标准合适的新轴承

三、三相异步电动机修理后的试验

1. 一般检查

主要是检查电动机的装配质量。检查电动机外观是否完好，各紧固件是否紧固牢靠。出线端的标记和连接是否正确，转子转动是否灵活。轴转动时若有径向偏摆，是否在允许范围内。如果是绕线式转子电动机，还应检查电刷、刷架及集电环的装配质量，电刷与集电环接触是否良好等。

2. 绝缘电阻的测定

主要测定各绕组间、各绕组与地间冷态绝缘电阻。对于 500 V 以下的电动机，绝缘电阻值不应低于 1 MΩ。

3. 直流电阻的测定

直流电阻的测定一般在常温下进行。绕组电阻可采用单臂电桥测量。所测各相电阻值偏差与其平均值之比不得超过 5%。如电阻值相差过大，则表明绕组中有短路、断路、绕组匝数有误或接触不良等故障。

三相绕组电阻的平均值：$R_{av}=\frac{R_U+R_V+R_W}{3}$（Ω）　　（4–24）

三相绕组电阻的平均值 R_{av} 与各相电阻值 R_P 的差值应不大于 5%，即：

$$\frac{R_{av}-R_P}{R_{av}}\times 100\% \leqslant \pm 5\% \qquad (4–25)$$

4. 耐压试验

电动机定子绕组相与相之间及每相与机壳之间经过绝缘处理后，可承受一定的电压而不击穿称为耐压。对绕线式转子电动机而言，还包含转子绕组相与相之间及相与地之间的耐压。耐压试验的目的是考核各相之间及各相绕组对机壳之间的绝缘性能的好坏，以确保电动机的安全运行及操作人员的人身安全。

试验中常见的击穿原因有：长期停用的电动机受潮；电动机绕组组间接线时接错；长期过载运行或过压运行；没经过烘干处理；绝缘老化而损坏。

5. 空载试验

经上述检查合格的电动机，方可进行空载试验，空载运行时间为 30 min，主要为确定空载电流和空载损耗。还应测量三相电流是否平衡，其偏差不应超过 10%。如空载电流过大，则可能是定子与转子之间的气隙超过允许值，或是装配质量太差所致。如空载电流过小，则可能是绕组匝数过多、绕组连接有误等。进行空载试验时，应仔细观察电动机运行情况，监听有无异常声音，检查电动机是否过热，轴承的运转是否正常等。对于绕线式转子电动机，还应检查电刷有无火花及过热现象。

试验与实训 1　三相异步电动机的拆装

一、试验与实训目的

1. 能合理使用三相异步电动机的常用拆装工具。

2. 能正确拆装三相异步电动机，进一步熟悉三相异步电动机的组成。

二、主要实训器材

主要实训器材见表 4–11。

表 4–11 主要实训器材

序号	器材名称	图例	作用	备注
1	三相异步电动机		实训操作对象	Y801–4 型 P_N=0.55 kW
2	三爪拉具		用于拆卸传动带轮和轴承	也称拉轴器
3	活扳手		用来紧固和旋松螺母	也可用套筒扳手代替
4	呆扳手		用来紧固和旋松螺母或在无法使用活扳手的地方使用	
5	锤子		用来传递力量，可避免直接敲击而造成轴或轴承等金属表面的损伤	
6	纯铜棒			
7	旋具		用来紧固和拆卸螺钉	
8	刷子		清扫灰尘和油污	

三、实训内容及步骤

1．小型三相异步电动机的拆卸流程

（1）拆卸前准备工作

1）选择合适的拆卸地点，并清理现场。

2）必须断开电源，拆除电动机与外部电源的连接线，并做好电源线在接线盒的相序标记，以免安装电动机时接错相序。

3）检查拆卸电动机的专用工具是否齐全，并整理好现场环境。

4）做好相应的标记和必要的数据记录，以便电动机重新安装时的准确定位。

①在传动带轮或联轴器的轴伸端做好定位标记，测量并记录联轴器或传动带轮与轴台间的距离为__________mm，如图 4–40a 和图 4–40b 所示。

②在电动机机座与端盖的接缝处做好标记，如图 4–40c 所示。

③在电动机的出轴方向及引出线在机座上的出口方向做好标记，如图 4–40d 所示。

图 4–40　拆卸前做好标记

a）测量数据　b）传动带轮或轴伸端定位标记　c）接缝处定位标记　d）电动机出轴方向标记

（2）拆卸电动机的传动带轮或联轴器

拆卸传动带轮或联轴器流程见表 4–12。

表 4-12 拆卸传动带轮或联轴器流程

序号	步骤	图例	操作说明
1	做标记	传动带轮	在传动带轮（或联轴器）的轴伸端上做好再安装时的复原标记
2	拆传动带轮		将三爪拉具的丝杠尖端对准电动机轴端的中心，挂住传动带轮（或联轴器），使其受力均匀，把传动带（或联轴器）慢慢拉出
3	拆销子		用合适的工具将固定传动带轮（或联轴器）的销子拆下

如果转轴与传动带轮内孔结合处发生锈蚀现象，导致传动带轮拉不下来时，可在定位螺孔内注入煤油，等几小时后再试。如还有困难，可采用加热的方法，即将三爪拉具装好并扭紧到一定程度，用喷灯快速加热石棉包住的转轴，当温度升高到一定程度时，用力旋转三爪拉具螺杆，将传动带轮卸下。

（3）拆卸电动机接线盒及风扇

拆卸电动机接线盒及风扇流程见表 4-13。

表 4-13 拆卸电动机接线盒及风扇流程

序号	步骤	图例	操作说明
1	拧下接线盒螺栓		将接线盒四周的 4 颗螺栓拧下

续表

序号	步骤	图例	操作说明
2	取下接线盒外壳		将接线盒外壳连同垫圈一起取下
3	记录绕组联结方式		观察绕组联结方式并记录下来，供下次接线时用（此图为星形联结）
4	拧下风罩螺栓		将风罩四周的三颗螺栓拧下
5	取下风罩		用力将风罩往外一拔，风罩便脱离机壳
6	取下风扇弹簧卡圈		取下转子轴端风扇上的弹簧卡圈
7	拆风扇		旋转加力拉出或加热使塑料风扇膨胀后旋下

小型三相异步电动机的风扇一般不用拆下，可随转子一起抽出。如果后端盖内的轴承需要加润滑油或更换时，必须拆下。

（4）拆卸电动机的端盖

电动机的端盖有前端盖和后端盖之分，拆卸电动机端盖的流程见表 4–14。

表 4–14 拆卸电动机端盖的流程

序号	步骤	图例	操作说明
1	拧下前后端盖螺钉	后端盖 前端盖	（1）分别将螺钉拧松，以免端盖受力不均 （2）拆卸前、后端盖前，一定要检查端盖与机座的结合部位有没有画上记号
2	卸后端盖		用木槌敲打轴伸端，使后端盖脱离机座
3	移出转子和后端盖		当后端盖稍与机座分开时，即可把后端盖连同转子一起移出机座，较重的电动机转子需两人配合
4	取下后端盖		用木槌均匀敲打后端盖四周，即可取下
5	卸前端盖		将硬木条从后端伸入，顶住前端盖的内部敲打，从上、下、左、右边移动木条，边移边打，在敲打时由另一个人扶住前端盖，防止前端盖脱离机座时落地摔坏

续表

序号	步骤	图例	操作说明
6	记录轴承位置	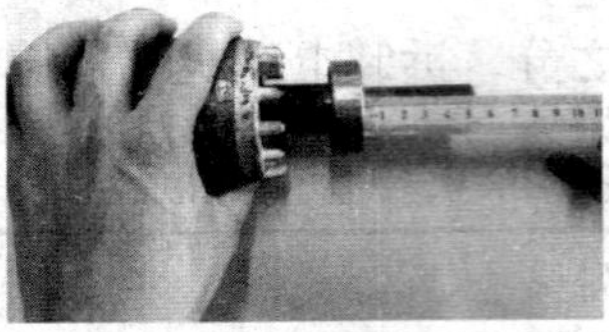	记录轴承在转轴上的位置，用钢尺测量轴承外端到转轴端头的距离
7	拆前后轴承	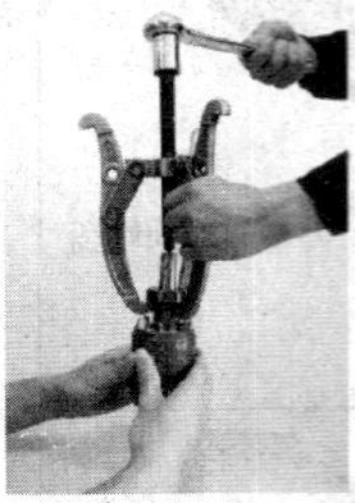	选择适当的三爪拉具，使三爪拉具的脚爪紧扣在轴承内圈上，将三爪拉具的丝杠顶点对准转子轴的中心，缓慢而均匀地扳动丝杠，轴承就会逐渐脱离转轴而拆卸下来

拿出转子时，应小心缓慢、轻拿轻放，端平转子，为防手滑或用力不均碰伤绕组，应用纸板垫在绕组端部进行。取出的转子应平稳地放在干净的平台上，以防碰伤转子。

2. 小型三相异步电动机的安装流程

三相异步电动机的安装顺序与拆卸时相反。在安装前应清洗电动机内部的灰尘，清洗轴承并加足润滑油，然后按表 4-15 所示顺序操作。安装完毕，要观察转轴是否转动灵活、均匀，有无停滞或偏重现象。

表 4-15　小型三相异步电动机的安装流程

序号	步骤	图例	操作说明
1	在转轴上安装轴承		用纯铜棒将轴承压入轴颈，注意要使轴承内圈受力均匀，切勿总是敲击一边，或敲轴承外圈。安装前、后端盖一侧轴承方法相同
2	安装后端盖		用木槌均匀敲打后端盖四周，即可装上

续表

序号	步骤	图例	操作说明
3	安装转子		用手托住转子慢慢移入，以免损伤转子表面
4	敲紧后端盖		用木槌均匀敲打后端盖四周
5	定位		用木槌小心敲打后端盖三只耳朵，使螺钉孔对准标记
6	用螺栓固定后端盖		固定螺栓要按对角线一前一后旋紧，不能松紧不一，以免损坏端盖或卡死转子
7	安装前端盖		用木槌均匀敲打前端盖四周，并调整至对准标记。调整的方法与安装后端盖相同
8	用螺栓固定前端盖		按对角线将固定螺栓一前一后旋紧，保证松紧一致

续表

序号	步骤	图例	操作说明
9	安装风扇		安装时要观察一下风扇卡口，用手旋转并用力推入，最后安装风扇固定销子
10	安装风罩		固定风罩
11	安装固定传动带轮（或联轴器）的销子		用木槌将销子敲入键槽
12	安装联轴器或传动带轮		用木槌敲打，使之装到电动机轴伸上，敲打时注意用力方向要与轴承中心相重合，即顺着轴承转动方向敲打其中心位置

四、注意事项

1. 拆卸传动带轮或轴承时，要正确使用三爪拉具。

2. 在电动机解体前要做好记号，以便组装。

3. 端盖螺钉的松动与紧固必须按对角线上下左右依次旋动。

4. 不能用锤子直接敲打电动机的任何部位，只能用纯铜棒在垫好木块后敲击或直接用木槌敲打。

5. 抽出转子或安装转子时操作要小心，一边送一边接，不可擦伤定子绕组。

6. 电动机装配完成后，要检查转子转动是否灵活，有无卡阻现象。

试验与实训 2　三相异步电动机的启动

一、试验与实训目的

1. 学会笼型三相异步电动机直接启动的接线和操作方法。
2. 学会笼型三相异步电动机Y－△降压启动的接线和操作方法。

二、主要实训器材

主要实训器材见表 4–16。

表 4–16　主要实训器材

序号	器材名称	图例	规格	作用	备注
1	笼型三相异步电动机		Y801–4 型 P_N=0.55 kW	实训操作对象	
2	低压断路器		DZ47–60 型	在线路工作正常时，作为电源开关接通和分断电路；当电路中发生短路、过载和失压等故障时，它能自动跳闸切断故障电路，从而保护线路和电气设备	用于电动机的短路和过载保护
3	手动Y–△降压启动器		QX1 型	实现三相异步电动机降压启动	适用于三角形运行 380 V 笼型三相异步电动机空载或轻载启动
4	接线排		JH9 型	导线的连接，电信号的传递	根据导线载流面积的大小选择不同型号

续表

序号	器材名称	图例	规格	作用	备注
5	钳形电流表		MG28 型（0～500 A）	测量三相异步电动机的启动电流	注意选择量程，测量电动机启动瞬间的电流，读数要快

三、实训内容及步骤

1. 笼型三相异步电动机的直接启动

（1）绘制笼型三相异步电动机直接启动试验电路图

查看三相异步电动机的铭牌数据，明确电动机的额定电压、接线方法及使用条件。绘制笼型三相异步电动机直接启动试验电路图，如图 4–41a 所示。

（2）连接笼型三相异步电动机直接启动电路

在教师指导下，按照所绘制的直接启动电路图正确接线，如图 4–41b 所示。

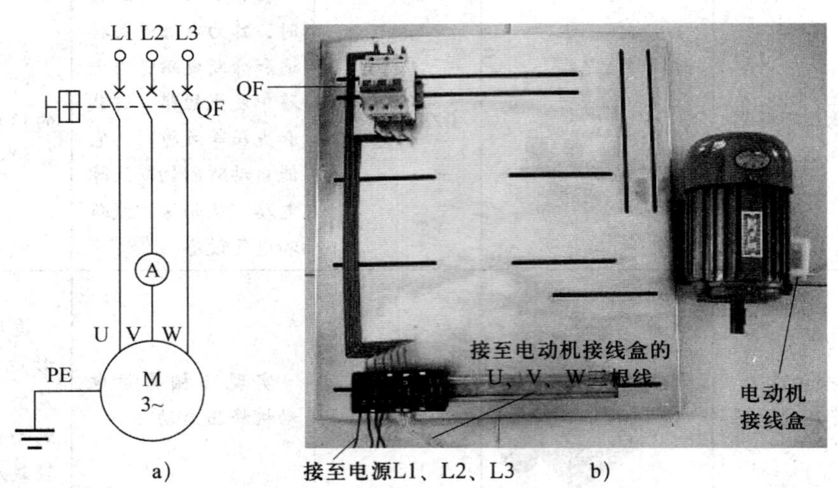

图 4–41　三相异步电动机的直接启动

a）试验电路图　b）安装接线图

（3）操作并观察笼型三相异步电动机直接启动的过程

在教师指导下，合上开关 QF，电动机通电直接启动，用钳形电流表测量电动机直接启动时瞬间启动电流的大小，再重复测量启动电流两次，把测量的数据记录于表 4–17 中，取三次测量电流的平均值作为直接启动电流值。

表 4–17 三相异步电动机直接启动的启动电流测量数据

序号	测量内容	测量值 /A	计算三次直接启动电流的平均值 I_{stav}/A
1	I_{st1}		
2	I_{st2}		
3	I_{st3}		
结论：电动机直接启动的启动电流和额定电流之间的关系为 I_{st}=______I_N。			

2. 笼型三相异步电动机的Y–△降压启动

（1）绘制笼型三相异步电动机Y–△降压启动试验电路图

绘制笼型三相异步电动机Y–△降压启动试验电路图，如图 4–42a 所示。

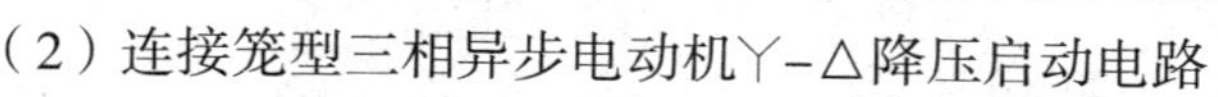

（2）连接笼型三相异步电动机Y–△降压启动电路

在教师指导下，按照所绘制的Y–△降压启动电路图正确接线，如图 4–42b 所示。

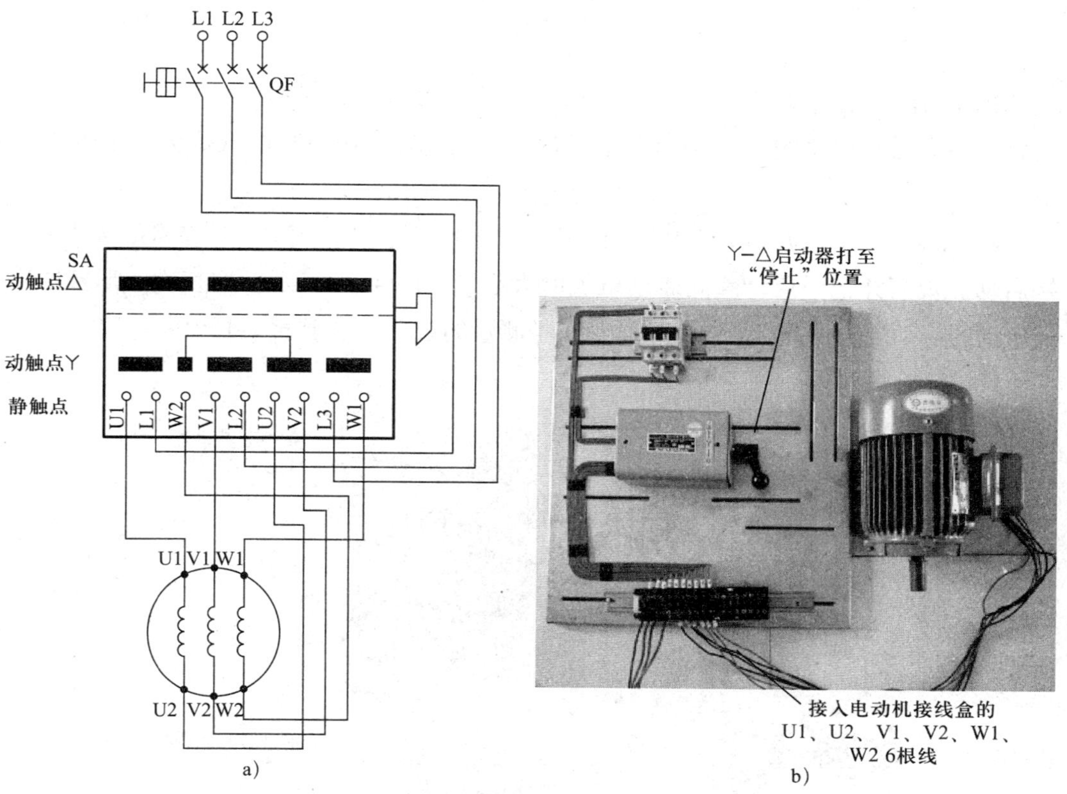

图 4–42 三相异步电动机Y–△降压启动

a）手动Y–△启动器降压启动试验电路图 b）安装接线图

（3）操作并观察笼型三相异步电动机Y-△降压启动的过程

1）将Y-△启动器打至“停止”位置，如图 4-42b 所示。

2）在教师指导下，合上开关 QF，再将Y-△启动器打至“Y”位置，则电动机接成Y形启动，如图 4-43 所示。观察并记录启动瞬间启动电流的大小，待电动机转速上升至接近额定值时，将Y-△启动器迅速由“Y”位置合向“△”位置，使电动机正常运行。

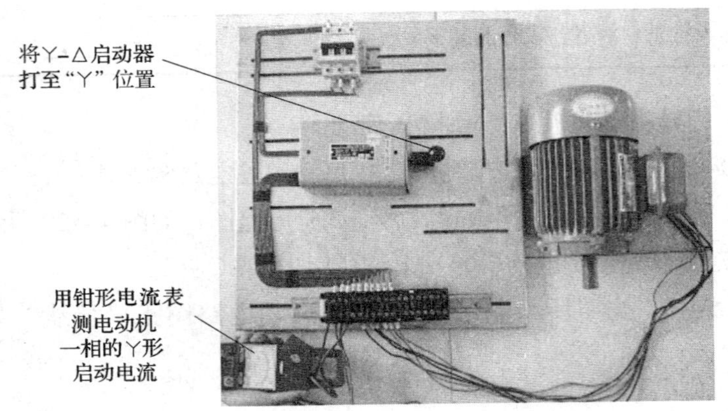

图 4-43　三相异步电动机的Y形启动

3）断开Y-△启动器，再重复启动两次，分别观察并记录启动电流的大小。取三次启动电流的平均值作为Y-△降压启动时的启动电流。把测量的数据记录于表 4-18 中。

4）先将Y-△启动器打至“△”位置，再合上开关 QF，则电动机在△形接法下直接启动。观察并记录启动瞬间启动电流的大小，如图 4-44 所示。取三次△形接法直接启动的启动电流，并计算电流平均值，把测量的数据记录于表 4-18 中。

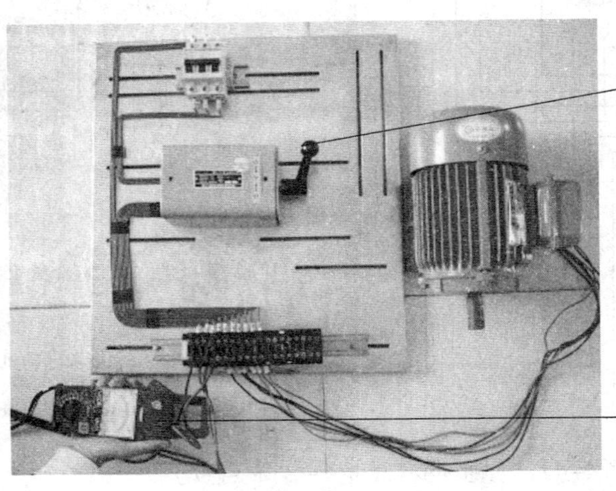

图 4-44　三相异步电动机的△形运行

表 4–18　三相异步电动机Y形和△形启动时启动电流测量数据

三相异步电动机接法	测量内容	测量值 /A	计算三次启动电流的平均值 I_{stav}/A
Y形	I_{st1}		
	I_{st2}		
	I_{st3}		
△形	I_{st1}		
	I_{st2}		
	I_{st3}		
结论：电动机接成Y形启动和接成△形启动时启动电流之间的关系为：I_{Yst}=________$I_{\triangle st}$。			

四、注意事项

1. 再次启动前必须让电动机完全停止转动，否则测量值会偏小。
2. 启动电流的测量时间很短，读数时应迅速准确。
3. 试验时启动次数不宜过多。
4. 遇到异常情况时，应迅速断开电源开关，处理故障后再继续试验。

试验与实训 3　三相异步电动机的调速

一、试验与实训目的

1. 学会绕线式三相异步电动机转子串电阻调速的接线和操作方法。
2. 学会绕线式三相异步电动机降低电源电压调速的接线和操作方法。

二、主要实训器材

主要实训器材见表 4–19。

表 4–19　主要实训器材

序号	器材名称	图例	规格	作用	备注
1	绕线式三相异步电动机		YR355M1–4 型（额定电压为 380 V，定子△接法，转子Y接法）	实训操作对象，用于调速操作	

续表

序号	器材名称	图例	规格	作用	备注
2	三相调压交流电源		三相 0～430 V	三相异步电动机降低电源电压调速用	使用前将手柄转到输出电压最小位置
3	三相启动调速变阻器		BT2 型 相电流为 10 A 相电阻为 15 Ω	绕线式三相异步电动机转子串电阻调速用	使用前将转子串入的电阻值调至最大
4	转速表		DM6235P 选用 1 800 r/min 量程	测量三相异步电动机转速	根据测速范围选择不同型号

三、实训内容及步骤

1．绕线式三相异步电动机转子串电阻调速

（1）绘制绕线式三相异步电动机调速试验电路图

查看三相异步电动机的铭牌数据，明确电动机的额定电压、接线方法及使用条件。绘制绕线式三相异步电动机调速试验电路图，如图 4–45 所示。

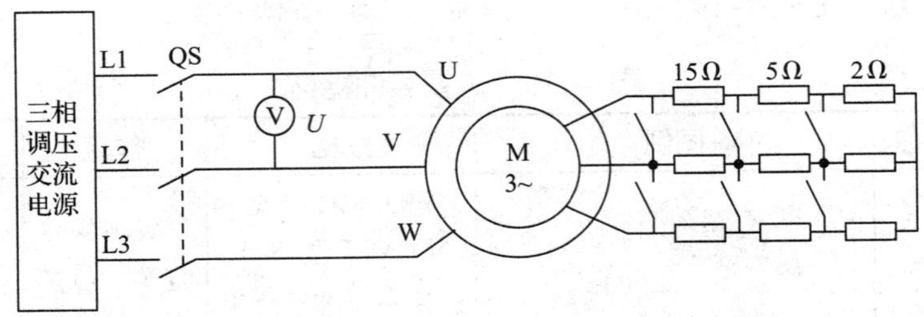

图 4–45　绕线式三相异步电动机调速试验电路

（2）连接绕线式三相异步电动机调速试验电路

在教师指导下，按照所绘制的调速电路图正确接线。将三相交流电源调节手柄逆时针方向调到最小位置，三相启动调速变阻器调到阻值最大位置。

（3）通电启动三相异步电动机

在教师指导下，闭合电源总开关，再闭合电源开关 QS，按顺时针方向旋转电压调节手柄，启动电动机。如果电动机转向不对，则断电后改变相序再启动，慢慢升高电动机电压，直到 380 V 额定值。

（4）转子串电阻调速

在保持额定电压 220 V 不变的条件下，分段减小转子串入的电阻值（每相电阻分别为 0 Ω、15 Ω、20 Ω、22 Ω），测出三相异步电动机相应的转速，记录于表 4–20 中。

表 4–20 转子串电阻调速测量数据 U_N=220 V

R/Ω	22	20	15	0
n/（r/min）				
结论：______________。				

2. 绕线式三相异步电动机降低电源电压调速

在转子绕组短接的条件下，从额定电压 380 V 开始，慢慢降低电压，直到电动机停转，测出三相异步电动机相应的转速，共取 6 ~ 7 组数据，记录于表 4–21 中。

表 4–21 降低电源电压调速测量数据

U/V							
n/（r/min）							
结论：______________。							

四、注意事项

1. 在三相异步电动机启动前，必须将电源电压调至最小，转子串入的电阻值调至最大。

2. 在三相异步电动机启动时，要观察电动机的转向，应符合要求。

3. 每相转子绕组都必须串入相应的电阻。

4. 转子串电阻调速的电路与转子串电阻启动的电路是一样的，但应注意到启动用的转子外接串联电阻功率往往较小，不能用于调速，而调速用的转子外接串联电阻功率较大，可以用于启动。

试验与实训 4 三相异步电动机的制动

一、试验与实训目的

1. 学会笼型三相异步电动机反接制动的接线和操作方法。
2. 学会笼型三相异步电动机能耗制动的接线和操作方法。

二、主要实训器材

主要实训器材见表 4–22。

表 4–22 主要实训器材

序号	器材名称	图例	规格	作用	备注
1	笼型三相异步电动机		Y801–4 型 P_N=0.55 kW	实训操作对象	通电观察运行和制动情况
2	倒顺开关		HY2–15	实现运行和制动的切换	使用前要区分哪边是运行，哪边是制动
3	直流电流表		量程选用 5 A	测量能耗制动瞬间电流	要注意量程和极性
4	励磁电源		U=0~220 V	给能耗制动提供励磁电源	通过开关控制电路的通断

续表

序号	器材名称	图例	规格	作用	备注
5	滑线变阻器		I_N=0.5 A R=0~1 kΩ	通过调节励磁电阻阻值，改变励磁电流，从而改变制动时间	可根据能耗制动、反接制动试验要求选用不同阻值

三、实训内容及步骤

1. 笼型三相异步电动机的反接制动

（1）绘制笼型三相异步电动机反接制动试验电路图

查看三相异步电动机的铭牌数据，明确电动机的额定电压、接线方法及使用条件，绘制笼型三相异步电动机反接制动试验电路图，如图 4–46 所示。

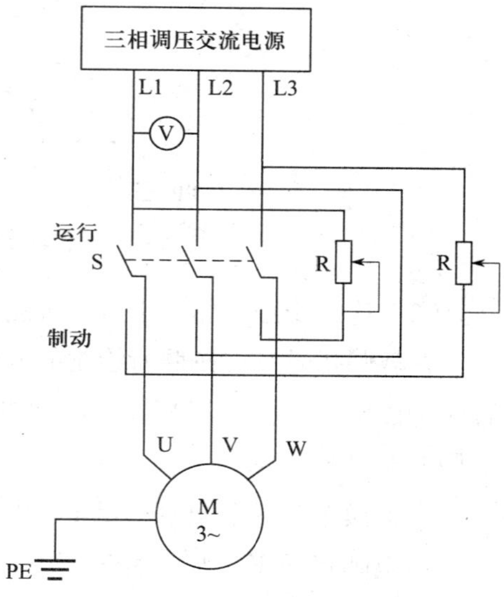

图 4–46 笼型三相异步电动机反接制动试验电路图

（2）连接笼型三相异步电动机反接制动电路

在教师指导下，按照所绘制的电路图连接三相交流电源、笼型三相异步电动机、三相倒顺开关、交流电压表、限流电阻等。

（3）操作并观察笼型三相异步电动机反接制动的过程

在教师指导下，将三相调压交流电源输出调到零位，限流电阻 R 调到最大。闭合电源总开关，将三相倒顺开关合向“运行”位置，升高三相交流电压至额定值，启动异步电动机，待转速稳定后，将三相倒顺开关 S 迅速合向“制动”位置，观察并记录电动机从制动到停机瞬间的时间，记入表 4–23 中。将限流电阻 R 调到不同位置，再重新测几次数据。记录时注意电动机会反向启动。

表 4–23 三相笼型异步电动机反接制动测量数据

R	100% 位置	50% 位置	20% 位置
t/s			
结论：______________________________。			

2. 笼型三相异步电动机的能耗制动

（1）绘制笼型三相异步电动机能耗制动试验电路图

绘制笼型三相异步电动机能耗制动试验电路，如图 4–47 所示。

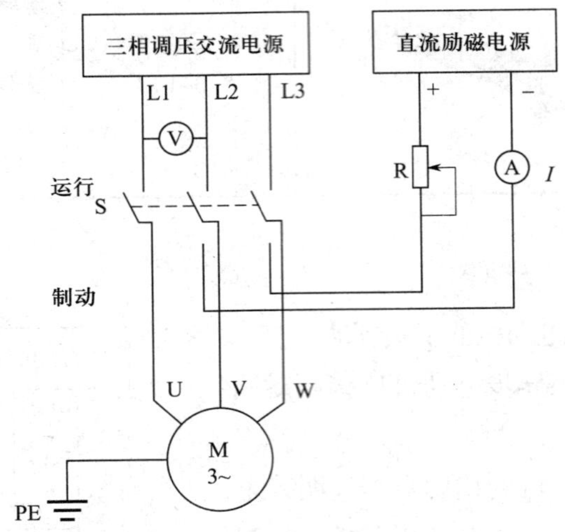

图 4–47　笼型三相异步电动机能耗制动试验电路

（2）连接笼型三相异步电动机能耗制动电路

在教师指导下，按照所绘制的能耗制动电路图正确接线。连接三相调压交流电源、直流励磁电源、笼型三相异步电动机、三相倒顺开关、交流电压表、直流电流表、励磁调节电阻等。

（3）操作并观察笼型三相异步电动机能耗制动的过程

在教师指导下，将三相调压交流电源输出调到零位，励磁调节电阻 R 调到最大。闭合电源总开关，将三相倒顺开关合向“运行”位置，升高三相交流电压至额定值，启动异步电动机，待转速稳定后，将三相倒顺开关 S 合向“停”位置，观察并记录电动机自由停机的时间，记入表 4–24 中。

将三相倒顺开关 S 合向“制动”位置，调节励磁电阻 R 使励磁电流等于 0.2 倍电动机额定电流（$I=0.2I_N$）。重新将三相倒顺开关 S 合向“运行”位置启动异步电动机，待转速稳定后，迅速将三相倒顺开关 S 合向“制动”位置，观察并记录电动机停机的时间。当励磁电流分别为 $0.5I_N$ 和 I_N 时，重复测试并记录电动机停机的时间，记入表 4–24 中。

表 4–24　笼型三相异步电动机能耗制动测量数据

I/A	0	$0.2I_N$	$0.5I_N$	I_N
t/s				
结论：______________________________。				

四、注意事项

1. 若反接制动速度较快，电动机会反转，观察要仔细。
2. 制动直流电流不能太大，可通过调节励磁电阻 R 来实现。

试验与实训 5 三相异步电动机的维护

一、试验与实训目的

1. 能用双臂电桥正确测量三相异步电动机定子绕组直流电阻。
2. 能用兆欧表正确测量三相异步电动机绝缘电阻值。
3. 能通过电动机的检查试验，分析并判断三相异步电动机的性能和修理质量。

二、主要实训器材

主要实训器材见表 4–25。

表 4–25 主要实训器材

序号	器材名称	图例	规格	作用	备注
1	三相异步电动机		P_N=100 W，U_N=220 V，接法为△，I_N=0.5 A	实训操作对象	
2	直流双臂电桥		QJ42 型	定子绕组直流电阻的测量	也称凯尔文电桥
3	500 V 兆欧表		ZC25B–3（500 V）	用来测量三相异步电动机的绝缘电阻	也称摇表

续表

序号	器材名称	图例	规格	作用	备注
4	三相自耦调压器		三相 0 ~ 430 V	空载试验中调压用	不准作为安全隔离变压器用，外壳必须接地
5	钳形电流表		MG28	空载试验中用来测量空载电流	使用过程中不能切换挡位
6	低功率因数功率表		$\cos\varphi=0.2$，0.5 级	空载试验中用来测量空载损耗功率	功率表两只，注意正确接线

三、实训内容及步骤

1．三相定子绕组直流电阻的测量

定子绕组经过绝缘处理和装配等工序，可能会发生机械损伤，造成线头断裂、松动和导线绝缘层损坏，因此，要进行三相定子绕组直流电阻的测量，看其偏差是否在允许范围内（一般各相绕组的直流电阻值偏差与其平均值之比不得超过 5%）。

（1）拆掉三相交流异步电动机接线盒中的连线。

（2）正确接线。因定子绕组阻值较小，测量仪器采用直流双臂电桥。由于采用直流双臂电桥内部电源，将拨钮开关合到“内”这一挡进行测量，接线时注意电位端钮的引线 P1、P2 需在内侧，电流端钮的引线 C1、C2 需在外侧，电流端钮和电位端钮的连接线不能互相绞在一起，如图 4–48 所示。

（3）定子绕组直流电阻测量过程

1）调零。按下“B”按钮，调节“调零”旋钮，使检流计指针指在零位。调节“灵敏度”旋钮，使灵敏度适中，如图 4–49 所示。

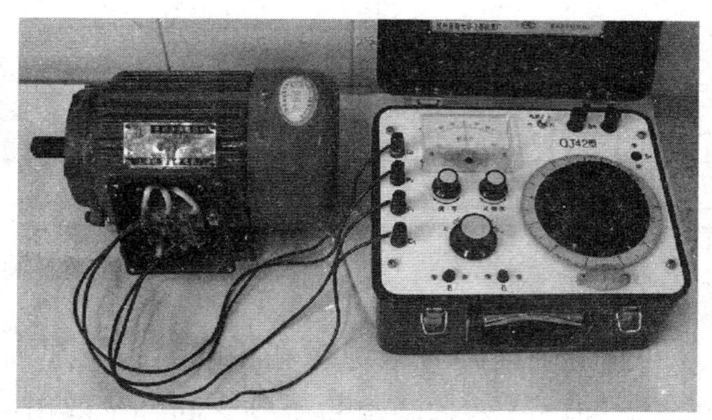

图 4–48　直流双臂电桥接线

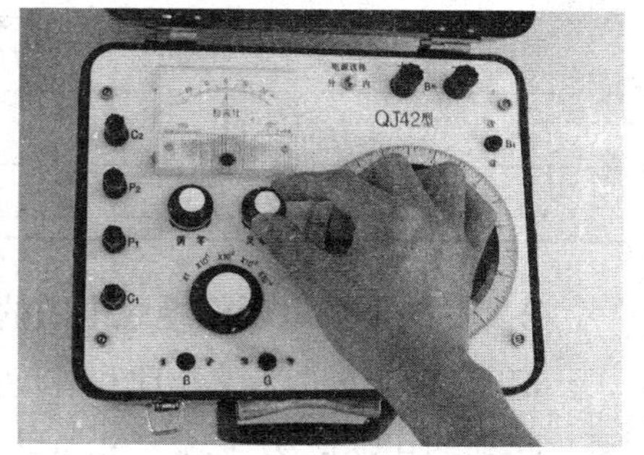

图 4–49　调节“灵敏度”旋钮

2）选择合适的倍率。为了减小测量误差，要选择合适的倍率。用万用表估测被测电阻值，如图 4–50 所示，将倍率旋钮旋至相应的位置，一般被测电阻为几欧姆时，倍率选 ×1 挡；被测电阻为零点几欧姆时，倍率选 $\times 10^{-1}$ 挡。

3）测量定子绕组电阻值。用左手的食指按下“B”按钮，接通电源，再用中指按下“G”按钮，接通检流计，如果检流计的指针指向“–”的方向，应转动读数盘，使读数盘上的数字减小，若读数盘上数字已为最小而且无法再减小时，应重新选择倍率；如果检流计的指针指向“+”的方向，这时应转动读数盘，使读数盘上的数字增加。当检流计指针指在零位时，说明电桥已平衡，先松开“G”按钮，再松开“B”按钮，此时被测绕组直流电阻值 = 倍率数 × 读数盘读数。特别要注意测量动作应迅速，以尽量缩短测量时间，提高测量精度，如图 4–51 所示。

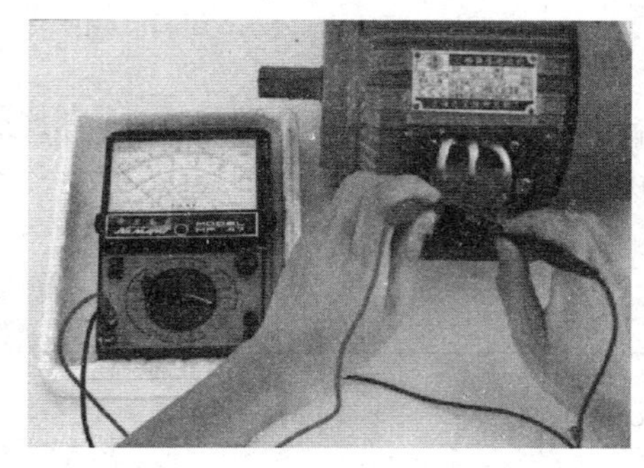
图 4–50　用万用表估测被测电阻值

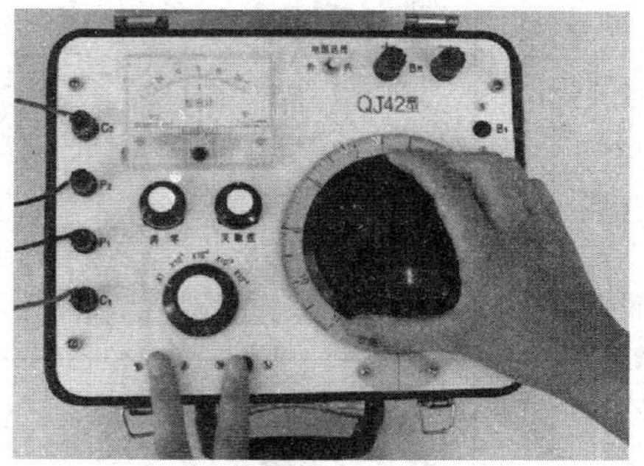

图 4–51　调节电流平衡

（4）记录测量数据。按工艺要求完成三相异步电动机定子绕组直流电阻的测量，将测量数据记录于表 4–26 中。

表 4–26　三相异步电动机定子绕组直流电阻测量

序号	测量内容	测量值 /Ω	计算三相绕组平均电阻值 R_{av}	计算 R_{av} 与 R_P 的误差值 /%
1	U 相直流电阻			
2	V 相直流电阻			
3	W 相直流电阻			
测量结论：______________________________。				

2. 三相异步电动机绝缘电阻的测量

定子绕组经过绝缘处理和装配等工序，可能使绕组的对地绝缘和相间绝缘受损，因此必须使用兆欧表，测量电动机的各相绕组之间以及各相绕组与机壳之间的绝缘电阻。

（1）绝缘电阻测量步骤

三相异步电动机绝缘电阻的测量步骤见表 4–27。

表 4–27　三相异步电动机绝缘电阻的测量步骤

步骤		图例	操作说明
打开电动机接线盒，拆开连接片			对于额定电压是 380 V 的电动机，用 500 V 兆欧表测量，其绝缘电阻不得低于 0.5 MΩ。新绕制电动机的绝缘电阻通常都在 5 MΩ 以上
兆欧表性能试验	短路试验		将两表笔相接触，再将手柄摇几转，表针应指到“0”位
	开路试验		分开两表笔，再将手柄摇几转，表针应指到“∞”位

续表

步骤	图例	操作说明
测试相对地绝缘电阻		1）将“L”接到电动机某相绕组端子的引线上，“E”接到电动机外壳上 2）放平兆欧表，摇动手柄，逐渐增大摇表速度至 120 r/min，待指针稳定后识读绝缘电阻值
测试相间绝缘电阻		1）将“L”接到电动机某相绕组端子的引线上，“E”接到电动机另一相绕组端子的引线上 2）放平兆欧表，摇动手柄，逐渐增大摇表速度至 120 r/min，待指针稳定后识读绝缘电阻值

（2）记录测量数据

按工艺要求完成三相异步电动机绝缘电阻的测量，并将测量数据记录于表 4–28 中。

表 4–28　三相异步电动机绝缘电阻的测量

序号	测量内容	测量值 /MΩ	是否合格
1	U 相对地绝缘电阻		
2	V 相对地绝缘电阻		
3	W 相对地绝缘电阻		
4	U 相与 V 相间绝缘电阻		
5	U 相与 W 相间绝缘电阻		
6	V 相与 W 相间绝缘电阻		

3. 三相异步电动机空载试验

空载试验是电动机检查试验的重要内容之一，通过电动机空载试验，可以检查电动机启动性能、空载电流、电动机的振动和噪声情况、轴承运转情况、电动机的装配质量等。

三相异步电动机的空载试验是用调压器逐渐升高电压，使电动机启动旋转，让电动机在空载状态下运行，直至电压为额定电压为止。空载试验的目的是确定空载电流和空载损耗，从而求出铁损耗和机械损耗。

（1）绘制三相异步电动机的空载测试试验电路图

查看三相异步电动机的铭牌数据，明确电动机的额定电压、接线方法及使用条件，三相异步电动机的空载测试试验电路如图 4–52 所示。

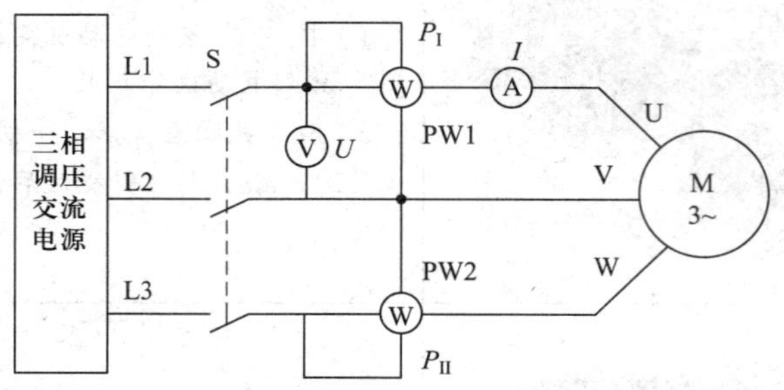

图 4–52　三相异步电动机的空载测试试验电路

（2）连接三相异步电动机空载测试试验电路

在教师指导下，按照所绘制的空载测试试验电路图正确接线。连接三相调压交流电源、电源开关、笼型三相异步电动机、低功率因数功率表等。

（3）操作并观察三相异步电动机空载测试的过程

1）在教师指导下，把三相调压交流电源调至电压最小位置，接通电源开关 S，逐渐升高电压，使电动机启动旋转，观察电动机旋转方向。如电动机转向不符合要求，则切断电源，调整相序，使电动机旋转方向符合要求。

2）保持电动机在额定电压下空载运行数分钟，使机械损耗稳定后再进行试验。

3）调节电压由 1.2 倍额定电压开始逐渐降低电压，直至电流显著增大为止。在这个范围内读取空载电压 U_0、空载电流 I_0 和空载功率 P_0。共取 5 ~ 6 组数据记录于表 4–29 中。

表 4–29　三相异步电动机空载试验

序号	1	2	3	4	5	6
U_0/V						
I_0/A						
P_I/W						
P_{II}/W						
P_0/W						

（4）测量结果分析

1）由于三相电源和三相绕组不能完全对称，所以三相空载电流不会绝对平衡，但任何一相电流与平均值的偏差不得大于 10%，如超过则可能是三相绕组不对称、气隙的不均匀程度较严重、磁路不对称等造成。

2）表 4–30 列出了一般常用的小型三相异步电动机空载电流占额定电流的百分比。如电动机的空载电流超出范围较多，则表示定子、转子之间间隙太大，或定子匝数太少；若空载电流过小，则表示电动机定子绕组匝数太多，或将三角形联结误接成星形联结。

表 4–30 常用的小型三相异步电动机空载电流占额定电流的百分比

极数	功率 /kW					
	<0.125	0.125 ~ 0.55	>0.55 ~ 2.2	>2.2 ~ 10	>10 ~ 55	>55 ~ 125
2 极	70 ~ 95	50 ~ 70	40 ~ 55	30 ~ 45	23 ~ 35	18 ~ 30
4 极	80 ~ 96	65 ~ 85	45 ~ 60	35 ~ 55	25 ~ 40	20 ~ 30
6 极	85 ~ 97	70 ~ 90	50 ~ 65	35 ~ 65	30 ~ 45	22 ~ 33
8 极	90 ~ 98	75 ~ 90	50 ~ 70	37 ~ 70	35 ~ 50	25 ~ 35

3）空载损耗 P_0 与额定功率 P_N 的比值通常为 3% ~ 10%，如果空载损耗大，说明定子绕组的匝数及接线错误、铁芯质量不好，将降低电动机的效率。

四、注意事项

1. 测量绝缘电阻必须在被测设备和线路断电的状态下进行。对含有大电容的设备，测量前应进行放电，测量后也应及时放电，放电时间不得小于 2 min，以保证人身安全。

2. 兆欧表与被测设备间的连接导线不能用双股绝缘线或双绞线，应用单股线分开单独连接，以避免线间电阻引起的测量误差。

3. 在兆欧表手柄停止转动和被测设备充分放电之前，不能用手触及被测设备的导电部分。

4. 由于空载运行时电动机功率因数较低，应采用低功率因数瓦特表测量。

第五章
单相异步电动机

单相异步电动机是用单相交流电源供电的一种小容量电动机。它具有结构简单、运行可靠、维修方便等优点，特别是可以直接用220 V交流电源供电，因此，广泛用于工业、农业、医疗和家用电器等领域的中小功率设备中，如小台扇、电冰箱、洗衣机、空调压缩机等。

根据启动装置不同来分，单相异步电动机可以分为罩极式电动机和分相式电动机两种，这两种单相异步电动机的转子都是鼠笼式转子。本章主要讲述单相异步电动机的工作原理、结构、特性和使用维护检修技术。

§5-1 单相异步电动机的基本结构和铭牌

一、单相异步电动机的基本结构

单相异步电动机的结构与三相异步电动机基本相同，主要由定子和转子两大部分组成。典型单相异步电动机的结构如图5–1所示。

1. 定子部分

定子部分主要由定子铁芯、定子绕组及引出线等部分组成。引出线用于接通单相交流电，为定子绕组供电。定子绕组的作用是通入交流电，在定子、转子及空气隙中形成旋转磁场。定子铁芯除支撑绕组外，主要是磁通的通路部分。

单相异步电动机的定子有隐极式和凸极式两种结构形式。隐极式定子结构与三相异步电动机定子结构相似，也是用硅钢片叠压而成，但铁芯槽内放置两套绕组，一套是主绕组，也称运行绕组或工作绕组；另一套是副绕组，也称辅助绕组或启动绕组。

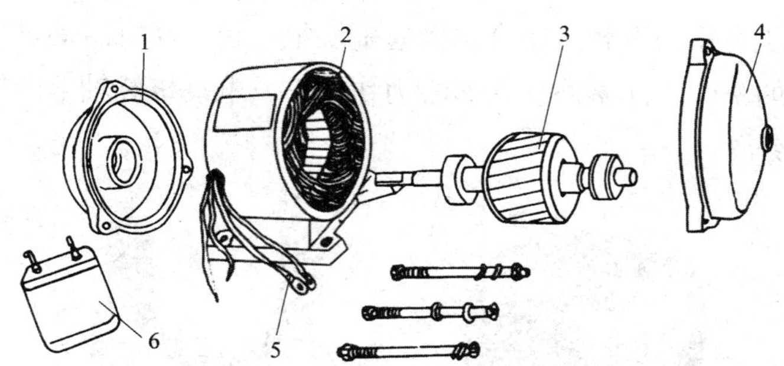

图 5-1 典型单相异步电动机的结构

1—前端盖 2—定子 3—转子 4—后端盖 5—引出线 6—电容器

它们在空间相隔 90° 电角度，目的是改善启动性能和运行性能。凸极式定子铁芯由硅钢片叠压制成凸极形状固定在机座内，在铁芯的 1/4 ~ 1/3 处开一个凹槽，在槽和短边一侧套装一个短路铜环，把部分磁极“罩”起来，称为罩极。定子绕组绕成集中绕组的形式套在铁芯上。如图 5-2 所示为典型单相异步电动机凸极式定子的结构。

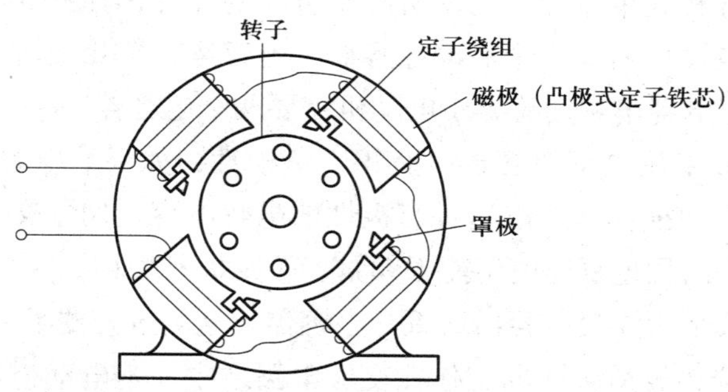

图 5-2 典型单相异步电动机凸极式定子的结构

2. 转子部分

转子部分主要由转子铁芯、转子绕组、转轴等组成，是电动机的转动部分，常制成鼠笼式。其作用是转子导体切割旋转磁场，产生电磁转矩，拖动机械负载工作。

3. 启动元件

单相异步电动机没有启动力矩，不能自行启动，需在副绕组电路上附加启动元件才能启动运转。不同的单相异步电动机，其启动元件不同，主要有离心开关、电容器、PTC（正温度系数热敏电阻）元件等多种。有些启动元件安装在电动机的内部，有些则装在电动机的外部，无论是装在内部还是外部，一般认为启动元件是单相交流异步电动机的一个组成部分。

（1）离心开关

离心开关中应用最多的是 U 形夹片式离心开关，它包括开关部分和转动部分，如图 5-3 所示。开关部分一般安装在端盖内，由 U 形磷铜夹片、绝缘接线板、一对动静触点组成，以分断电路用。转动部分也称为离合器，安装在转轴上。当电动机静止时，离心开关在弹簧压力作用下触点闭合，接通副绕组。在电动机启动过程中，当转子转速达到额定转速的70%～80%时，在离心力作用下，电动机转轴上的旋转部分推动离心开关，使触点分离。

图5–3　离心开关

凡是采用离心开关作为启动元件的单相异步电动机，其最显著的特点是：电动机运行或运转时，可以听到“哒哒”响，这是离心开关闭合和断开时发出的声音。

（2）电容器

电容器是电容分相式单相异步电动机必不可少的元件，如图5–4所示。其中电容启动单相交流异步电动机需要一个启动电容器，电容运转单相交流异步电动机需要一个运转电容器，双值电容单相交流异步电动机需要两个电容器。

启动电容器一般采用电解电容器，有正、负极性，如果给电容器加上反向电压，电容器很容易被击穿而损坏，所以这种有极性的电解电容器用于交流电路时，其通电时间要在几秒以内，而且重复通电不能太频繁，否则极易损坏。

运转电容器一般采用油浸电容器或纸介电容器，这类电容器不采用电解质做介质，没有正、负极性之分，故适合长期工作在交流电路之中。若电动机使用过久或长期不用，电容器会失效或容量减小，此时必须更换相同规格的电容器，否则会影响电动机的正常工作。

（3）其他启动元件

其他启动元件如重锤式启动继电器、水银启动继电器、PTC启动继电器及电压式启动继电器等，主要应用在家用电器电动机（如冰箱压缩机等）上，这里不做具体介绍。如图5–5所示为PTC启动继电器。

图5–4　电容器

图5–5　PTC启动继电器

二、单相异步电动机的铭牌和型号

单相异步电动机的机座上钉有一块铭牌，标注有电动机的型号、规格等有关技术数据，如图 5-6 所示。铭牌是选择、安装、使用和修理（包括重绕绕组）单相异步电动机的重要依据。下面以型号为 YY-6314 的单相异步电动机为例，说明电动机铭牌上各个数据的含义。

电容运转单相异步电动机			
型号	YY-6314	额定电流	0.94 A
额定电压	220 V	额定转速	1 400 r/min
额定频率	50 Hz	工作方式	连续
额定功率	90 W	标准号	
编号、出厂日期 ×××		××× 电动机厂	

图 5-6　单相异步电动机的铭牌

1. 型号

产品型号由产品代号、规格代号、特殊环境代号和补充代号共 4 个部分组成，并按下列顺序排列，常见形式如下：

①-②-③-④

①——产品代号，由多个拼音字母组成，见表 5-1；

②——规格代号；

③——特殊环境代号；

④——补充代号。

注意：在产品铭牌较小而型号又较长的情况下，如产品代号、规格代号、特殊环境代号、补充代号的数字和字母之间不会引起混淆时，可省去各代号中间的短横线。

表 5-1　单相异步电动机产品代号的含义

产品名称	产品代号	代号汉字意义
电阻启动单相异步电动机	YU	异（阻）
电容启动单相异步电动机	YC	异（容）
电容运转单相异步电动机	YY	异运
双值电容单相异步电动机	YL	异（双）
罩极式单相异步电动机	YJ	异极

小型异步电动机的规格代号为中心高（mm）- 机座长度（字母代号）- 铁芯长度（数字代号）- 极数。

中大型异步电动机的规格代号为中心高（mm）– 铁芯长度（数字代号）– 极数。

2. 额定值

单相异步电动机铭牌上标注的主要额定值见表 5–2。

表 5–2　单相异步电动机铭牌上标注的主要额定值

额定值	说明	备注
额定功率（P_N）	是指单相异步电动机在额定工作状态下运行时转轴上输出的机械功率，单位是 W	我国常用单相异步电动机的标准额定功率为：6 W、10 W、16 W、25 W、40 W、60 W、90 W、120 W、180 W、250 W、370 W、550 W 及 750 W
额定电压（U_N）	是指单相异步电动机在额定工作状态下运行时加在定子绕组上的电压，单位为 V	国家标准规定电源电压在 5% 范围内变动时，电动机应能正常工作。电动机使用的电压一般均为标准电压。我国单相异步电动机的标准电压有 12 V、24 V、36 V、42 V 和 220 V
额定电流（I_N）	是指单相异步电动机在额定工作状态下运行时定子绕组输入的电流，单位为 A	电动机长期运行时不允许超过该电流值
额定转速（n_N）	是指单相异步电动机在额定工作状态下运行时的转速，单位为 r/min	每台电动机在额定工作状态下运行时的实际转速与铭牌规定的额定转速有一定的偏差
工作方式	是指单相异步电动机的工作是连续运行式还是间断运行式	连续运行式的电动机可以间断工作，但间断运行式的电动机不能连续工作，否则会烧坏电动机

§5–2　单相异步电动机的工作原理

一、单相脉动磁场及机械特性

由三相异步电动机工作原理可知，异步电动机要产生电磁转矩拖动负载转动，一定要存在旋转磁场。当单相异步电动机工作绕组通入单相交流电时，就会在绕组轴线方向上产生一个交变磁场。这个磁场的大小和方向随时间做正弦规律变化，但在空间方位上是固定的，因此称为单相脉动磁场，如图 5–7 所示。由图 5–7 可知，交流电流变化一个周期，磁场的磁极极性发生改变，但磁极的空间位置没有变化。

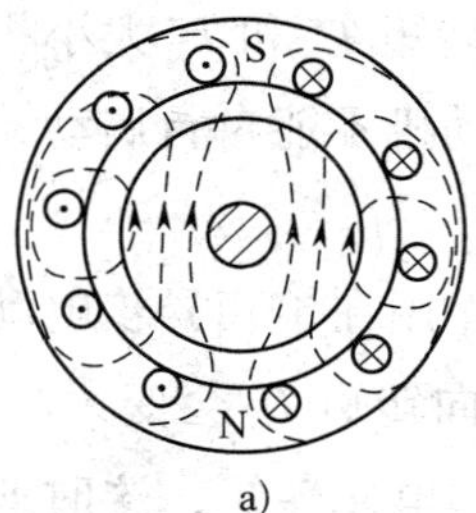

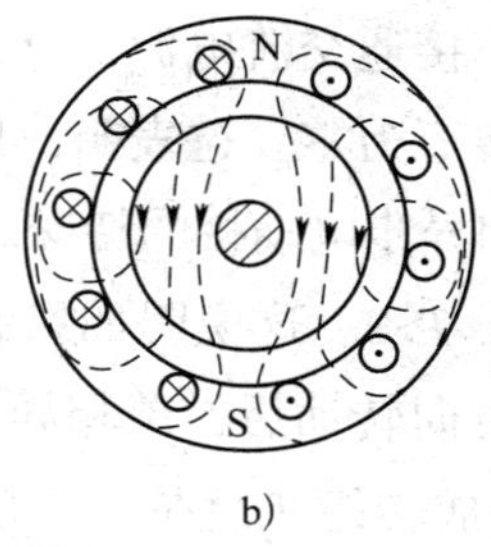

图 5-7 单相脉动磁场

a）电流正半周产生的磁场 b）电流负半周产生的磁场

为了便于分析，可将这个脉动磁场分解成两个大小相等、方向相反的旋转磁场，如图 5-8 所示。图中旋转磁场 B_1 按照顺时针方向旋转、B_2 按照逆时针方向旋转；在整个周期中，两个旋转磁场的大小始终相等，即 B_1=B_2；旋转速度均为同步转速 $n_1=\dfrac{60f_1}{p}$。

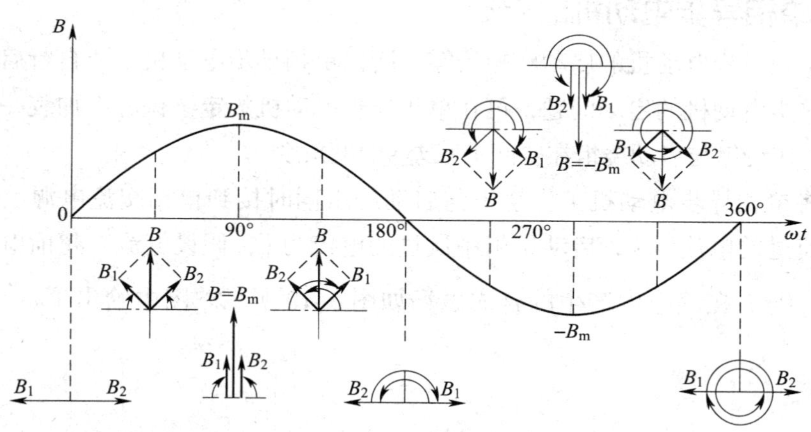

图 5-8 将脉动磁场分解成两个大小相等、方向相反的旋转磁场

这两个旋转磁场作用在鼠笼式转子的导体上，会产生两个大小相等、方向相反的电磁转矩。假设由旋转磁场 B_1 产生的转矩 T^+ 为顺时针方向，称为正向转矩；由旋转磁场 B_2 产生的转矩 T^- 为逆时针方向，称为反向转矩。两个旋转磁场对应的机械特性曲线如图 5-9 所示。图中电磁转矩 T 为正向转矩 T^+ 与反向转矩 T^- 的合成转矩，也就是脉动磁场作用在鼠笼式转子上所产生的电磁转矩。

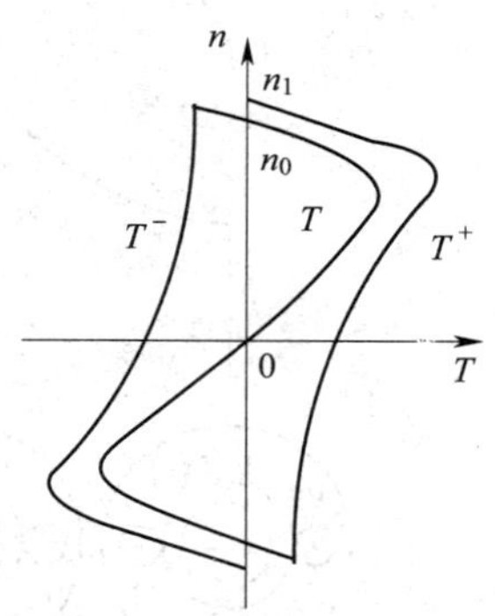

图 5-9 单相异步电动机两个旋转磁场对应的机械特性曲线

单相异步电动机的机械特性曲线有如下特点：

1. 当 n=0 时，T^+=T^-，合成转矩 T=0。即单相异

步电动机静止时，接通交流电源，所产生的电磁转矩 T^+ 和 T^- 大小相等，方向相反且互相抵消，启动转矩为零。这表明，单相异步电动机不能自行启动，这也是单相异步电动机区别于三相异步电动机的特殊之处。

2. 当 $n>0$ 时，$T>0$。这说明如果有一个外力作用在单相异步电动机转子上，使电动机按照顺时针方向转动后，单相异步电动机正向转矩 T^+ 会变大，反向转矩 T^- 会变小，T^+ 与 T^- 的合成转矩 T 就是一个顺时针方向的电磁转矩，这时即使撤销外力，在电磁转矩 T 作用下，电动机仍可以继续按顺时针方向旋转。

当 $n<0$ 时，$T<0$。这说明有外力作用在单相异步电动机转子上，使转子按逆时针方向反转后，即使外力撤销了，在电磁转矩 T 作用下，电动机仍可以继续反转。

3. 由于转子中存在着方向相反的两个电磁转矩，因此，理想空载转速 n_0 小于旋转磁场的转速 n_1；与同容量的三相异步电动机相比，单相异步电动机额定转速稍低，过载能力、效率和功率因数也较低。

二、单相异步电动机的启动

由于单相异步电动机的启动转矩为零，所以单相异步电动机不能自行启动。为了解决单相异步电动机的启动问题，可在单相异步电动机的定子铁芯中加装一个启动绕组，通常工作绕组与启动绕组在空间上互差 90° 电角度。

如果将单相异步电动机工作绕组与启动绕组同时接到单相交流电源上，假设工作绕组中流过的电流为 i_u，启动绕组中流过的电流为 i_v，假设电流 i_u 超前电流 i_v 90°。两相电流 i_u 与 i_v 在气隙中产生的合成磁场如图 5–10 所示。图中给出了 ωt 为 0、$\frac{\pi}{2}$、

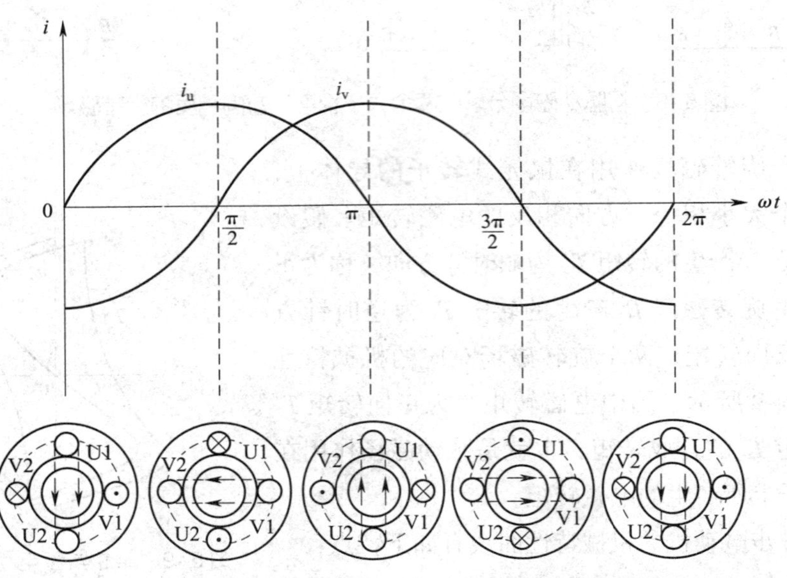

图 5–10　两相电流 i_u 与 i_v 在气隙中产生的合成磁场

π、$\frac{3\pi}{2}$和 2π 五个瞬间合成磁场的示意图。由图 5-10 可知，交流电流变化一个周期，合成磁场的磁极在空间也转过了一圈，即 i_u 与 i_v 在气隙中产生的合成磁场为一个旋转磁场。

单相异步电动机在旋转磁场作用下产生启动转矩，在启动转矩的带动下，转子顺着旋转磁场旋转方向开始转动。单相异步电动机转子旋转以后，启动绕组就失去作用，如果此时将启动绕组的电源断开，其工作绕组中电流产生的磁场为脉动磁场，这时脉动磁场就会在转子上产生一个与旋转磁场转动方向一致的电磁转矩，拖动转子继续按原来的旋转方向转动下去，在电动机轴上输出机械能。

§5-3　单相异步电动机的分类和应用

根据获得启动转矩的方法不同，单相异步电动机主要分为分相式单相异步电动机和罩极式单相异步电动机两大类。下面分别介绍这两类单相异步电动机。

一、分相式单相异步电动机

分相式单相异步电动机常在定子铁芯上安装两套绕组，一套是工作绕组，长期接通电源工作；另一套是启动绕组，两套绕组的空间位置相差 90°电角度。

根据启动方式的不同，分相式单相异步电动机可分为电阻启动单相异步电动机和电容启动单相异步电动机。电容启动单相异步电动机可根据启动绕组是否参与正常运行而分成三类，即电容运转单相异步电动机、电容启动单相异步电动机和双值电容单相异步电动机。

1．电阻启动单相异步电动机

电阻启动单相异步电动机的相关特性见表 5-3。

表 5-3　电阻启动单相异步电动机的相关特性

项目	电阻启动单相异步电动机
结构特点	工作绕组 LZ 匝数多、导线较粗，可近似看成纯电感负载，其电流 I_{LZ} 相位落后电源电压接近 90°；启动绕组 LF 导线较细，又串有启动电阻 R，可近似看成纯电阻性负载，其电流 I_{LF} 与电源电压同相位，这样启动绕组中电流超前工作绕组中电流 90°，满足产生旋转磁场的条件

续表

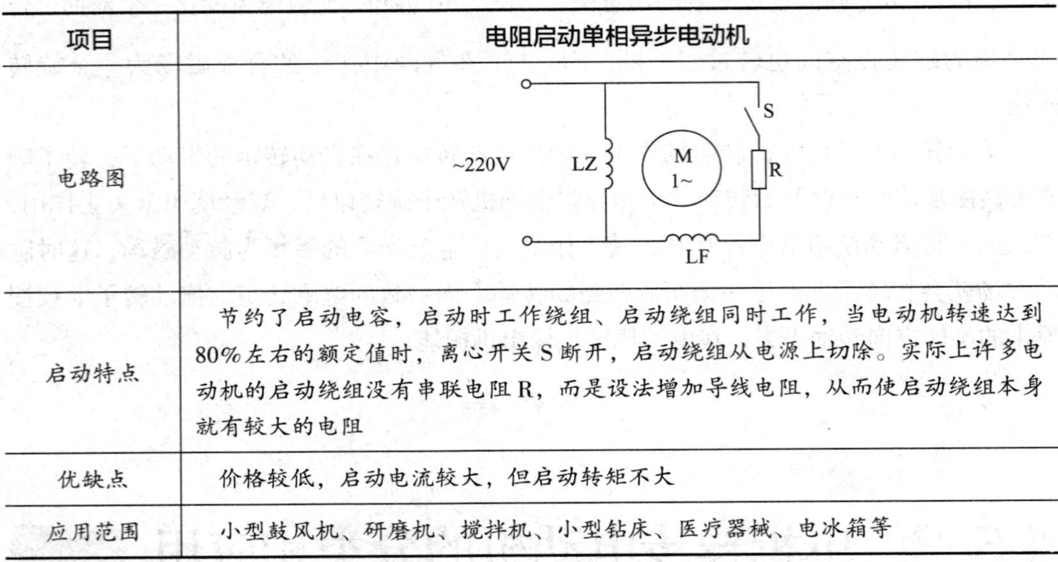

项目	电阻启动单相异步电动机
电路图	
启动特点	节约了启动电容，启动时工作绕组、启动绕组同时工作，当电动机转速达到80%左右的额定值时，离心开关S断开，启动绕组从电源上切除。实际上许多电动机的启动绕组没有串联电阻R，而是设法增加导线电阻，从而使启动绕组本身就有较大的电阻
优缺点	价格较低，启动电流较大，但启动转矩不大
应用范围	小型鼓风机、研磨机、搅拌机、小型钻床、医疗器械、电冰箱等

2. 电容运转单相异步电动机

电容运转单相异步电动机的相关特性见表5–4。

3. 电容启动单相异步电动机

电容启动单相异步电动机的相关特性见表5–5。

表5–4　电容运转单相异步电动机的相关特性

项目	电容运转单相异步电动机
结构特点	定子铁芯上嵌放两套绕组，绕组的结构基本相同，空间位置上互差90°电角度。工作绕组LZ接近纯电感负载，其电流I_{LZ}相位落后电压接近90°；启动绕组LF上串接电容器C，合理选择电容值，使串联支路电流I_{LF}超前I_{LZ}约为90°
电路图	S　I　LZ　M 1~　~220V　I_{LZ}　LF　I_{LF}　C
启动特点	空间上有两个相差90°电角度的绕组；通入两绕组的电流在相位上相差90°，两绕组产生旋转磁场，启动绕组参与运行
优缺点	无启动装置，结构简单，价格较低，使用维护方便，堵转电流小，效率较高，功率因数较大，但启动转矩较小，选择电容器时，要考虑使电动机具有较好的运行性能
应用范围	电风扇、空调器、复印机、吸尘器等

表 5–5 电容启动单相异步电动机的相关特性

项目	电容启动单相异步电动机
结构特点	电容启动单相异步电动机的结构与电容运转单相异步电动机的结构相类似，但电容启动单相异步电动机的启动绕组中多串联了一个离心开关 S
电路图	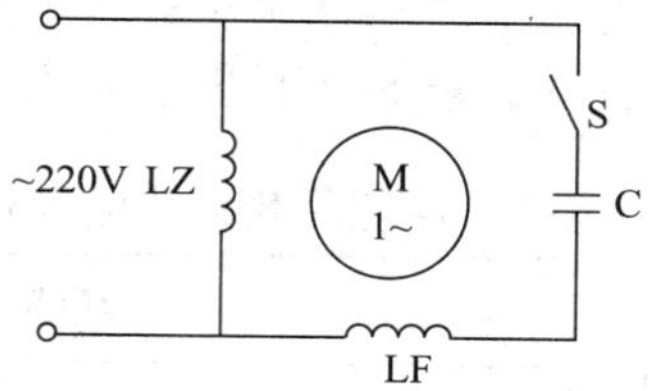 ~220V LZ M 1~ S C LF
启动特点	当电动机转子静止或转速较低时，离心开关 S 处于接通位置，启动绕组和工作绕组一起接在单相电源上，获得启动转矩。当电动机转速为 80% 左右的额定转速时，离心开关 S 断开，启动绕组从电源上切除，此时单靠工作绕组已有较大转矩，足以拖动负载运行
优缺点	价格稍贵，启动电流及启动转矩均较大
应用范围	适用于重载启动的机械，例如小型水泵、冷冻机、小型空压机、空调压缩机、电冰箱、洗衣机等

4. 双值电容单相异步电动机

双值电容单相异步电动机又称为电容启动、电容运转单相异步电动机，其相关特性见表 5–6。

表 5–6 双值电容单相异步电动机的相关特性

项目	双值电容单相异步电动机
结构特点	C1 为启动电容器，容量较大；C2 为工作电容器，容量较小，两只电容器并联后与启动绕组串联
电路图	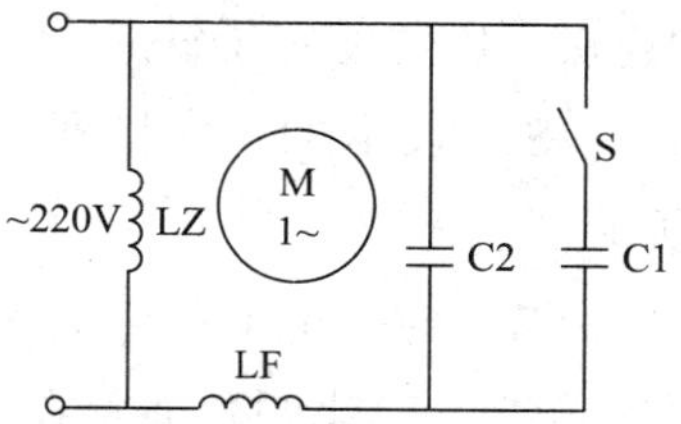 ~220V LZ M 1~ S C2 C1 LF
启动特点	启动时两只电容器都工作，电动机有较大启动转矩，电动机转速上升到 80% 左右额定转速后，离心开关 S 将启动电容器 C1 断开，启动绕组上只串联工作电容器 C2，电容量减小
优缺点	价格较贵，启动电流、启动转矩较大，效率较高，功率因数较大
应用范围	水泵、小型机床等

小贴士

常见单相异步电动机的电容器选配

电容器在单相异步电动机中比较常用，一般选用金属箔电容器、金属化薄膜电容器，交流耐压为 250 ~ 630 V，表 5–7 列出了常见单相异步电动机的电容器选配。

表 5–7　常见单相异步电动机的电容器选配

项目		数值							
电容启动	电动机功率 /W	120	180	250	370	550	750	1 100	1 500
	电容 /μF	75	75	100	100	150	200	300	400
电容运转	电动机功率 /W	16	25	40	60	90	120	180	250
	电容 /μF	2	2	2	4	4	4	6	8
双值电容	电动机功率 /W	250	375	550	750	1 100	1 500	2 200	
	启动电容 /μF	75	75	75	75	100	200	300	
	工作电容 /μF	12	16	16	20	30	35	40	

二、罩极式单相异步电动机

罩极式单相异步电动机是小型单相感应电动机中最简单的一种，也是日常生活中常见的一种电动机。

1. 结构原理

罩极式单相异步电动机的转子是鼠笼式转子，定子铁芯做成凸极式，如图 5–2 所示。定子绕组必须正确连接，以便使定子铁芯上下刚好产生一对磁极。如果是四极电动机，则磁极极性应按 N、S、N、S 的顺序排列。当定子绕组通过单相交流电时，磁场变化情况如图 5–11 所示。

（1）当电流 i 由零开始增大时，电流产生的磁通也随之增大，但在罩极被罩住的一部分磁极中，根据楞次定律，变化的磁通将在罩极中产生感应电动势和感应电流，并阻碍磁通的增加，从而使被罩磁极部分的磁通较疏，未罩磁极部分的磁通较密，如图 5–11a 所示。

（2）当电流 i 达到最大值时，电流的变化率近似为零，电流产生的磁通虽然最大，但基本不变。这时罩极中基本没有感应电流产生，罩极对整个磁极的磁场无影响，因而整个磁极中的磁通均匀分布，如图 5–11b 所示。

（3）当电流 i 由最大值下降时，电流产生的磁通也随之下降，罩极中又有感应电流产生，以阻止被罩磁极部分中磁通的减小，因而被罩部分磁通较密，未罩部分磁通较疏，如图 5-11c 所示。

从以上分析可以看出，罩极式单相异步电动机磁极的磁通分布在空间上是移动的，由未罩部分向被罩部分移动，好似旋转磁场一样，从而使鼠笼式转子获得启动转矩，也决定了电动机的转向由未罩部分向被罩部分旋转，其转向是由定子的内部结构决定的，改变电源接线也不能改变电动机的转向。

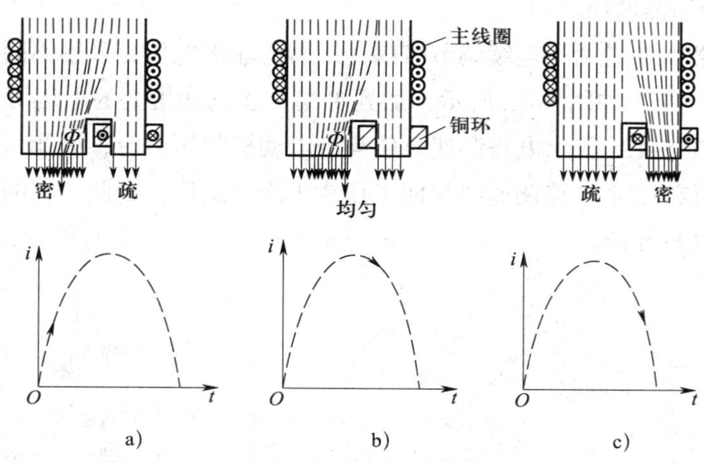

图 5-11 罩极式单相异步电动机的磁场变化规律
a）电流增大 b）电流达到最大值瞬间 c）电流减小

2. 特点及应用

罩极式单相异步电动机的主要优点是结构简单、制造方便、成本低、运行噪声小、维护方便。缺点是启动性能及运行性能较差，启动转矩、效率和功率都较小，主要用于小功率空载启动的场合，如录音机、仪表风扇、换气扇及计算机的散热风扇等。

§5-4 单相异步电动机的调速和反转

一、单相异步电动机的调速

单相异步电动机与三相异步电动机一样，要实现平滑调速比较困难。一般有改变电源频率调速（变频调速）、改变电源电压调速（调压调速）及改变绕组磁极对数调速（变极调速）等多种，目前普遍使用的是改变电源电压调速。改变电源电压调速有两个特点：一是电源电压只能从额定电压往下调，因此，电动机的转速也只能从额定转速往小调；二是因为异步电动机的电磁转矩与电源电压的平方成正比，因此，电源电压降低时，电动机的电磁转矩和转速都下降，所以这种调速方法只能用于电磁转矩随电动机转速下降而下降的负载（称为风机型负载），如风扇、鼓风机等。

常用的改变电源电压调速有自耦变压器调速、串电抗器调速、串电容器调速、定子绕组抽头调速、双向晶闸管调压调速等多种。

1. 自耦变压器调速

自耦变压器调速是通过连续调节自耦变压器的输出电压，采用不同的供电方式来改变电动机的性能。如图 5-12 所示，加到单相异步电动机上的电压可以通过自耦变压器来调节。图 5-12a 所示电路调速时使整台电动机降压运行，因此，低速挡启动性能较差。图 5-12b 所示电路调速时仅使工作绕组降压运行，因此，它的低速挡启动性能较好，但接线较复杂。

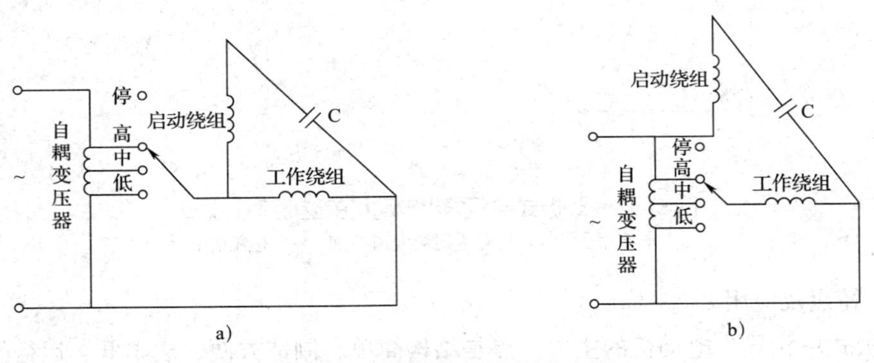

图 5-12 自耦变压器的调速电路

a）电动机降压运行 b）工作绕组降压运行

2. 串电抗器调速

串电抗器调速是将电抗器与电动机定子绕组串联，利用电流在电抗器上产生的压降，使加到电动机定子绕组上的电压低于电源电压，从而达到降低电动机转速的目的。因此，串电抗器调速时电动机的转速只能由额定转速往低调。如图 5-13 所示为吊扇串电抗器调速电路。启动绕组 LF 中串入电容器 C 后与工作绕组 LZ 并联在单相电源上。当接入单相交流电时，将在绕组中形成旋转磁场。通过调节串入电抗的大小，可以改变定子绕组上的电压，从而达到调速的目的。改变电抗器的抽头连接可得到高低不同的转速。

3. 串电容器调速

将不同容量的电容器串入单相异步电动机电路中，也可调节电动机转速。由于电容器容抗与电容量成反比，故电容量越大，容抗就越小，相应的电压降也越低，电动机转速就越高；反之，电容量越小，容抗就越大，电动机转速就越低。图 5–14 所示为具有三挡速度的串电容器调速电路，其中电阻 R1 及 R2 为泄放电阻，在断电时将电容器中的电能泄放掉。

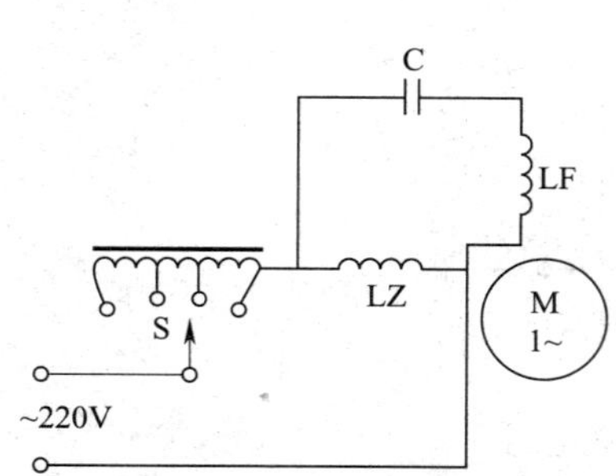

图 5–13 吊扇串电抗器调速电路

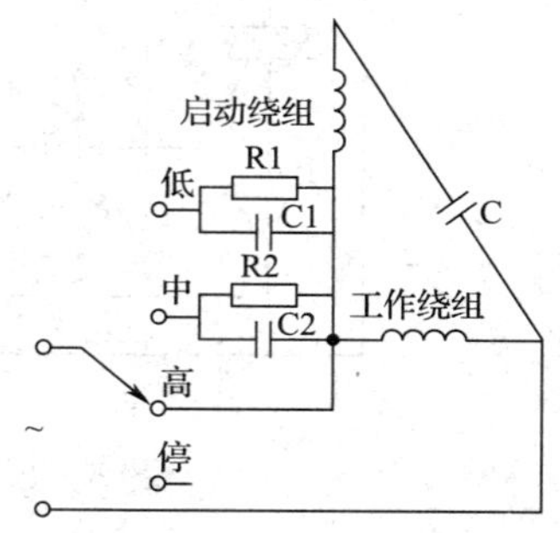

图 5–14 具有三挡速度的串电容器调速电路

由于电容器具有两端电压不能突变这一特点，因此，在电动机启动瞬间，电容器两端电压为零，即电动机启动电压为电源电压，因此，电动机启动性能好。正常运行时，电容器上无功率损耗，效率较高。

4．定子绕组抽头调速

定子绕组抽头调速是在单相交流异步电动机定子铁芯上再嵌放一个中间绕组 LL（又称调速绕组），通过调速开关改变调速绕组与启动绕组 LF 及工作绕组 LZ 的接线方法，从而达到改变电动机内部旋转磁场的强弱，实现调速的目的。为了节约材料、降低成本，可把调速绕组与定子绕组做成一体。这种调速方法有 T 形接法和 L 形接法两种，如图 5–15 所示。其中 T 形接法低挡时的启动性能差，且中间绕组的电流较大，如图 5–15a 所示。L 形接法调速时，低挡时中间绕组只与工作绕组串联，启动时直接加电源电压，因此，启动性能好，目前使用较多，如图 5–15b 所示。

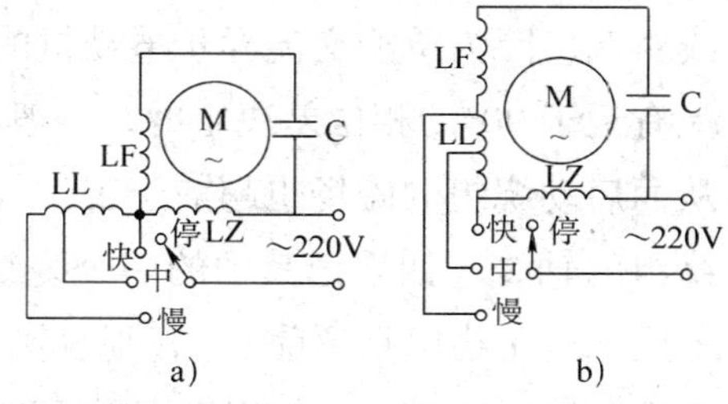

图 5–15 定子绕组抽头调速电路

a）T 形接法 b）L 形接法

定子绕组抽头调速的优点是不需要电抗器，节省材料、耗电少。缺点是绕组嵌线和接线比较复杂，电动机与调速开关接线较多。

5．双向晶闸管调压调速

前面介绍的各种调压调速电路都是有级调速，单相交流异步电动机还可采用双向晶闸管实现无级调速。调速时，旋转控制线路中的带开关电位器，就能改变双向晶闸管的控制角，使电动机得到不同的电压，达到调速的目的，如图 5–16 所示。这种调速方法可以实现无级调速，控制简单，效率较高。缺点是电压波形差，存在电磁干扰。目前这种调速方法常用于吊扇上。

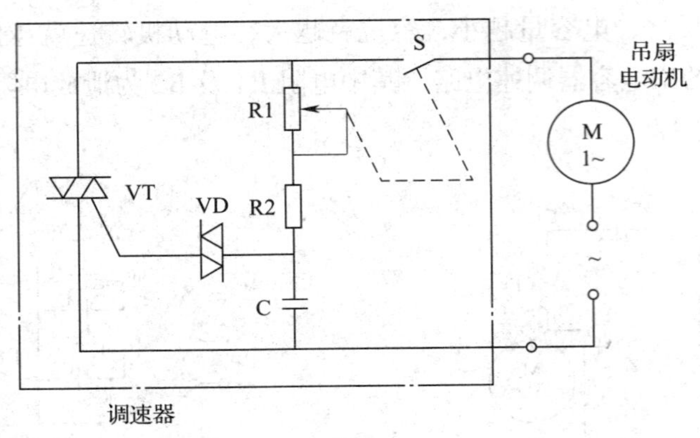

图 5-16　双向晶闸管调压调速电路

近年来，随着微电子技术及绝缘栅双极晶体管的迅速发展，作为交流电动机主要调速方式的变频调速技术也获得了前所未有的发展。单相变频调速已在家用电器上应用，如变频空调器等，它是交流调速控制的发展方向。

二、单相异步电动机的反转

单相交流异步电动机的转向与旋转磁场的转向相同，因此，要使单相交流异步电动机反转就必须改变旋转磁场的转向。改变旋转磁场的方法有两种：一种是改变绕组与电源的接线；另一种方法是改变电容器的接法，此方法只适合于电容运转单相异步电动机。

1. 改变绕组与电源的接线

改变绕组与电源的接线即把工作绕组或启动绕组中的一组首端和末端与电源的接线对调。因为单相交流异步电动机的转向是由工作绕组、启动绕组产生的磁场在时间上有近于 90°的相位差决定的，一般情况下，启动绕组中电流超前于工作绕组的电流，从而启动绕组的磁场也超前于工作绕组，所以旋转磁场是由启动绕组的轴线转向工作绕组的轴线。如果把其中的一个绕组反接，等于把这个绕组的电流相位改变了 180°，若原来这个绕组是超前 90°，则改接后变成滞后 90°，旋转磁场的方向随之改变，电动机反转。这种方法一般用于不需要频繁反转的场合。

2. 改变电容器的接法

改变电容器的接法即把电容器从一组绕组中改接串到另一组绕组中。在电容运转单相异步电动机中，若两相绕组做成完全对称，即匝数相等，空间相位相差 90°电角度，则串联电容器的绕组中的电流超前于电压，而不串联电容器的那组绕组中的电流滞后于电压。旋转磁场的转向由串联电容器的绕组转向不串联电容器的绕组。电容器的位置改接后，旋转磁场和转子的转向自然也跟着改变。改变电容器的接法电路比较简单，适用于需要频繁正反转的场合。

罩极式单相异步电动机的旋转方向由定子的内部结构决定。改变电源接线不能改变电动机的转向。如果一定要改变转向，在允许和可能的情况下将定子铁芯从机座中抽出来，调转 180°角再装进去，这样就可以使罩极式异步电动机反转。

小贴士

普通波轮式洗衣机的正、反转

洗衣机以电动机为动力，驱动波轮或滚筒等搅拌类机构的轮盘，形成特殊的水流，以除去衣物上的污垢。洗衣机的类型很多，按照水流情况不同，可分为波轮式、滚筒式和搅拌式，其中波轮式洗衣机的洗涤用电动机和脱水用电动机均采用电容运转单相交流异步电动机，其额定电压为 220 V，额定转速为 1 360 ~ 1 400 r/min，输出功率为 90 ~ 370 W，效率为 49% ~ 62%。洗涤时，电动机需要自动正、反转工作，如图 5–17 所示。当定时器转换开关处于图中所示位置 2 时，电容器串联在 LZ 绕组上，电流 I_{LZ} 超前于 I_{LF} 相位约 90°角；电动机转子转动起来后，经过一定时间，将定时器转换开关切换到位置 1，把电容器从 LZ 绕组中切断，串联到 LF 绕组，则电流 I_{LF} 超前于 I_{LZ} 相位约 90°角，这样就改变了旋转磁场的转向，从而实现了电动机的反转。由于电动机的工作绕组与启动绕组可以互换，所以工作绕组和启动绕组的线圈匝数、粗细、占槽数都应相同。

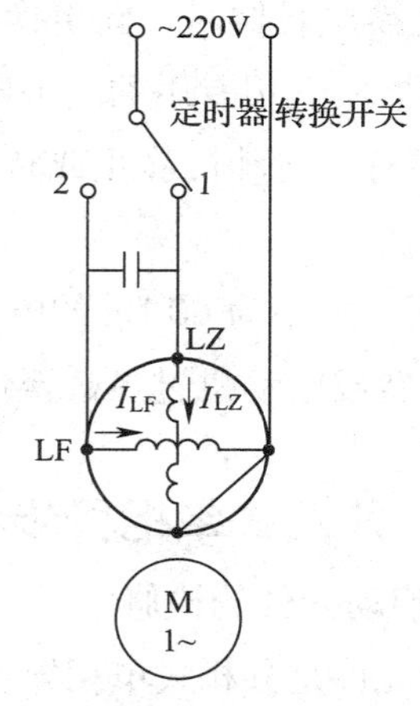

图 5–17 洗衣机电动机的正、反转控制

§5–5 单相异步电动机的常见故障及处理

与三相异步电动机相类似，可通过听、看、闻、摸等手段，随时检查单相异步电动机的运行状态，要经常注意查看电动机转速是否正常，电动机能否正常启动，温升是否过高，声音是否正常，振动是否过大，有无焦煳味等。根据故障现象推断电动机

可能的故障部位，并通过一定的检查方法找出有故障的地方，进行故障排除。

一、单相异步电动机的使用和维护方法

单相异步电动机的使用和维护与三相异步电动机相类似，但要注意以下几点：

1. 单相异步电动机接线时，需正确区分工作绕组与启动绕组，并注意区分它们的首、尾端，如果标志脱落，则电阻大的为启动绕组。

2. 更换电容器时，新更换电容器的容量和工作电压必须与原来的电容器相同，启动用电容器应选用专用的电解电容器，其通电时间一般不得超过 3 s。

3. 只有在电动机静止或转速降低到使离心开关闭合时，才能改变单相异步电动机的接线方法。

4. 额定频率为 60 Hz 的电动机不得使用额定频率为 50 Hz 的电源，否则将导致电流增大，造成电动机过热甚至烧毁。

二、分相式单相异步电动机的检修

1．启动元件的检修

启动元件是分相式单相异步电动机特有的元件，应用较多的启动元件是离心开关和电容器。在维修实践中发现，启动元件的故障率非常高，应引起维修人员的高度重视。

（1）离心开关的检查

1）离心开关短路。离心开关短路后，会使触点不能断开启动绕组与电源的连接，从而使启动绕组发热烧坏。引起离心开关短路的原因较多，主要有机械结构件磨损、变形，动、静触点烧熔黏结，簧片过热失效，弹簧过硬，甩臂式开关的铜环极间绝缘击穿等。判断离心开关是否短路，可采用以下方法进行检查：在二次绕组线路中串入电流表，运行时如仍有电流通过，则说明离心开关的触点失灵未断开，这时应查清原因进行修复。

2）离心开关断路。引起离心开关断路的原因主要有触点簧片过热失效、触点烧坏脱落，弹簧失效或无足够张力使触点闭合，机械的机构卡死，动、静触点接触不良，接线螺钉松动或线端断开，触点绝缘板断裂使触点不能闭合等。离心开关断路后，启动时副绕组不能接入电源，电动机将无法启动。

判断离心开关是否断路，可用万用表电阻挡测量电动机的接线盒进行检查，如图 5–18 所示。用万用表电阻挡测量离心开关的两个接线柱，在电动机未工作的情况下，离心开关应闭合，电阻值应很小。如果阻值很大，说明离心开关接触不良；如果阻值为无穷大，说明离心开关断路。此时应查清原因，找出故障点予以修复。

（2）电容器的检查

双值电容单相异步电动机不能正常工作时，经常是由电容器故障引起。在实践中，电容器的故障率远大于电动机绕组的故障率。在双值电容单相异步电动机中，启动电

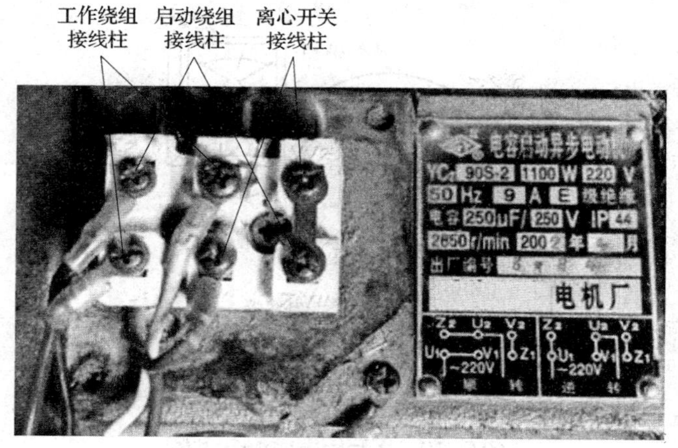

图 5-18 电动机的接线盒

容器只在电动机启动时接入，为产生足够大的启动转矩，电容器的容量约为几十到几百微法，通常采用价格较便宜的电解电容器，启动完毕即从电源上切除。工作电容器长期接在电源上参与电动机的运行，容量较小，通常采用油浸金属箔型或金属化薄膜型电容器。由于该电容器长期参与运行，因此，电容器容量的大小及质量的好坏对电动机的启动情况、功率损耗及调速情况等都有较大的影响，需要更换电容器时，必须特别注意尽量保持原规格。

电容器常见的故障主要有电容器无容量失效、短路、电容量不足、漏电等。当电容量不足、漏电时，会出现电动机带负载时不能启动，但空载时可能启动的故障；当电容器无容量、已失效时，电动机不能启动，但这时如用手拨动转轴，电动机便能沿手动的方向转起来；当电容器短路时，电动机两绕组通过同相电流，电动机发出很大的“嗡嗡”声，发热很快，用手拨动转轴，电动机也不能启动。电容器是否正常，可用以下方法检查：

1）万用表检查法。万用表检查法是最常用的一种方法，利用电容器对直流电的充、放电特性来进行。检查时，把万用表转换到 $R \times 10\text{k}$ 挡，对于刚使用的电容器，先用一支表笔把电容器两接线端短接，使之放电，然后将两表笔接电容器两接线端子，如图 5-19 所示。对于正常的电容器，用万用表测量时表针应大幅度摆动，然后又慢慢回到电阻值很大的位置。

①若表针不摆动，表示电容器无容量，已失效，如图 5-19 中①位置所示。

②若表针摆动到阻值为零的位置后，不再返回，表示电容器短路，如图 5-19 中③位置所示。

③若表针摆动到某一位置后，不能返回无穷大位置，而停在某一刻度，说明电容器漏电流很大，表针所指示的电阻值就是漏电电阻值，此值越小，说明漏电现象越严重，如图 5-19 中②位置所示。

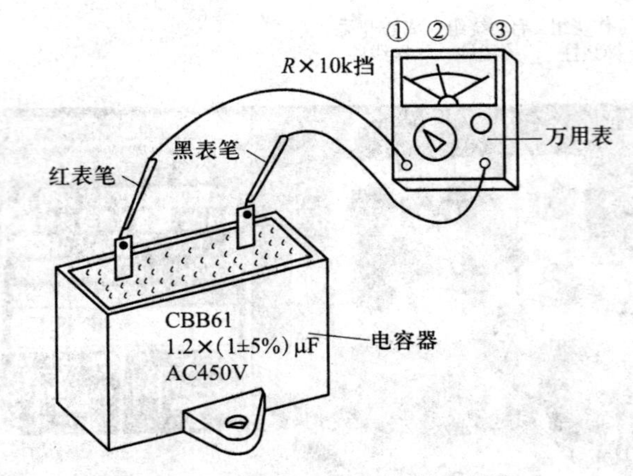

图 5–19　用万用表检测电容器

2）充放电法。如一时没有万用表可用此法检查电容器好坏。将电容器接到一个 3 ~ 9 V 的直流电源上，经过 2 s 左右时间取下电容器。用旋具将电容器两端短接，若听到“噼啪”的放电声，或看到放电火花，则说明该电容器良好，否则说明该电容器是坏的。对于电解电容器，电源正端应接电容器“+”极性端。

3）替换法。将怀疑有故障的电容器从电路中拆下来，用一只正常的电容器替换，如果电动机工作正常，则可断定原电容器已损坏。经上述检查如发现电容器有短路、失效、漏电等故障，应更换新的电容器。替换时必须注意其容量、耐压、工作温度、外形尺寸等，否则会影响电动机的正常工作。

小贴士

电容器电容量的测定

常用专用的仪器（电桥）测量电容器的电容量，也可用伏安法进行测量，即按图 5–20 所示接好线路，接通电源后尽快读下仪表的读数，则电容器的电容量为：

$$X_C = \frac{1}{\omega C} = \frac{U}{I} \tag{5–1}$$

$$C = \frac{I}{\omega U} = 3\ 185\,\frac{I}{U} \tag{5–2}$$

式中　X_C——容抗，Ω；

ω——角频率，rad/s；

C——被测电容器的电容量，μF；

I——电流表读数，A；

U——电压表读数，V。

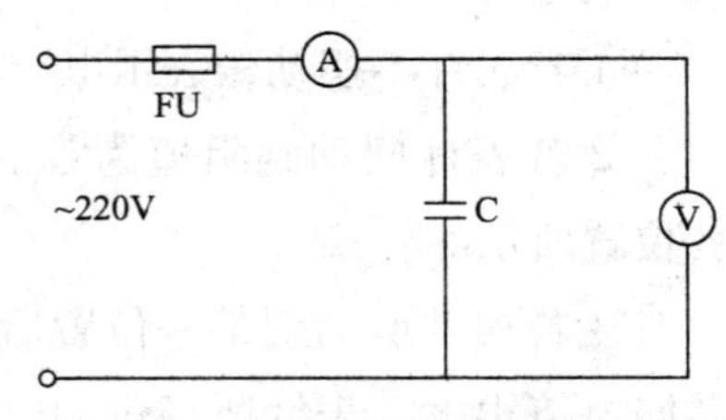

图 5–20　用伏安法测电容器电容量

2. 分相式单相异步电动机常见故障分析

同一种故障现象既可由电气故障引起，也可由机械故障引起。维修前必须先分析可能出现的故障原因，然后根据先机外后机内的原则，逐一排查和维修。

（1）电动机不能启动

1）电气故障

①检查电源电压是否正常。当电源电压时有时无或电压过低时，将会导致电动机启动转矩过小而不能启动。电源电压是否正常可用万用表进行测量。若无电压应仔细检查电源开关、供电电路直至变配电柜，查看是否有接头接触不良的现象。

②检查绕组是否断路。若电源正常，则检查绕组是否断路。工作绕组、启动绕组回路均有断路的可能，但一般启动绕组电路因元器件较多，发生断路故障的机会多一些。这时，可用万用表欧姆挡测量启动绕组的直流电阻，一般均应小于上百欧。若电阻值太大，说明启动绕组本身断路。如断路点在槽外较明显处，则可用焊接法予以恢复，否则需拆除部分或全部予以更换。

③检查离心开关是否故障。

④检查启动电容器或运行电容器是否故障。

⑤检查转子有无断条故障。这种故障一般少见，若出现转子绕组断路故障，此时用手拨动转轴，电动机往往也不转动。

2）机械故障

①轴承被卡住。可能是轴承损坏或轴承内的润滑脂已干涸或轴承内进入杂物导致轴承无法转动，对于刚修复或装配好的电动机，出现这种故障也可能是轴承或轴承盖安装不好所致。

②定子与转子相碰。可能是轴承磨损、转轴弯曲、定子铁芯松动、端盖装配不好等原因所致。

（2）电动机转速达不到额定值

这类故障主要表现为电动机启动转矩小，空载时或在外力帮助下才能启动，但启动迟缓，电动机稳定运行的转速低于正常转速等，其原因如下：

1）电气故障。电气故障有：电源电压太低；电动机启动绕组断路；离心开关在启动时触点未闭合；启动电容器损坏或电容量变小；转子绕组电阻过大或局部断路；定子绕组中有个别线圈接线错误等。此外，还可能是启动绕组在启动后未切除，这时电动机电流增大、发热并产生噪声。

2）机械故障。机械故障有：轴承润滑脂干涸或有灰尘等进入；轴承磨损或转轴变形或铁芯松动造成定子与转子之间有轻度相擦；电动机拖动的负载过大或负载不平衡等。

（3）电动机接通电源后熔丝很快熔断

1）电气故障。电气故障有：定子绕组内部接线错误；启动绕组与工作绕组之间的绝缘损坏，或本身有匝间短路、对地短路等故障。也可能是电源电压过高或过低、熔丝选择得太细等原因造成。

2）机械故障。机械故障有：电动机机械部分卡死或电动机拖动的负载过大造成电动机不转或启动电流过大。

（4）电动机在运行中温度过高或冒烟

电动机定子绕组温度过高或冒烟是电流长期超过额定电流所致。其原因主要包括：定子绕组中有局部的匝间短路或对地短路；电容启动单相异步电动机在启动完毕后离心开关没有断开，使启动绕组参与运行；启动绕组与工作绕组接错，即电容器串在工作绕组内，使启动绕组长期运行；电源电压过高或过低；电动机正、反转过于频繁等。也可能是电动机拖动的负载较重或轴承工作不良，定子、转子轻度相擦等原因造成。

（5）电动机在运行时噪声大或振动较大

出现该故障应主要从机械方面去找原因，如电动机装配不良或转子轴的变形会造成定子与转子偏心，使定子与转子之间的空气隙不均匀甚至有轻度的相擦；轴承安装不好或轴承磨损；不小心在电动机内部遗留有杂物等。也可能是电动机与所拖动的负载之间连接不好，负载阻力太大或负载本身不平衡（如风扇中的变形）等。

（6）电动机绝缘不良造成绝缘电阻太小或外壳带电

出现该故障应主要从电气方面去找原因，如定子绕组与铁芯槽之间的绝缘损坏；定子绕组与端盖相碰；电动机接线或出线绝缘不良；电动机过热后造成定子绕组绝缘老化；电动机受潮或内部灰尘、异物太多等。

小贴士

判断启动绕组在电动机启动后是否脱离电源的办法

将启动绕组的两个引出线端子拆开并脱离电源，将一根线绳绕在转轴上，如图5–21所示，用力将绳子猛一抽，电动机立即转动，同时迅速将工作绕组接通电源，若电动机运转正常（转速达正常值，噪声也消失），则说明是启动绕组的故障所引起的。

若启动绕组在启动后不能脱离电源，其原因及排除办法有：

（1）可能是启动继电器或离心开关的触点熔焊、黏结在一起，或因灰屑阻塞使触点不能断开。若为触点烧坏应立即更换；若为灰屑阻塞应清理。

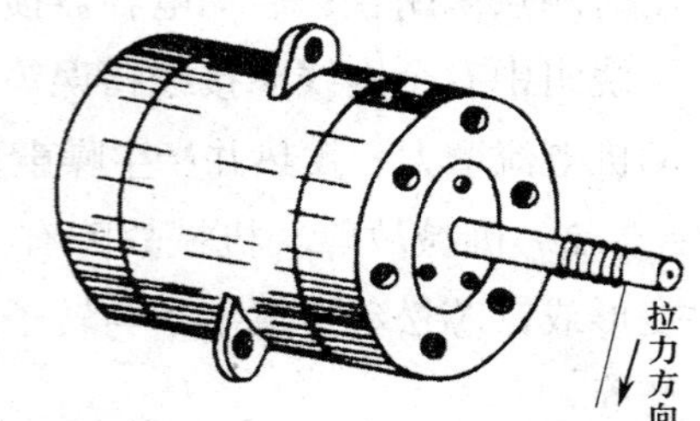

图5–21　用外力启动单相电动机

（2）转轴的轴向位置调整得不好，将使离心开关压得太紧，以致无法断开。应适当调整所加的纸垫圈厚度，使离心开关能在规定的速度时切断启动绕组电源。

三、罩极式单相异步电动机的检修

罩极式单相异步电动机的电气结构比较简单，其检修比分相式单相异步电动机容易。其常见故障及排除方法介绍如下：

1．电动机不启动，无电磁振动声

这类故障的最常见故障原因是工作绕组断线。此时用万用表检查电动机两引线间的电阻值，读数为无穷大。罩极式单相异步电动机没有专用的防护外壳，工作绕组的漆包线匝数多、线径细，容易因受外力损伤而折断；另外，若工作绕组自身短路或接地，也会烧坏绕组。若工作绕组烧坏，必须更换绕组。

2．电动机不启动，发出“嗡嗡”声，用手拨动转子后，电动机可慢慢启动，转动方向同拨动方向

这种情况说明工作绕组正常，故障是罩极绕组（短路环）断路造成的。只要找到断裂的罩极绕组，将它重新焊好，电动机就能正常启动。

3．电动机转速低于额定值

在排除了电源电压低、轴承缺油、轴承损坏等原因后，可能原因是主绕组有轻度短路及转子导条断开。对于更换过工作绕组的电动机，如果出现转速低于额定值的故障，应首先检查更换过的工作绕组，检查其线径是否太细、匝数是否太多、接线是否正确等。

4．带负载时转速低或难以启动

一般原因是工作绕组存在匝间短路或接地故障，严重时还会熔断熔丝。另外，也可能是罩极绕组绝缘损坏。若是新维修过的电动机，可能是罩极绕组的位置、线径或匝数有误。

5．运转正常，但总有很大的“嗡嗡”声

主要原因是罩极环松动，与定子铁芯贴合不紧，导致产生“嗡嗡”的噪声。可以在罩极环上滴一些环氧树脂之类的黏合剂，把罩极环粘牢。如果定子铁芯松动，也会发出“嗡嗡”声，可以拆开电动机，将定子铁芯铆紧，在 110 ℃左右温度下烘烤 3 h 后再浸渍绝缘漆，最后烘干。装配前要清除定子铁芯内圆中的残留绝缘漆。

§5-6 小功率三相电动机改为单相电动机运行

各种电动机均是按照一定的运行条件设计制造而成的，只有在按照设计规定的条件下运行，电动机的性能才能达到最佳。在生产过程中，如果单相异步电动机突然损坏而无备用电动机时，可以将小功率三相异步电动机改接成单相异步电动机使用（常用于 1 kW 以下电动机）。三相异步电动机改接成单相异步电动机后，运行状态不在最佳状态，输出功率将比原来的额定功率减小。因此，必须考虑电动机的负载情况，以免过载损坏电动机，一般先将电动机带实际负载试运行后，才正式投入运行。

电动机从原来的三相运行变成单相运行，必须依靠串接电容器来移相（分开电流相位），才能产生旋转磁场。三相异步电动机内没有离心开关，一般接成电容运转式，电容器与定子三相绕组的接法很多，常采用下面两种接法。

一、三相定子绕组星形接法

若三相异步电动机定子绕组原来是Y联结，其改接方式如图 5-22a 所示，电容器应选择电力电容器，将电容器接在 W 相绕组首端 W1 和 V 相绕组首端 V1 上，如果单相交流电源接到 U 相绕组首端 U1 和 V 相绕组首端 V1 上，电动机将顺时针旋转；如果单相交流电源接到 U 相绕组首端 U1 和 W 相绕组首端 W1 时，电动机将逆时针旋转。

对不同容量的三相异步电动机进行改装，要选取不同容量的电容器，而且容量要选择适当。容量选取过小，会使电动机输出转矩过小；容量选取过大，会使电动机定子绕组工作电流过大，这两种情况都会造成电动机过热。

电容器的容量和耐压值可以按下面的计算公式选择：

$$C=(800\sim 1\,600)\,I/U \tag{5-3}$$

$$U_C=1.6\,U \tag{5-4}$$

式中 C——电容器的容量，μF；

U_C——电容器的耐压值，V；

U——三相异步电动机定子绕组上的额定相电压，一般为 220 V；

I——三相异步电动机定子绕组上的额定相电流，A。

二、三相定子绕组三角形接法

若三相异步电动机定子绕组原来是△联结，其改接方式如图 5-22b 所示，将电容器并接到 V 相定子绕组两端，如果单相交流电源接到 U 相定子绕组两端，则电动机会顺时针旋转；如果单相交流电源接到 W 相定子绕组两端，则电动机会逆时针旋转。

电容器的容量和耐压值可以按下面的计算公式选择：

$$C=(2\,400\sim3\,600)\,I/U \tag{5-5}$$

$$U_C=1.6\,U \tag{5-6}$$

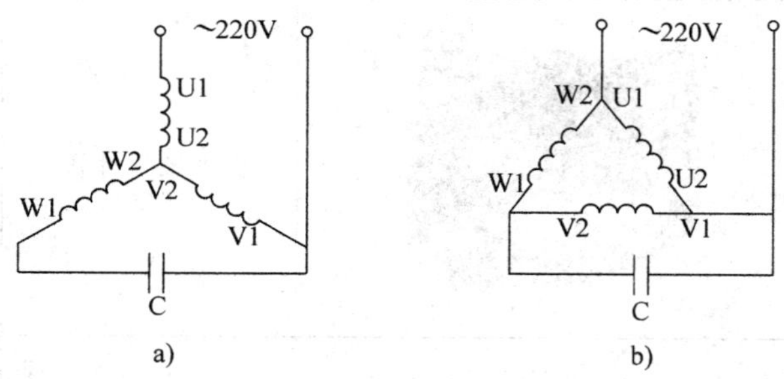

图 5-22 三相异步电动机改接成单相异步电动机接线方式

a）星形接法 b）三角形接法

例 5-1 型号为 Y-802-2 的小型三相异步电动机的额定功率为 1.1 kW，定子绕组上的额定相电流为 2.5 A，现要将它改为单相异步电动机运行，采用图 5-22a 所示改接方式，单相电压为 220 V，求应串接电容器的容量及耐压值。

解： $C=(800\sim1\,600)\,I/U=(800\sim1\,600)\times\dfrac{2.5}{220}\,\mu\text{F}\approx9.1\sim18.2\,\mu\text{F}$

$$U_C=1.6\,U=1.6\times220\text{ V}=352\text{ V}$$

电容器的耐压值实际取交流 400 V，容量实际取 12 μF。根据图 5-22a 所示接好线路以后，在带负载情况下测量三个绕组的实际电流，要求不能超过定子绕组的额定相电流。

试验与实训 1 单相异步电动机的调速和反转

一、试验与实训目的

1. 能用万用表区分单相异步电动机的工作绕组和启动绕组。
2. 能通过吊扇和台扇的接线训练，学会单相异步电动机的正确接线。
3. 能实现单相异步电动机的调速和反转。

二、主要实训器材

主要实训器材见表 5–8。

表 5–8　主要实训器材

序号	器材名称	图例	作用	备注
1	家用吊扇电动机		实训操作对象	正确区分启动绕组和工作绕组
2	电容运转单相异步电动机		实训操作对象	正确区分启动绕组和工作绕组
3	电容器		启动电容器	正确选择合适的容量
4	吊扇用调速器		调整风扇转速	吊扇串电抗器调速
				吊扇用双向晶闸管调速

续表

序号	器材名称	图例	作用	备注
5	万用表		区分工作绕组和启动绕组及测量电压	注意选择挡位
6	旋具		接线用	
7	验电笔		判断零线和相线	
8	500 V 兆欧表		用来测量三相异步电动机的绝缘电阻	型号：ZC25B–3（500 V）

三、实训内容及步骤

1．家用吊扇电动机的调速

（1）工作绕组和启动绕组的区分

如图 5–23 所示为吊扇电路接线，各引出线的颜色为红、绿、黑，从图 5–23 中可以看出，红色引出线接的是工作绕组，绿色引出线接的是启动绕组（因为电容器是串在启动绕组上的），黑色引出线接的是公共端。

不同品牌的吊扇引出线的颜色可能不同。如果吊扇说明书遗失或不能根据引出线的颜色来判断各端的功能时，则要先对工作绕组和启动绕组进行区分，然后才能接线。

1）先测公共端。用万用表电阻挡轮流测量吊扇电动机三根引出线之间的电阻，当测得电阻值最大时（不同品牌的吊扇电动机绕组的电阻值有所不同），则它就是电动机的工作绕组和启动绕组串联后的总电阻值。剩下的一根引出线就是公共端。

2）再判断工作绕组和启动绕组。将万用表的一支表笔搭在公共端上，用另一支表笔分别接触另外两根引出线，分别测出两个绕组的电阻值。吊扇电动机工作绕组由

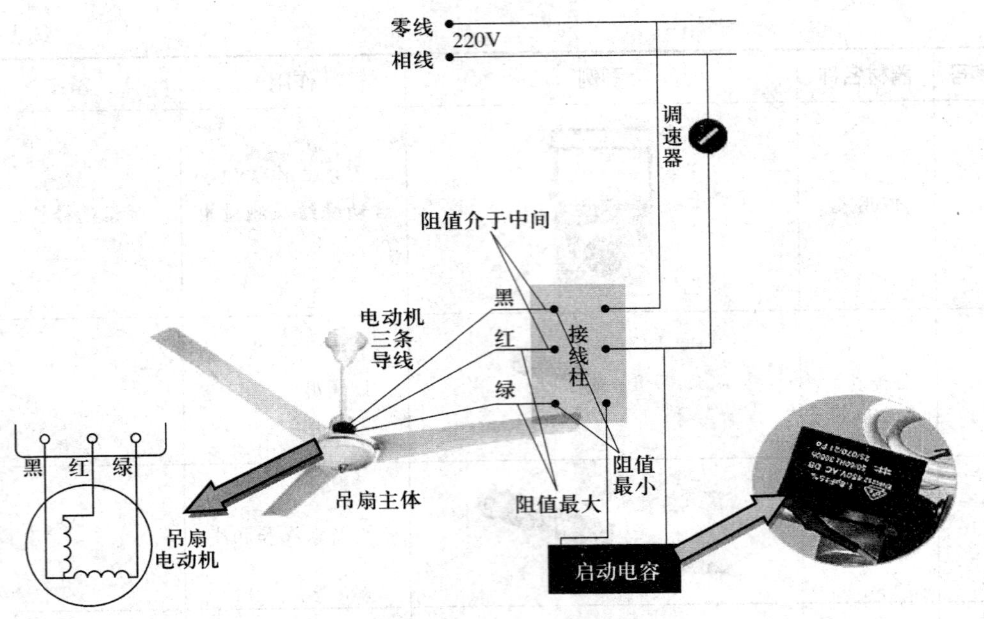

图 5-23　吊扇电路接线

于绕在外圈，导线长，所以电阻较大；而启动绕组绕在内圈，导线比工作绕组短，所以电阻较小，由此可判别电阻值较大的绕组是工作绕组，电阻值较小的绕组是启动绕组。

3）记录数据。将家用吊扇电动机工作绕组和启动绕组的相关数据记录于表 5-9 中。

表 5-9　家用吊扇电动机工作绕组和启动绕组的区分

阻值情况	电阻值	两根引线的颜色
最大的电阻值		
较大的电阻值		
较小的电阻值		
结论	工作绕组引出线的颜色是：______	
	启动绕组引出线的颜色是：______	
	公共端引出线的颜色是：______	

（2）绝缘电阻的测量

用兆欧表分别测量工作绕组与启动绕组的对地绝缘电阻及绕组之间的绝缘电阻值，并记录于表 5-10 中。

表 5-10 家用吊扇工作绕组和启动绕组的绝缘电阻值的测量

序号	测量项目	测量电阻值 /MΩ
1	工作绕组 - 地	
2	启动绕组 - 地	
3	工作绕组 - 启动绕组	

（3）接线的调试

在教师指导下，按图 5-23 所示接线，公共端接零线，启动绕组引线接电容器再接到调速器上，工作绕组直接接到调速器上，调速器的另一端接到电源相线上。

1）采用电抗器调速开关，调节调速开关至各挡位，观察并记录吊扇转速变化情况：____

____。

2）采用双向晶闸管调速开关，调节调速开关至各挡位，观察电动机的转速变化情况：____

____。

2. 家用台扇电动机的调速

一台转页扇的电动机定子绕组因过热烧毁，需更换。经市场调研，准备采用如图 5-24 所示具有可恢复式热保护器功能的台扇电动机来更换，可实现超温断电、降温续开，保护电动机免受温度异常的损害，避免电动机在低电压、过负载情况下烧坏而造成的经济损失。该电动机标签上标有接线方法，如图 5-25 所示，共有 6 根引线，红色引线接高挡，白色引线接中挡，蓝色引线接低挡，黄色引线和灰色引线之间接电容器，黑色引线与红色引线之间接电源。也就是说，灰色引线和黑色引线均可视为公共线。

图 5-24 台扇电动机

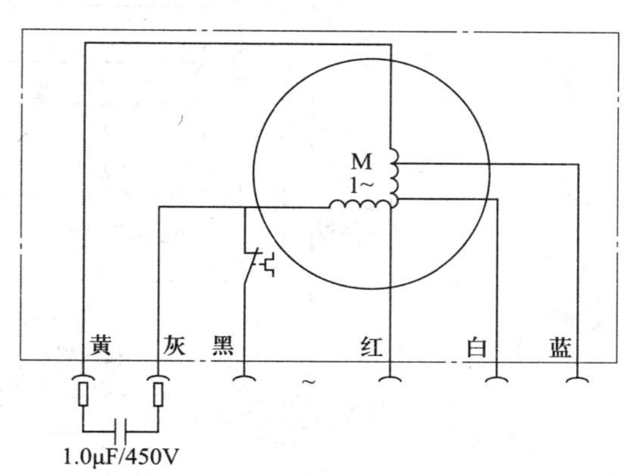

图 5-25 台扇电动机接线示意图

（1）工作绕组、启动绕组和调速绕组的区分

用万用表电阻挡测量电动机各引线间的电阻值，判别出6根引线的功能，并将有关数据记录于表5-11中。一般来说，黑色（灰色）引线与其他各引线之间的阻值为几百至几千欧，并且检测时黑色引线与黄色引线之间的阻值始终为最大值，黑色（灰色）引线与红、白、蓝（各调速挡）各引线间电阻值在100 Ω左右，表明该风扇电动机正常。

表5-11　家用台扇五根引线功能的区分

序号	两根引线的颜色	两根引线间的电阻值	接线关系
1	黑－灰		
2	灰－红		
3	灰－白		
4	灰－蓝		
5	灰－黄		

（2）绘制电路图

建议自行设计和绘制家用台扇电路接线图，参考电路如图5-26所示。

（3）接线调试

在教师指导下正确接线，将单相异步电动机的蓝色、白色、红色引线分别接调速开关的1挡、2挡、3挡并形成通路，将调速开关先拨至0挡然后拨至各挡，观察电动机的转速变化情况：0挡——________，1挡——________，2挡——________，3挡——________。

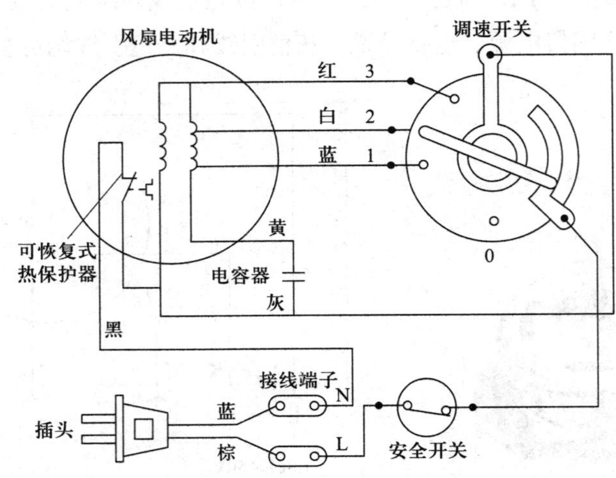

图5-26　格力KYT-2501A型家用台扇电路接线图

3．单相异步电动机的反转

（1）按图 5–27 所示电路进行接线，当开关 S 与下面的触点 2 接通时，电容器 C 串入启动绕组支路，电动机正转，观察电动机转向：从上往下看，电动机按______时针方向转动。

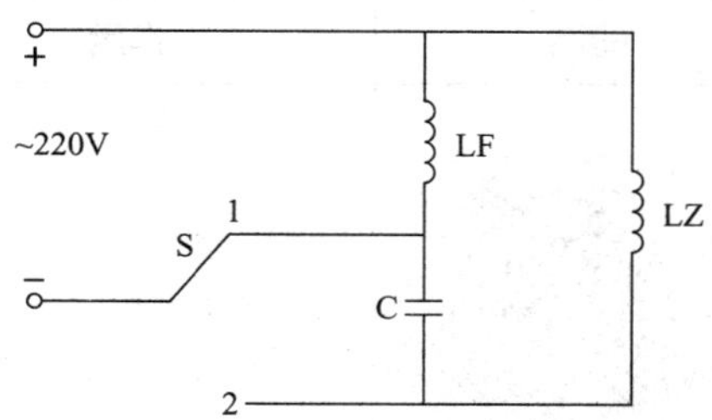

图 5–27 单相交流异步电动机正、反转电路

（2）当开关 S 与上面的触点 1 接通时，电容器 C 串入工作绕组支路，电动机反转，观察电动机的转向：从上往下看，电动机按______时针方向转动。

四、注意事项

1. 在使用万用表测量绕组电阻时，要选择适当挡位，而且要注意调零。
2. 接线时，注意区分相线和零线。
3. 在使用摇表（兆欧表）过程中，不能用手接触摇表的两个测量端。
4. 在对家用吊扇调速时，应拆去扇叶后调试，并设法将电动机固定好。
5. 在教师监护下正确操作，安全用电。

试验与实训 2　单相异步电动机的检修

一、试验与实训目的

1. 能在教师指导下，正确运用所学知识，合理使用测量仪表，对家用电风扇电动机进行检查。

2. 通过对家用电风扇电动机的检修，了解单相异步电动机常见故障检修流程和工艺要求。

二、主要实训器材

主要实训器材见表 5–12。

表 5–12　主要实训器材

序号	器材名称	图例	作用	备注
1	家用电风扇		实训操作对象	
2	电容运转单相异步电动机		替换故障电动机	型号为 DY30CC
3	电容器		替换故障启动电容器	型号为 CBB61 1.2×（1±5%）μF 交流 450 V
4	万用表		测量电压，判断电容器好坏	注意选择挡位
5	电烙铁	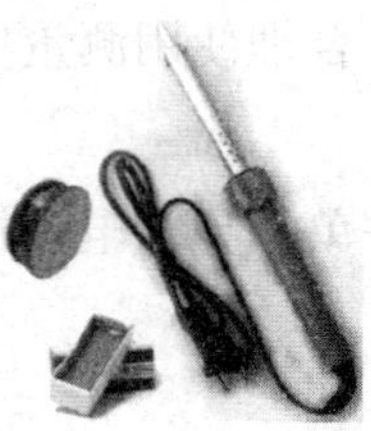	更换电容器，进行引线连接	

续表

序号	器材名称	图例	作用	备注
6	机油		减小电动机的嘈杂声	
7	万能除锈润滑剂		用于清洁、润滑及保护电动机，防止电动机生锈；迅速渗透电动机生锈部位，使锈蚀松脱	

三、实训内容及步骤

因为电风扇内的组成部件较少，各部分具有明显的功能特征，所以在电风扇出现故障后，检修的关键在于对电风扇的主要部件进行检修。以格力 KYT–2501A 型家用转页扇为例，常见的故障包括电风扇不运转和电风扇转速变慢两种。由分相式单相异步电动机的工作原理可知，如果电动机启动支路中的电容失效、无容量，电动机不会旋转，只会发出“嗡嗡”声。有时，由于电动机使用时间过长，这个电容容量变小或短路，也会造成电动机转矩不够大，使电动机发生旋转缓慢或不转故障。若启动支路有故障，也可能是电动机的启动绕组断路或短路造成的。大量的维修实践表明，一般情况下，电容器出现故障的概率远大于电动机绕组。在确认电容器及其接线没有故障，且通过电动机外部端子测量并判断电动机绕组有问题时，才应拆开电动机进行检修。

1．电风扇故障的一般检查

（1）电风扇外观检查

用手拨动电风扇扇叶，看扇叶是否转动灵活。

（2）电风扇运转性能检查

电风扇正常运转时，扇叶应运转平稳、噪声小、无振动，各速度挡的风量有明显差异。电风扇停止运转时应无振颤现象，运转时不应产生翻倒现象，各速度挡运转时除风声外不应有明显的电磁声（“嗡嗡”声）及机械杂声。

（3）电风扇控制机构检查

在电风扇通电后，将电风扇调速开关拨至 1 挡，电风扇应能正常启动和运转，观察电风扇从启动到正常运转的时间，一般应在 1 min 以内；将电风扇调速开关拨至 2

挡和 3 挡，电风扇应能正常运转；将电风扇调速开关拨至 0 挡，电风扇应停止运转。在电风扇正常运转过程中使其倾倒，跌倒开关会起到保护作用，且电风扇应停止运转；复位后，电风扇应能继续运转。

2. 检修举例 1：电风扇运转无力，转速没有达到正常转速的故障检修

（1）故障现象

电风扇转速变慢，用手拨动扇叶使风扇转动，感觉很费力。

（2）故障分析

多为机械方面的故障，如轴承润滑脂干涸或有灰尘等进入；轴承磨损或转轴变形；铁芯松动造成定子与转子之间有轻度摩擦等。

（3）故障检修

拆开单相异步电动机，用干布蘸少许万能除锈润滑剂擦去电动机上的一些锈迹，涂上有流动性的机油，如图 5–28 所示，然后拧紧电动机端盖螺钉，用手转动转轴，如果扇叶转动灵活、顺滑，可能故障已排除。

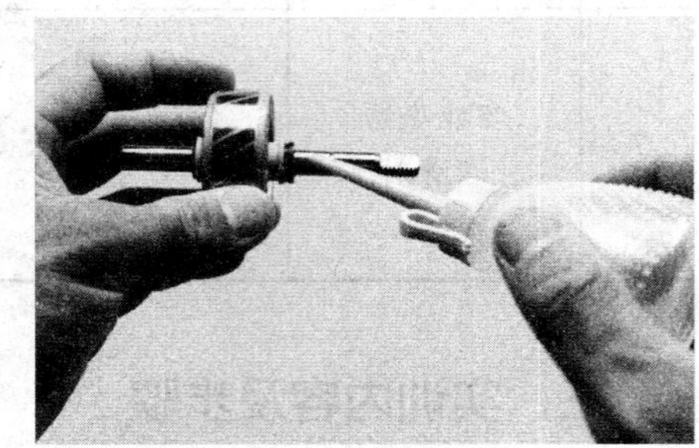

图 5–28　给轴承涂上机油

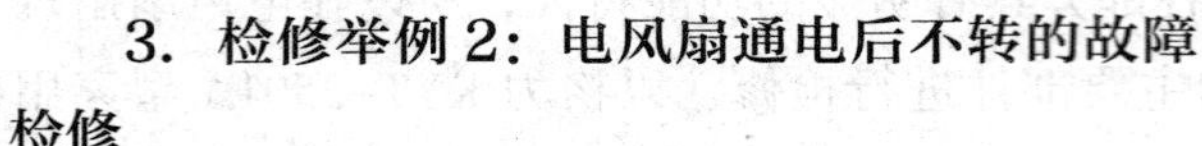

3. 检修举例 2：电风扇通电后不转的故障检修

（1）故障现象

接通电源，电风扇不运转，电动机发出“嗡嗡”声。

（2）故障分析

多数是由于机械故障、电动机的启动绕组开路、工作绕组开路或启动电容失效、漏电所致。

（3）故障检修

1）按单相异步电动机运转无力、转速没有达到规定转速的故障检修方法排除机械方面的故障。

2）启动电容器的测量

①找到单相异步电动机上的启动电容器。

②用记号笔记录电容器引接线在电路中的连接位置，以防检测后接错位置。

③取下导线上的接头护套，解开启动电容器两引线的连接线头，取下电容器。

④用红、黑表笔分别接触电容器两根引出线，观察万用表指针偏摆情况，以判断电容器的好坏，将相关测量数据记录于表 5–13 中。

⑤根据测量结果进行判断，如电容器已损坏，需更换同容量规格无极性电容器。

3）单相异步电动机的测量

①分别找到单相异步电动机六根引出线的连接点。

表 5-13　电容器容量的测量

序号	测量内容	测量数据
1	电容器规格	型号：________，容量__________ μF、耐压__________V/AC
2	电容器质量	将万用表拨至_____________挡测量电容器的好坏
3	万用表指针偏转情况	
测量结论：电容器__________（填：正常、短路、无容量、漏电）。		

②将万用表置于 $R\times100$ 挡，用黑表笔接单相异步电动机公共线端黑色或灰色引线，用红表笔分别接单相异步电动机红、白、蓝、黄引线，观察测量数据，以判断单相异步电动机的好坏，并记录于表 5-14 中。

表 5-14　风扇电动机的测量

序号	测量内容	测量数据
1	家用台扇电动机的额定值	型号：__________，P_N=__________W，U_N=__________V，C=__________ μF/500 V，n_N=__________r/min
2	公共端与其他引线电阻值	黑－黄：__________，黑－蓝：__________，黑－白：__________，黑－红：__________
测量结论：风扇电动机__________（填：正常、短路、断路）。		

③根据测量结果，黑色导线与其他各导线之间的阻值为几百至几千欧，并且检测时黑色导线与黄色导线之间的电阻始终为最大值，黑色导线与红、白、蓝（各调速挡）各导线间的电阻在 100 Ω 左右，表明该单相异步电动机正常；如万用表指针指向零或无穷大，或者检测时所测得的电阻与正常值偏差很大，均表明所检测的引脚之间绕组有损坏，在不能自行修复的情况下，需要将单相异步电动机更换掉。

4）用万用表电压挡逐级测量电动机回路电压，测到哪个部位无电压时，再用万用表电阻挡测量不能使电压通过的元件的电阻，即可找到故障元件。

四、注意事项

1. 检修过程应确保在断电状态下进行。
2. 严禁用砂纸打磨单相异步电动机转轴生锈部位。
3. 用万用表测单相异步电动机输入电压时，一定要选择交流电压挡，量程一定要大于被测电压。
4. 检查和排除故障时，不能损坏绕组绝缘。
5. 故障排除后，按顺序装配好电风扇后试运转。

第六章
直流电动机

直流电动机是将直流电能转变为机械能的电动机。直流电动机具有良好的启动、调速和制动性能，常应用于对启动和调速性能要求比较高的场合。例如，龙门刨床、轧钢机、电力机车、挖掘机械和纺织机械等常用直流电动机作为原动机，组成直流调速系统。直流电动机的主要缺点是换向问题，它限制了直流电动机的极限容量，又增加了维护的工作量。

§6-1　直流电动机的原理、结构、分类及铭牌

直流电动机与交流电动机相比，它具有宽广的调速范围，平滑的无级调速特性；过载能力大，能承受频繁的冲击负载；可实现频繁的无级快速启动、制动和反转；能满足生产过程自动化系统各种不同的特殊运行要求。如图 6-1 所示为常见直流电动机的外形。

一、直流电动机的基本工作原理

如图 6-2 所示为直流电动机的结构模型。图中 N 极和 S 极为主磁极，它们被固定在电动机机座上。*abcd* 是一个线圈，它装在一个可以转动的圆柱体电枢上，线圈的两端分别接到换向器的换向片 1 和换向片 2 上，圆柱体、线圈和换向片可以一齐随转轴转动，这个可以转动的部分称为电枢。通过两个弹簧，将电刷 A 和电刷 B 压在换向片 1 和换向片 2 上，电刷固定不动，与换向片保持滑动接触，通过电刷 A 和电刷 B 把旋转着的电路与外部静止的电源正极和负极相连接。

图 6-1 常见直流电动机的外形

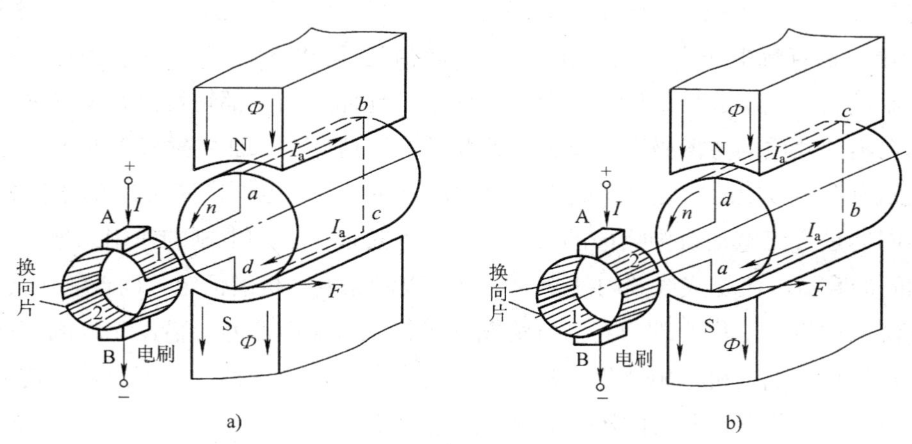

图 6-2 直流电动机的结构模型

a）电刷 A 与换向片 1 接触 b）电刷 A 与换向片 2 接触

在图 6-2a 所示瞬间，直流电流从电源的正极，通过电刷 A，经换向片 1 流入线圈（沿 $a \to b \to c \to d$ 方向），最后经换向片 2、电刷 B 回到电源的负极。载流线圈在磁场中将要受到电磁力 F 的作用，其大小为：

$$F=BLI_a \tag{6-1}$$

式中 F——电磁力，N；

B——主磁极磁场的磁感应强度，T；

L——线圈的有效长度，m；

I_a——线圈中的电流，A。

F 的方向可应用左手定则确定，如图 6-2a 所示。ab 边受力向左，cd 边受力向右，两个力形成一个逆时针方向的转矩，这个转矩称为电磁转矩。如果此电磁转矩能够克服电枢上由摩擦力引起的阻转矩以及其他负载转矩，电枢就能按逆时针方向旋转起来。

当电枢转过 90° 时，线圈的两个有效边 ab 和 cd 处于主磁极 N 和 S 的分界线上，此处磁感应强度为零，所以导体 ab 边和 cd 边受到的电磁力为零，电磁转矩便会消失。依靠机械惯性的作用，电枢顺利转过这个位置。

当电枢再继续转过 90°，如图 6–2b 所示瞬间，此时直流电流仍从电源的正极，通过电刷 A，经换向片 2 流入线圈（沿 $d \rightarrow c \rightarrow b \rightarrow a$ 方向），最后经换向片 1、电刷 B 回到电源的负极。此时线圈中的电流方向与图 6–2a 所示瞬间相比较发生了改变。通过左手定则，判断出导体 ab 和 cd 受到的电磁力方向如图 6–2b 所示，两个电磁力所产生的电磁转矩方向仍然是逆时针方向，没有发生变化，使电枢按逆时针方向连续转动下去。

由上面的分析可知，通过电刷和换向器的换向片滑动接触，电刷 A 始终与转过 N 极下的导体相连，电刷 B 始终与转过 S 极下的导体相连。在电刷 A 和 B 两端加上直流电压后，只要线圈边导体转到主磁极 N 极下，导体上电流都是流进去；线圈边导体转到主磁极 S 极下，导体上电流都是流出来，同一个线圈边导体在不同性质的主磁极下电流方向是相反的。这样，保证主磁极 N 极和 S 极下导体受电磁力作用形成的电磁转矩始终是逆时针方向，带动电枢按逆时针方向连续旋转。所以换向器是直流电动机中换向的关键部件。通过换向器和电刷的作用，把直流电动机电刷间的直流电流变成线圈内的交变电流，以确保电动机沿恒定方向连续旋转。

直流电动机的工作原理为：当直流电动机接入直流电源时，借助于电刷和换向器的作用，使直流电动机电枢绕组中流过方向交变的电流，从而使电枢产生恒定方向的电磁转矩，保证了直流电动机朝一定的方向连续旋转。

同一台电机，既能作发电机运行，又能作电动机运行的原理，称为电机的可逆原理。直流电动机的运行是可逆的。如果在电刷两端加上直流电源，将电能输入电枢，则从电机轴上输出机械能，拖动生产机械工作，这时直流电机将电能转换为机械能，工作在电动机状态；如果用原动机拖动直流电机的电枢旋转，从电机轴上输入机械能，则从电刷两端可以引出直流电动势，输出直流电能，这时直流电机将机械能转换为直流电能，工作在发电机状态。

二、直流电动机的基本结构

直流电动机的种类很多，但各类直流电动机的基本结构是相同的，它与其他旋转电动机一样，具有静止和转动两大部分，静止部分称为定子，转动部分称为电枢，在定子与电枢之间有一定大小的间隙，称为气隙。在小容量电动机中，气隙为 0.5 ~ 3 mm。气隙数值虽小，磁阻却很大，是电动机磁路中的主要组成部分。气隙的大小对电动机运行性能有很大的影响。直流电动机的结构示意如图 6–3 所示。直流电动机的径向剖面示意如图 6–4 所示。

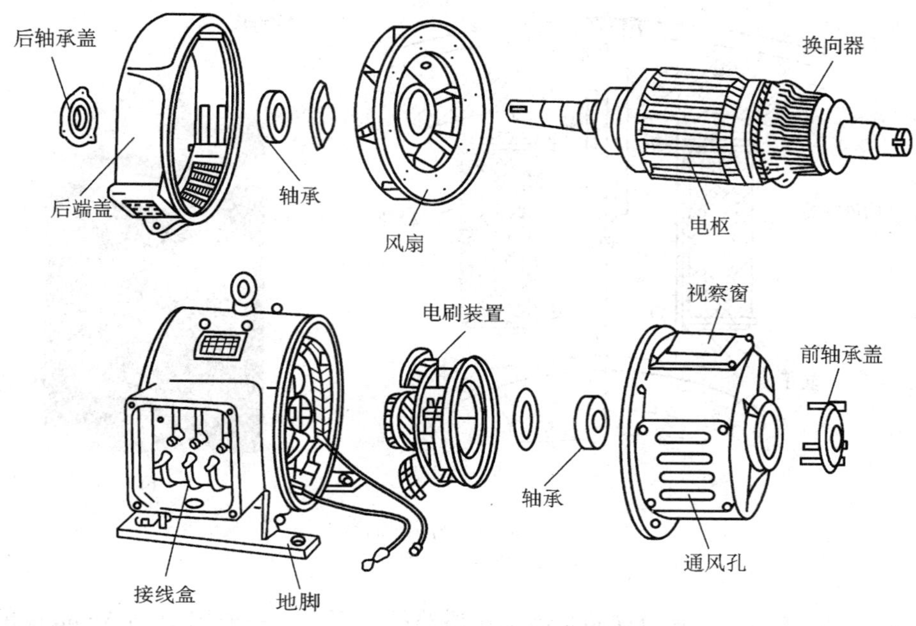

图 6-3 直流电动机的结构示意

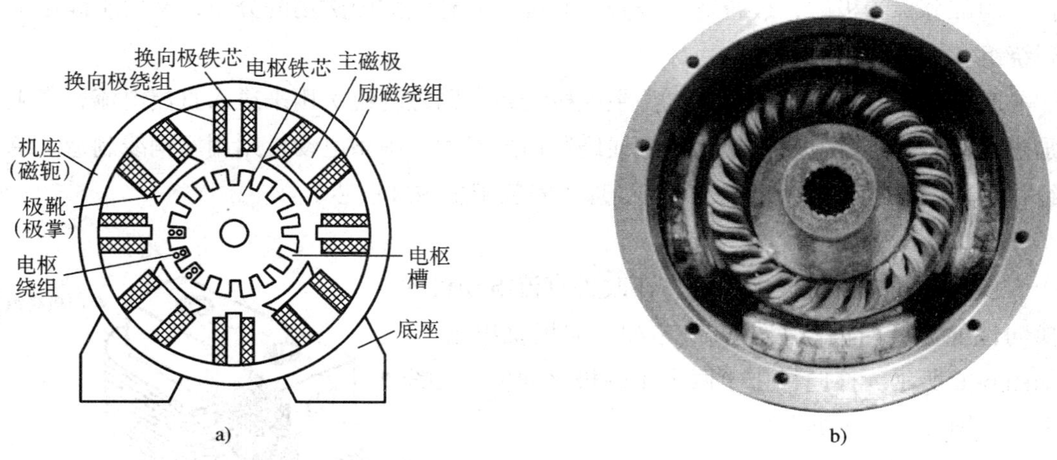

图 6-4 直流电动机的径向剖面示意
a）结构示意 b）实物

1. 定子部分

直流电动机定子部分的作用是产生主磁场和作为电动机的机械支撑，由主磁极、换向极、机座、电刷装置和后端盖等部件组成。

（1）主磁极

主磁极的作用是产生主磁场。在一般中、小型直流电动机中，主磁极是一种电磁铁，由主磁极铁芯和主磁极绕组两部分组成，主磁极的结构如图 6-5 所示。

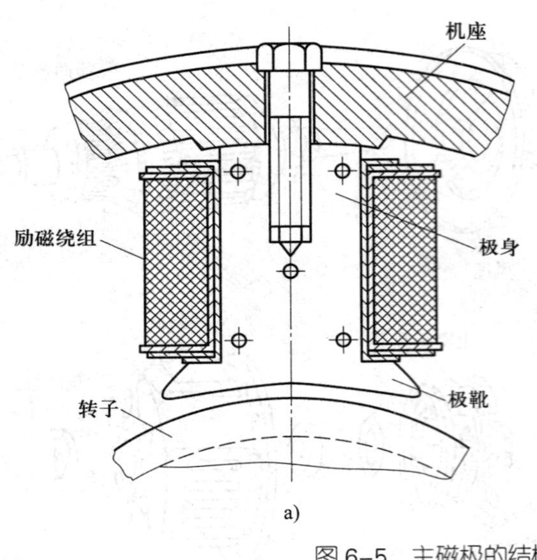

a)

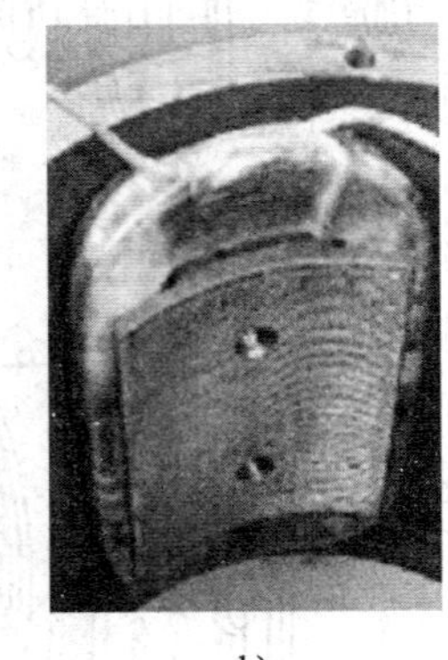
b)

图 6–5　主磁极的结构
a）结构　b）实物

1）主磁极铁芯。主磁极铁芯是电动机磁路的一部分，一般用 1 ~ 1.5 mm 厚的钢板冲片叠压紧固而成，分成极身和极靴两部分，上面套励磁绕组的部分称为极身，下面扩宽的部分称为极靴，极靴宽于极身，既可以调整气隙中磁场的分布，又便于固定励磁绕组。

2）主磁极绕组（励磁绕组）。主磁极绕组（励磁绕组）用来通入直流电流，产生励磁磁动势。小型电动机用绝缘铜线绕制而成；大、中型电动机则用扁铜线制造。绕组在专用设备上绕好后，经过绝缘处理，安装于主磁极铁芯上。

（2）换向极

换向极用来产生换向磁场，以改善直流电动机的换向性能。换向极由换向极铁芯和换向极绕组组成，如图 6–6 所示。换向极位于两个主磁极之间的中心线上，用螺杆固定在机座上。

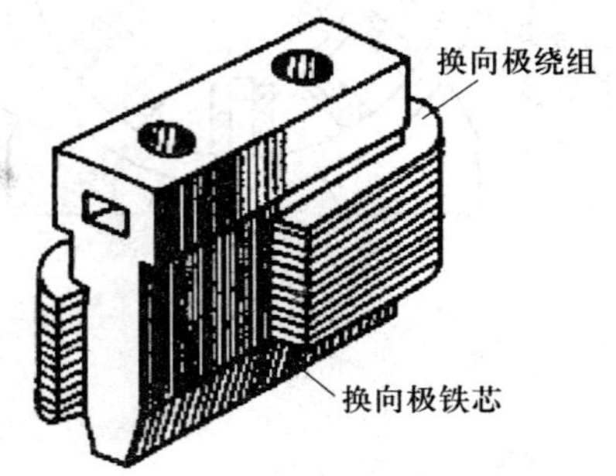

图 6–6　直流电动机的换向极

换向极铁芯一般用整块钢板制成。在大型电动机和用晶闸管供电的功率较大的电动机中，为了能更好地改善电动机的换向性能，换向极铁芯也采用硅钢片叠片结构。换向极绕组由匝数不多的带状绝缘铜导线绕制而成，套装在换向极铁芯上。换向极绕组应与电枢绕组串联。换向是一个相当复杂的过程，换向时，将在电刷与换向器的接触面上产生火花，不利于电动机的运行，因此，在功率稍大的直流电动机上都装有换向极，以减少火花，改善电动机的换向性能。小型直流电动机换向不困难，可以不用换向极。

（3）机座

机座的作用有两个：一是用来固定主磁极、换向极和端盖，并起到整个电动机的支撑和固定作用；二是机座本身也是磁路的一部分，借以构成磁极之间磁的通路，磁通通过的部分称为磁轭。为保证机座具有足够的机械强度和良好的导磁性能，机座一般用铸钢件或钢板焊接而成。对于某些在运行中有较高要求的微型直流电动机，主磁极、换向极和磁轭用硅钢片一次冲制叠压而成。

（4）电刷装置

电刷装置的作用是使固定的电刷与旋转的换向器保持滑动接触，将旋转的电枢与固定不动的外电路相连，把直流电压和直流电流引入或引出。因此，它与换向片既要有紧密的接触，又要有良好的相对滑动。

电刷装置由电刷、刷握、刷杆、刷杆座和压力弹簧等组成，如图 6–7 所示。电刷是用石墨等做成的导电块，放置在刷盒内，用弹簧将它压紧在换向器上。刷握固定在刷杆上，对于容量较大的电动机，同一刷杆上可并接一组刷握和电刷。一般刷杆数与主磁极极数相等。由于电刷有正、负极之分，因此，刷杆必须与刷杆座绝缘。电刷在换向器表面应对称分布，小容量电动机刷杆座固定在端盖上，大容量电动机刷杆座固定在机座上。整个电刷装置可以移动，用以调整电刷在换向器上的位置。

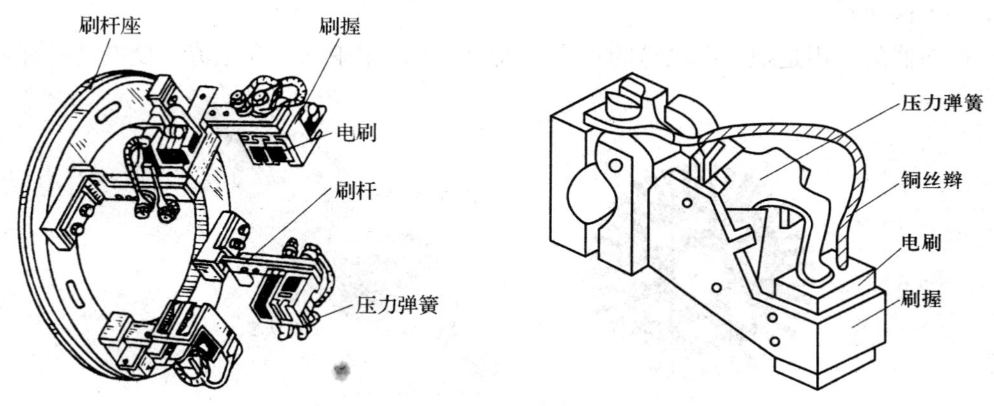

图 6–7　电刷装置和电刷结构示意

a）电刷装置示意　b）电刷结构示意

2. 转子部分

如图 6–8 所示，直流电动机的转子统称为电枢，电枢的作用是产生电磁转矩，从而实现能量转换。电枢由电枢铁芯、电枢绕组、换向器、转轴和风扇等部件组成。

（1）电枢铁芯

电枢铁芯的作用一方面是构成磁通磁路的一部分，另一方面则用来嵌放电枢绕组。由于电枢铁芯不断地在 N 极和 S 极下旋转，使通过电枢铁芯的磁通大小及方向都在不断地变化，因此，将产生磁滞及涡流损耗。为了减小磁滞及涡流损耗，电枢铁芯通常用表面有绝缘层的圆形硅钢冲片叠压而成，在硅钢片的外圆冲有均匀分布的铁芯槽，用以嵌放电枢绕组，如图 6–8a 所示为铁芯冲片。较大容量电动机的电枢铁芯沿轴向分成数段，段间留有 8 ~ 10 mm 的径向风道，以改善冷却条件。小容量电动机的电枢铁芯上装有风翼，较大容量的电动机则在轴上装有风扇。电枢铁芯固定在转轴或转子支架上。电枢铁芯用来嵌放电枢绕组，并作为主磁极和换向极磁通经过的一部分磁路。铁芯外圆均匀地分布着嵌放电枢绕组的槽，轴向有轴孔和通风孔。

（2）电枢绕组

电枢绕组的作用是产生感应电动势和通过电流，实现机电能量的相互转换。电枢绕组通常都用圆形截面（用于小功率电动机）或矩形截面（用于大、中功率电动机）的导线绕制而成，再按一定的规律嵌放在电枢铁芯槽内，如图 6–8c 所示，并利用绝缘材料进行线匝之间以及整个电枢绕组与电枢铁芯之间的绝缘处理。为了防止电枢旋转时由于离心力作用而使绕组飞散出来，槽口处需用绝缘材料做成槽楔将绕组压紧。伸出槽外的绕组端接部分用无纬玻璃丝带绑紧。绕组端头则按一定规则嵌放在换向器铜片的升高片槽内，并用锡焊焊牢，成为一个完整的电枢。电枢线圈在槽内安放示意如图 6–9 所示。随着电动机所用绝缘材料耐热等级的提高，电动机允许的发热温度也在不断增大，因此，目前不少电动机已不用锡焊而改用氩弧焊焊接（一般为 F 级以上绝缘材料）。

（3）换向器

换向器的作用是把外界供给的直流电流转变为绕组中的交变电流，使电动机旋转。

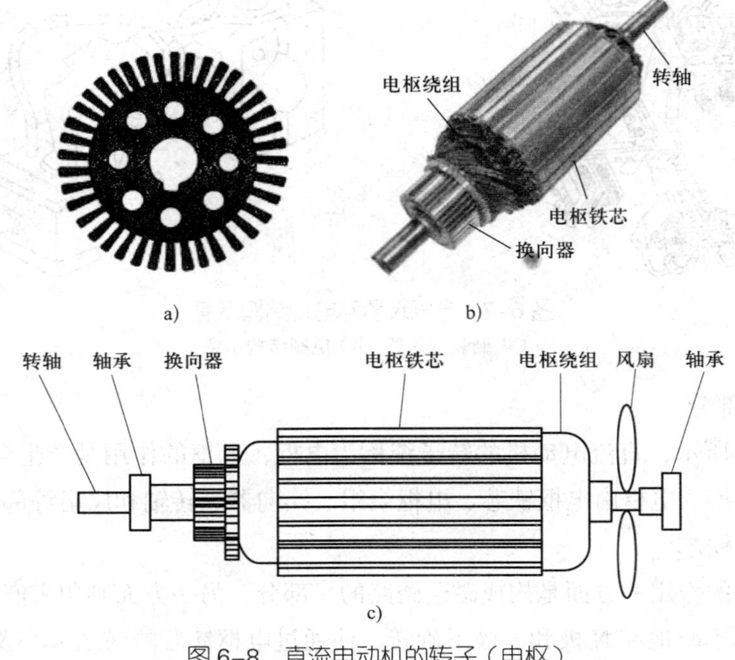

图 6–8　直流电动机的转子（电枢）

a）铁芯冲片　b）转子实物　c）转子结构

换向器由换向片组合而成，是直流电动机的关键部件，也是最薄弱的部分。直流电动机的换向器如图 6–10 所示，换向器由许多特殊形状的梯形铜片和起绝缘作用的云母片一片隔一片地叠成圆筒形，凸起的一端称为升高片，用来与电枢绕组端头相连；下面有燕尾槽，利用换向器套筒、V 形压圈及螺旋压圈将换向铜片及云母片紧固成一个整体；在换向铜片与换向器套筒、V 形压圈之间用 V 形云母环绝缘，最后将换向器压在转轴上，这种属于装配式。在中、小型直流电动机中常用的是整体式换向器，它把换向铜片热压在塑料基体上，成为一个整体。

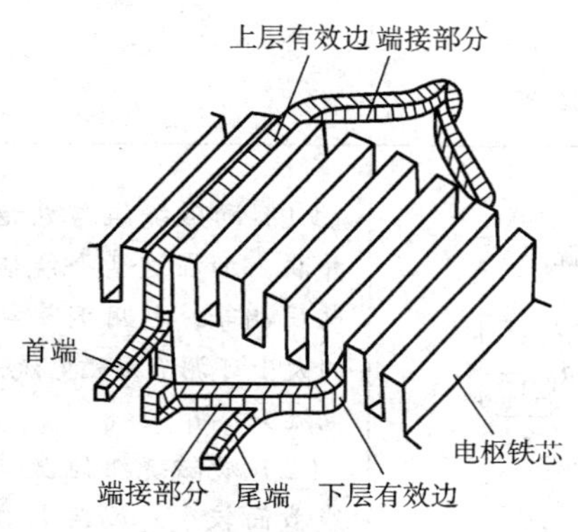

图 6–9 电枢线圈在槽内安放示意

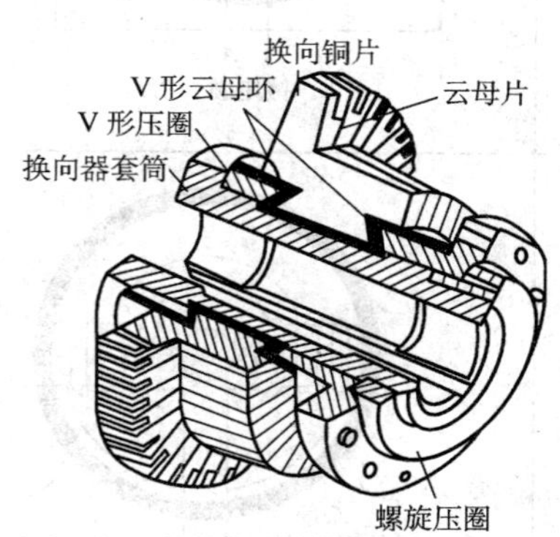

图 6–10 直流电动机的换向器

（4）转轴

转轴的作用是传递转矩。为了使直流电动机安全、可靠地运行，转轴一般用合金钢锻压加工而成。

（5）风扇

风扇的作用是降低电动机在运行中的升温。

三、直流电动机的分类

直流电动机的种类较多，性能各异，分类方法也有多种，具体介绍如下：

1．按励磁方式分类

励磁方式是指直流电动机主磁场产生的方式，按照直流电动机励磁方式的不同，一般可分为两大类，一类是由永久磁铁作为主磁极；而另一类是利用给主磁极绕组通入直流电产生主磁场。后一类根据主磁极绕组与电枢绕组连接方式的不同，可分为他励电动机、并励电动机、串励电动机、复励电动机，具体见表 6–1。

2．按电枢直径分类

电枢直径在 1 000 mm 以上的称为大型直流电动机；电枢直径在 425 ~ 1 000 mm 之间的称为中型直流电动机；电枢直径小于 425 mm 的称为小型直流电动机。

表 6–1　直流电动机按励磁方式分类

名称		电动机绕组接线图	特点
他励直流电动机		接励磁电源；接电源；+ 接电源 −；I_a；M；R_P；+ 接励磁电源 −；I_f	励磁绕组（主磁极绕组）与电枢绕组由各自的直流电源单独供电，在电路上没有直接联系
自励直流电动机	并励	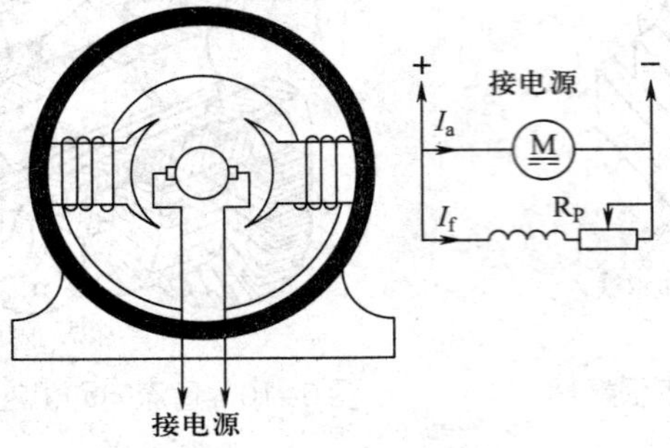 接电源；+ 接电源 −；I_a；M；I_f；R_P	（1）励磁绕组与电枢绕组并联，加在这两个绕组上的电压相等，利用调节电阻 R_P 的大小可调节励磁电流 I_f。总电流 $I=I_a+I_f$ （2）励磁绕组匝数多，导线截面较小，励磁电流只占电枢电流的一小部分
	串励	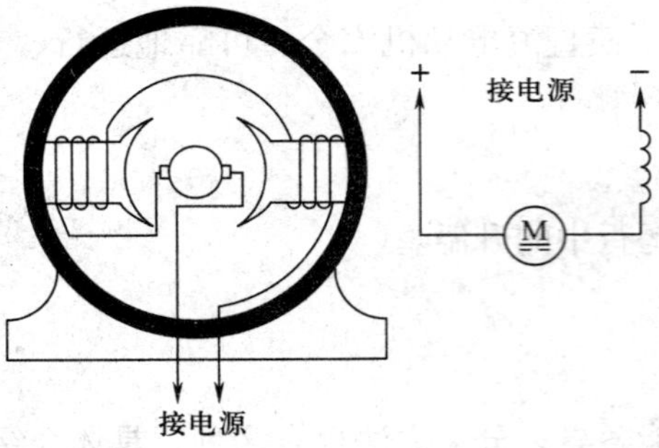 接电源；+ 接电源 −；M	（1）励磁绕组与电枢绕组串联，因此励磁绕组的电流与电枢绕组的电流相等 （2）励磁绕组匝数少，导线截面较大，励磁绕组上的电压降很小
	复励	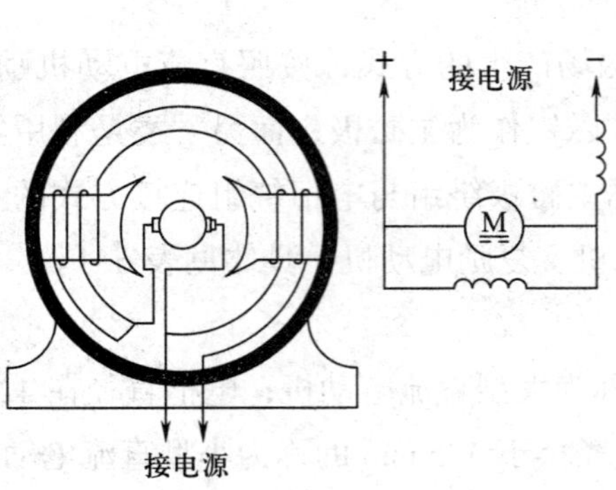 接电源；+ 接电源 −；M	（1）复励电动机的励磁绕组有两组，一组与电枢绕组串联，另一组与电枢绕组并联 （2）当两个绕组产生的磁通方向一致时，称为积复励电动机 （3）当两个绕组产生的磁通方向相反时，称为差复励电动机

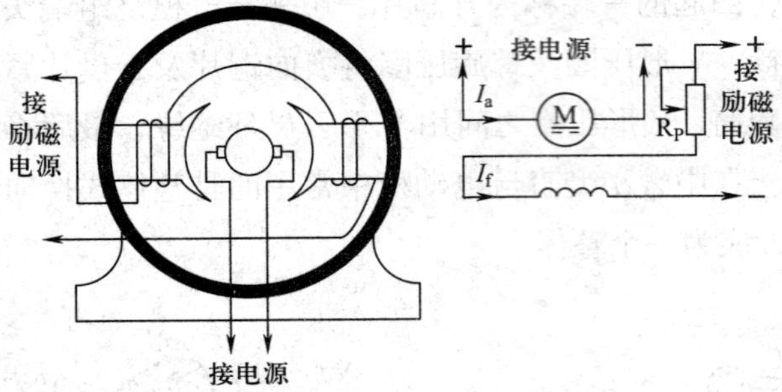

续表

名称	电动机绕组接线图	特点
永磁直流电动机	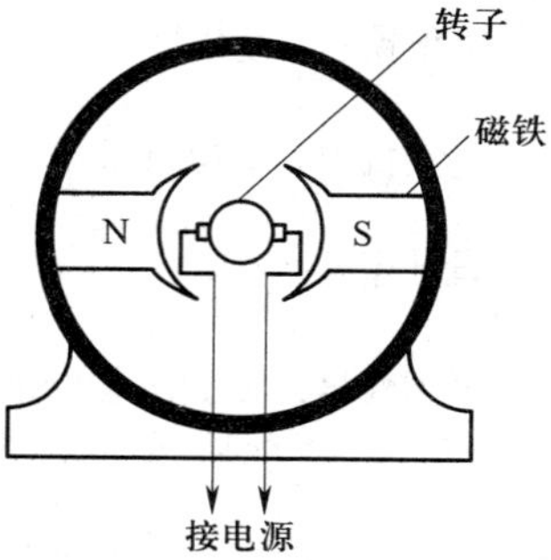 转子 磁铁 N S 接电源	（1）永磁直流电动机由永久磁铁提供固定磁通，不再需要外部的励磁电源。永磁直流电动机没有励磁绕组及相关的功率损耗，效率较高 （2）永久磁铁所需要的空间比励磁绕组所需空间小，直流电动机尺寸较小

3. 按防护方式分类

直流电动机按防护方式不同可分为开启式直流电动机、防护式直流电动机、防滴式直流电动机、全封闭式直流电动机和封闭防水式直流电动机等。

四、直流电动机的铭牌和额定值

每台直流电动机的机座上都钉有一块铭牌，如图 6-11 所示，上面标注了直流电动机的型号和一些重要技术数据，这些技术数据叫作额定值。额定值是正确选择和合理使用电动机的依据。

直流电动机			
型号	Z4-200-21	励磁方式	他励
额定功率	75 kW	额定励磁电压	180 V
额定电压	440 V	额定励磁电流	0.4 A
额定电流	188 A	额定温升	20 ℃
额定转速	1 500 r/min	绝缘等级	F 级
定额	连续	出厂日期	×××× 年 ×× 月
×××× 电机厂			

图 6-11　直流电动机的铭牌

1. 型号

电动机型号由若干字母和数字组成，用以表示电动机的系列和主要特点。根据电动机的型号，便可以从相关手册及资料中查出该电动机的有关技术数据。电动机型号的含义如下：

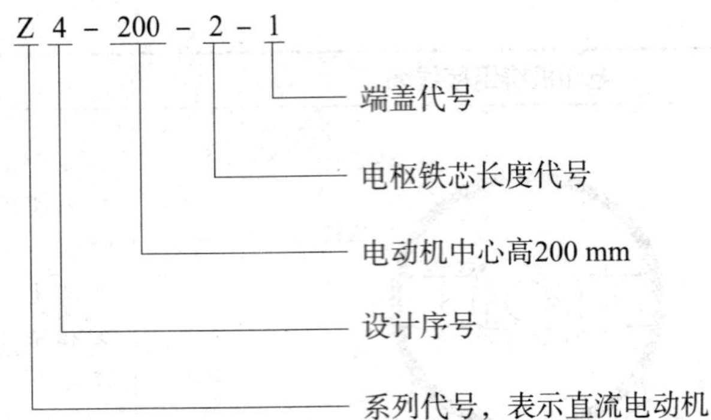

2. 额定功率（P_N）

额定功率是指电动机在额定情况下允许输出的功率。对于发电机，是指输出的电功率；对于电动机，是指轴上输出的机械功率，单位一般都为 kW 或 W。

3. 额定电压（U_N）

额定电压是指在额定运行情况下，从电刷两端输入给电动机的电源电压，单位为 V。

4. 额定电流（I_N）

额定电流是指长期连续运行时，允许从电源输入的电流，单位为 A。

额定功率 P_N、额定电压 U_N 和额定电流 I_N 三者之间的关系如下：

直流发电机 $$P_N=U_NI_N \tag{6-2}$$

直流电动机 $$P_N=U_NI_N\eta_N \tag{6-3}$$

式（6–3）中的 η_N 为额定效率。

5. 额定转速（n_N）

额定转速是指在额定功率、额定电压、额定电流时电动机的转速，单位为 r/min。

6. 励磁方式

励磁方式是指电动机励磁绕组的连接和供电方式，通常有他励、自励，自励又包括并励、串励、复励等。

7. 额定励磁电压（U_{fN}）

额定励磁电压是指在额定情况下励磁绕组所加的电压，单位为 V。

8. 额定励磁电流（I_{fN}）

额定励磁电流是指在额定情况下通过励磁绕组的电流，单位为 A。

9. 定额

定额是指电动机在额定值允许下的持续运行时间。电动机定额一般分为连续、短时和断续三种工作方式，分别用 S1、S2、S3 表示。

（1）连续定额（S1）表示电动机在额定工作状态可以长期连续运行。

（2）短时定额（S2）表示电动机在额定工作状态时，只能在规定时间内短期运行，我国规定的短时运行时间有 10 min、30 min、60 min 及 90 min 四种。

（3）断续定额（S3）表示电动机运行一段时间后，就要停止一段时间，只能周期性地重复运行，每一周期为 10 min。我国规定的负载持续率有 15%、25%、40% 及 60% 四种。例如，持续率为 25%时，2.5 min 为工作时间，7.5 min 为停机时间。

10. 额定温升

额定温升是指电动机在额定运行时所允许的温度，即电动机允许的工作温度减去环境温度的数值，单位用 ℃表示。

11. 绝缘等级

绝缘等级是指电动机所采用的绝缘材料的耐热等级。一般有 B 级、F 级、H 级、C 级。

有些物理量虽然不标在铭牌上，但它们也是额定值，例如在额定运行状态时的转矩、效率分别称为额定转矩、额定效率等。若电动机运行时各物理量都与额定值一样，称为额定状态。电动机在实际运行时，由于负载的变化，往往不是总在额定状态下运行。如果流过电动机的电流小于额定电流，称为欠载运行；超过额定电流，称为过载运行。电动机长期过载或欠载运行都不好。长期过载有可能因过热而烧坏电动机；长期欠载时电动机没有得到充分利用，效率降低，不经济。电动机在接近额定状态下运行，才是最经济合理的。

§6-2 直流电动机的基本性能分析

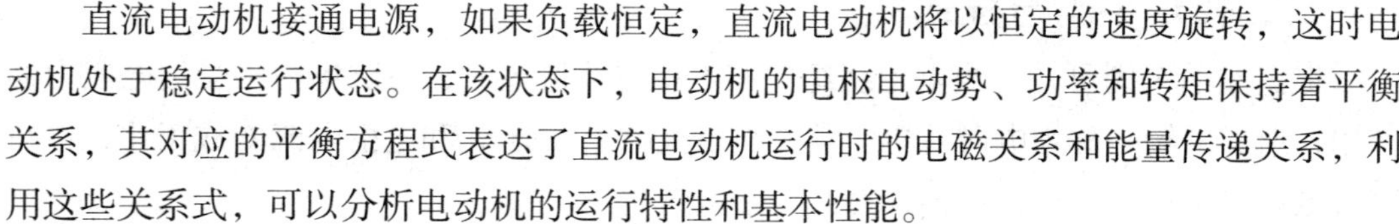

直流电动机接通电源，如果负载恒定，直流电动机将以恒定的速度旋转，这时电动机处于稳定运行状态。在该状态下，电动机的电枢电动势、功率和转矩保持着平衡关系，其对应的平衡方程式表达了直流电动机运行时的电磁关系和能量传递关系，利用这些关系式，可以分析电动机的运行特性和基本性能。

一、电压平衡方程式

1. 电压平衡方程

图 6-12 所示为他励直流电动机接线图，如果不考虑两个电刷上的压降，可以列

出他励直流电动机的电压平衡方程式：

$$U=E_a+I_aR_a \tag{6-4}$$

式中 U——直流电动机外加电源电压，V；

E_a——直流电动机的电枢电动势，V；

I_a——直流电动机的电枢电流，A；

R_a——直流电动机的电枢电阻，Ω。

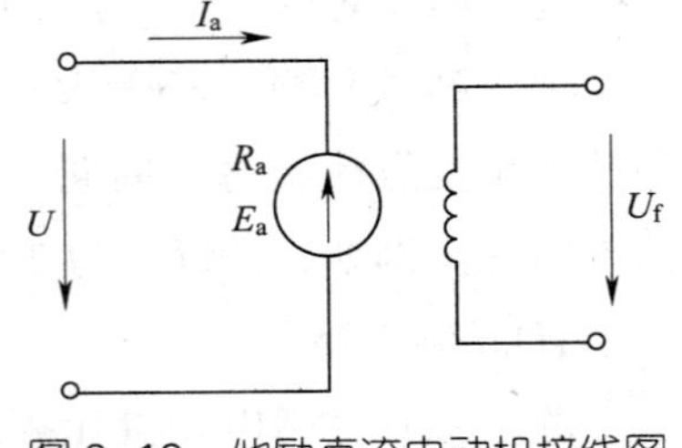

图 6–12 他励直流电动机接线图

对于他励直流电动机，励磁电流是由其他电源单独供电，所以电枢电流 I_a 就等于电枢电源提供的电流 I。

2. 电枢电动势

直流电动机运行时，电枢绕组元件在气隙磁场中运动，会切割磁力线产生感应电动势 E_a，称为电枢电动势，由于 E_a 和电枢电流 I_a 方向相反，所以 E_a 也称为电枢反电动势，由式（6–4）可知，E_a 用来与外加电压相平衡。E_a 的表达式为：

$$E_a=C_e\Phi n \tag{6-5}$$

式中 E_a——电枢电动势，V；

C_e——电动势常数，该常数仅与电动机结构有关；

Φ——气隙主磁通，Wb；

n——电枢转速，r/min。

当电动机制造好以后，与电动机结构有关的常数 C_e 不再变化，因此，直流电动机的 E_a 仅与气隙主磁通和转速有关，改变转速和气隙主磁通均可改变电枢电动势的大小。由式（6–4）可知，直流电动机的电枢电动势 E_a 小于外加电源电压 U。

例 6–1 已知某直流电动机的主磁极数为 4，气隙主磁通为 0.005 1 Wb，电动势常数为 21.6，电动机的转速 n=1 450 r/min，求电枢电动势 E_a。如果保持气隙主磁通不变，转速降为 1 000 r/min，此时的电枢电动势又为多少？

解：n=1 450 r/min 时，$E_a=C_e\Phi n=21.6\times0.005\,1\times1\,450\text{ V}\approx160\text{ V}$

n'=1 000 r/min 时，$E_a'=C_e\Phi n'=21.6\times0.005\,1\times1\,000\text{ V}\approx110\text{ V}$

二、转矩平衡方程式

根据左手定则可知，当电枢绕组中有电枢电流流过时，在磁场内将受到电磁力的作用，形成的转矩称为电磁转矩，其大小与气隙主磁通 Φ 和电枢电流 I_a 成正比，也与直流电动机结构有关，计算公式为：

$$T=C_T\Phi I_a \tag{6-6}$$

式中 T——电磁转矩，N·m；

C_T——电动机转矩常数，该常数仅与电动机结构有关；

Φ——气隙主磁通，Wb；

I_a——电枢电流，A。

对于直流电动机来说，电磁转矩 T 是驱动转矩，要克服直流电动机的负载转矩 T_L 和生产机械空载时的机械阻力转矩 T_0，才能实现稳态运行，T_L 在大小上等于直流电动机轴上输出的机械转矩 T_2，所以转矩平衡方程为：

$$T=T_L+T_0=T_2+T_0 \tag{6-7}$$

式中 T——直流电动机的电磁转矩，为拖动性质，N · m；

T_L——直流电动机的负载转矩，为制动性质，N · m；

T_2——直流电动机轴上输出的机械转矩，为拖动性质，N · m；

T_0——生产机械空载时的机械阻力转矩，为制动性质，N · m。

三、功率平衡方程式

1. 电磁功率

直流电动机带负载运行时，电枢中的感应电动势所吸收的电功率，即电枢绕组的感应电动势 E_a 和电枢电流 I_a 的乘积，称为电磁功率，其表达式为：

$$P=E_aI_a \tag{6-8}$$

根据能量守恒，直流电动机吸收的电功率应等于其电磁转矩对机械负载所做的机械功率 $T\omega$，即：

$$P=E_aI_a=T\omega \tag{6-9}$$

上式说明，电磁功率是电功率与机械功率互相转换的部分，它既可以表示成电功率 E_aI_a，也可以表示成机械功率 $T\omega$。

2. 功率平衡方程

将式（6–4）等式两边同时乘以 I_a，得到：

$$UI_a=E_aI_a+I_a^2R_a \tag{6-10}$$

式中 UI_a——直流电动机从电源输入的电功率，称为输入功率，$P_1=UI_a$；

E_aI_a——电磁功率，属于电枢中的感应电动势所吸收的电功率，$P=E_aI_a$；

$I_a^2R_a$——电枢电阻上消耗的电功率，称为铜损耗，$\Delta P_{Cu}=I_a^2R_a$。

其表达式为：

$$P_1=P+\Delta P_{Cu} \tag{6-11}$$

式（6–11）也可以变换成：

$$P=P_1-\Delta P_{Cu} \tag{6-12}$$

铜损耗 ΔP_{Cu} 随着负载电流的变化而变化，为可变损耗。输入电功率中扣除铜损耗 ΔP_{Cu} 就等于电磁功率，转换为机械功率。

将式（6–7）等号两边同时乘以 ω，得到：

$$T\cdot\omega=T_2\cdot\omega+T_0\cdot\omega \tag{6-13}$$

式中　$T \cdot \omega$——电磁功率，属于电磁转矩对机械负载所作的机械功率，$P=T \cdot \omega=E_aI_a$；

$T_2 \cdot \omega$——直流电动机轴上输出的机械功率，$P_2=T_2 \cdot \omega$；

$T_0 \cdot \omega$——直流电动机空载损耗功率，$\Delta P_0=T_0 \cdot \omega$。

其表达式为：

$$P=P_2+\Delta P_0 \tag{6-14}$$

空载损耗功率 ΔP_0 主要是由转动时产生的机械损耗 ΔP_Ω 和电枢铁芯中铁损耗 ΔP_{Fe} 组成。由电功率转换过来的机械功率（即电磁功率）扣除空载损耗功率 ΔP_0 后，都输出给负载。直流电动机功率流程图如图 6-13 所示。

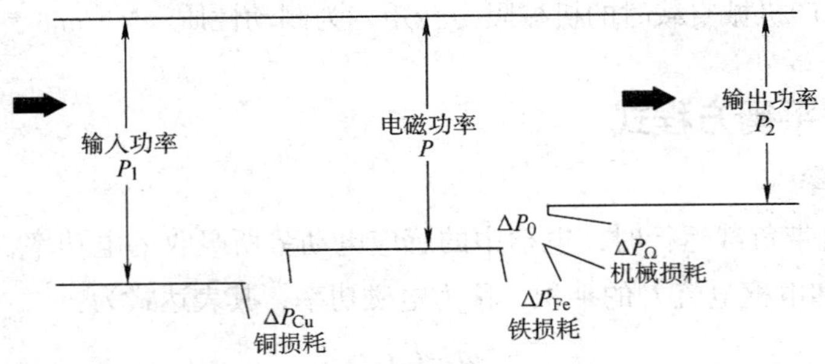

图 6-13　直流电动机功率流程图

将式（6-14）代入式（6-11），得到直流电动机的功率平衡方程式：

$$P_1=P_2+\Delta P_{Cu}+\Delta P_0 \tag{6-15}$$

直流电动机的效率为：

$$\eta=\frac{P_2}{P_1}\times 100\% \tag{6-16}$$

例 6-2　一台 Z2-51 型直流他励电动机，额定功率为 3 kW，电源电压为 220 V，电枢电流为 16.4 A，电枢回路电阻为 0.84 Ω，求输入功率 P_1、铜损耗 ΔP_{Cu}、空载损耗 ΔP_0、电枢反电动势 E_a 和电动机的效率 η。

解：（1）输入功率 $P_1=U_NI_a=220\times16.4\ \text{W}=3\ 608\ \text{W}=3.608\ \text{kW}$

（2）铜损耗 $\Delta P_{Cu}=I_a^2R_a=16.4^2\times0.84\ \text{W}\approx226\ \text{W}=0.226\ \text{kW}$

（3）空载损耗 $\Delta P_0=P_1-P_2-\Delta P_{Cu}=(3.608-3-0.226)\ \text{kW}$

$=0.382\ \text{kW}$

（4）电枢反电动势 $E_a=U-I_aR_a=(220-16.4\times0.84)\ \text{V}\approx206.2\ \text{V}$

（5）电动机的效率 $\eta=\frac{P_2}{P_1}\times100\%=\frac{3}{3.608}\times100\%\approx83\%$

四、机械特性

当直流电动机的电源电压 U、励磁电流 I_f、电枢回路总电阻 R 都等于常数时，转

速 n 与电磁转矩 T 之间的关系曲线称为直流电动机的机械特性。机械特性是直流电动机的一个很重要的特性曲线。

1. 他励直流电动机的机械特性

他励直流电动机的机械特性可由直流电动机基本公式（6–4）、（6–5）和（6–6）推导出来，将 $E_a=C_e\Phi n$ 代入 $U=E_a+I_aR_a$ 可以求得关系式：

$$n=\frac{U-I_aR_a}{C_e\Phi} \tag{6–17}$$

再把 $T=C_T\Phi I_a$ 代入上式，可以求得他励直流电动机的机械特性方程：

$$n=\frac{U}{C_e\Phi}-\frac{R_a}{C_eC_T\Phi^2}T \tag{6–18}$$

当不考虑电枢反应的影响时，如果励磁电流 I_f 为常数，则 Φ 为常数，所以机械特性曲线是一条直线。式（6–18）又可表示为：

$$n=n_0-\alpha T \tag{6–19}$$

式中 n——直流电动机的转速，r/min；

n_0——直流电动机的理想空载转速，是直流电动机不带负载且不考虑空载转矩的影响时的转速，$n_0=\frac{U}{C_e\Phi}$；

α——机械特性的斜率，$\alpha=\frac{R_a}{C_eC_T\Phi^2}$；

T——电磁转矩，N · m。

（1）他励直流电动机的固有机械特性

当直流电动机的电枢电压和励磁电流均为额定值，电枢回路不串外接电阻时的机械特性称为固有机械特性，此特性是电动机自然具有的。固有机械特性方程为：

$$n=\frac{U_N}{C_e\Phi_N}-\frac{R_a}{C_eC_T\Phi_N^2}T \tag{6–20}$$

当 T=0 时（空载），$n=n_0=\frac{U_N}{C_e\Phi_N}$；当 $T=T_N$ 时（满载），$n=n_N$，他励直流电动机固有机械特性曲线过 A（0，n_0）和 B（T_N，n_N）两点，如图 6–14 所示。

由图 6–14 可知，当直流电动机负载转矩增大，即电动机转矩 T 增大时，电动机的转速有所下降，他励直流电动机固有机械特性是一条稍向下倾斜的直线，由于电枢电阻 R_a 很小，其斜率 α 也较小，从空载到满载，电动机转速降 Δn 不是很大，称为硬特性。

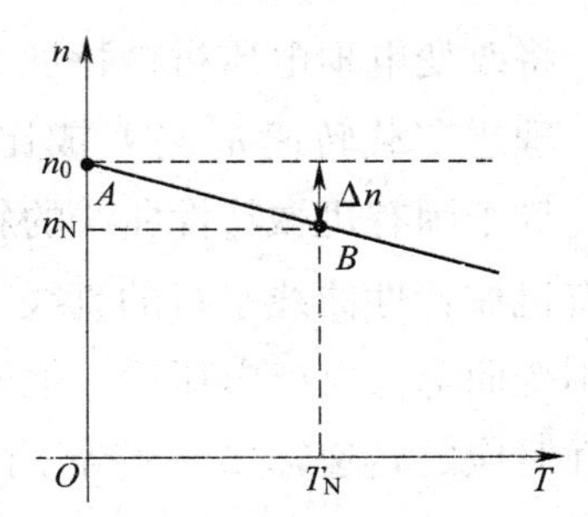

图 6–14 他励电动机的固有机械特性

（2）他励直流电动机的人为机械特性

人为改变电枢电压、励磁电流或电枢电阻三

个量中任意一个数值所得到的机械特性称为人为机械特性。

1）电枢串电阻时的人为机械特性。保持电枢电压为额定电压，励磁电流为额定励磁电流不变，在电枢回路中串联一个电阻 R 后，其机械特性方程为：

$$n=\frac{U_N}{C_e\Phi_N}-\frac{R_a+R}{C_eC_T\Phi_N^2}T \tag{6-21}$$

与固有机械特性方程（6-20）相比较，直流电动机理想空载转速 n_0 保持不变，但机械特性曲线斜率 α 将增大，转速降 Δn 也随之变大，即人为机械特性曲线硬度随电枢外接电阻 R 的增大而降低。图 6-15a 中的三条曲线，分别是在电枢串入电阻 R_1、R_2 和 R_3 后的人为机械特性，其电阻关系为 $R_1<R_2<R_3$。从图中可知，当负载转矩不变，电枢回路串入电阻后，相对于他励直流电动机的固有机械特性，稳定转速将下降，串入的电阻越大，稳定转速降低越多，机械特性变软了。

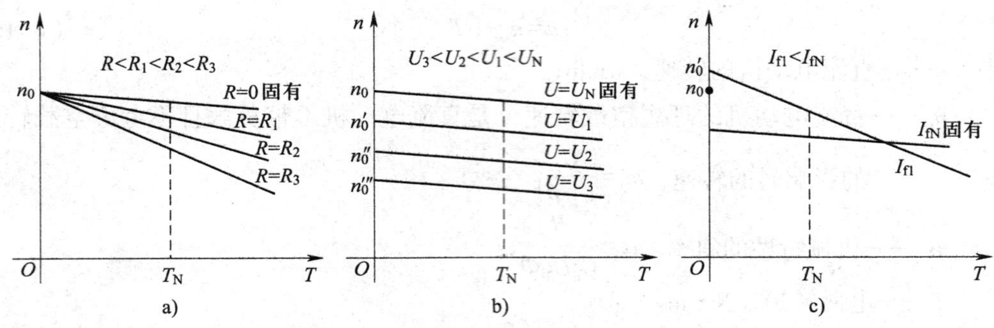

图 6-15　他励直流电动机的人为机械特性
a）电枢串电阻　b）降低电枢电压　c）减小励磁电流

2）改变电枢电压时的人为机械特性。保持励磁电流为额定励磁电流不变，电枢回路中不串接外接电阻，即 R=0 时，改变电枢电压的数值时，机械特性方程为：

$$n=\frac{U}{C_e\Phi_N}-\frac{R_a}{C_eC_T\Phi_N^2}T \tag{6-22}$$

由于电动机的工作电压一般以额定电压为上限，因而改变电枢电压通常只能在低于额定电压的范围内进行。

将改变电枢电压机械特性方程（6-22）与固有机械特性方程（6-20）相比较可得知，理想空载转速 n_0 与 U 成比例减少，机械特性曲线的斜率将与 U 无关，其保持不变，等于固有机械特性曲线的斜率，所以改变电枢电压的人为机械特性曲线是一组与固有机械特性曲线平行的直线，如图 6-15b 所示。从图中可知，当电动机负载转矩保持不变而降低电枢电压后，他励直流电动机的稳定转速也随之降低，但每条人为机械特性对应的转速降 Δn 还等于固有机械特性的转速降落，没有变化，即特性曲线没有变软。

3）减小励磁电流时的人为机械特性。保持电枢电压为额定电压不变，电枢回路不串外接电阻 R，改变励磁电流大小时，每极主磁通 Φ 大小也随之改变。改变主磁通时人为机械特性方程为：

$$n=\frac{U_N}{C_e\Phi}-\frac{R_a}{C_eC_T\Phi^2}T \tag{6-23}$$

减小励磁电流，则主磁通 Φ 减小。Φ 越小，n_0 越大，人为机械特性的斜率 α 也越大，特性越倾斜。改变励磁电流的人为机械特性曲线如图 6-15c 所示，从图中可知，它是特性较软的人为特性曲线。一般在额定负载情况下减小励磁电流，他励直流电动机转速升高。如果在负载转矩特别大或电动机主磁通特别小的时候，再减小励磁电流，会发生转速反而下降的现象。

值得注意的是：如果在减小励磁电流的过程中发生励磁电流等于零的情况，则主磁通 Φ 也等于零，从公式 $n=\frac{U-I_aR_a}{C_e\Phi}$ 可以看出，转速将趋于无穷大，如果确定主磁通等于零，将不产生电磁力和电磁转矩，由于阻力矩的作用，电动机转速将逐步减慢下来，但由于电动机磁路中存在数值很小的剩磁，因而他励直流电动机的转速将上升到为电动机机械强度所不允许的数值。因此，直流电动机在运行过程中不允许励磁回路断开而导致励磁电流为零的情况出现。

2. 并励直流电动机的机械特性

并励直流电动机具有与他励电动机相似的“硬的”机械特性，由于并励电动机的励磁绕组与电枢绕组并联，共用一个电源，电枢电压的变化会影响励磁电流的大小，使其机械特性比他励直流电动机稍软。

3. 串励直流电动机的机械特性

由于串励直流电动机的励磁绕组与电枢绕组串联，故励磁电流 I_f 等于电枢电流 I_a，当直流电动机所带负载发生变化时，电枢电流随之变化，这时也会引起主磁通较大变化，对应的机械特性曲线也有显著变化。在磁路未饱和的条件下，串励直流电动机的机械特性曲线如图 6-16 所示，它接近于一条双曲线，这种机械特性称为软特性，即电动机的转速随转矩变化而剧烈变化。从图中可知，串励直流电动机空载时，理想空载转速 n_0 为无限大，实际中 n_0 也可达到额定转速 n_N 的 5～7 倍（也称为飞车），这是电动机的机械强度所不允许的。因此，串励直流电动机不允许空载或轻载运行。

在实际应用中，串励直流电动机常用于负载变化比较大，且不可能空转的场合。例如，电动机车、地铁电动车组、城市电车、电瓶车、挖掘机、铲车、起重机等。

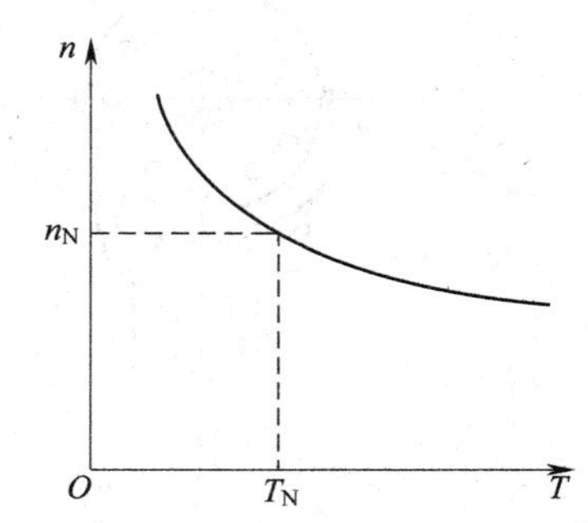

图 6-16　串励电动机的机械特性曲线

4. 并励电动机与串励电动机的性能比较

并励电动机与串励电动机的性能比较见表 6–2。

表 6–2　并励电动机与串励电动机的性能比较

性能比较	并励电动机	串励电动机
主磁极绕组构造特点	绕组匝数比较多，导线线径比较细，绕组的电阻比较大	绕组匝数比较少，导线线径比较粗，绕组的电阻较小
主磁极绕组和电枢绕组连接方法	主磁极绕组和电枢绕组并联，主磁极绕组承受的电压较高，流过的电流较小	主磁极绕组和电枢绕组串联，主磁极绕组承受的电压较低，流过的电流较大
机械特性	具有硬的机械特性，负载增大时，转速下降不多，具有恒转速特性	具有软的机械特性，负载较小时转速较高，负载增大时转速迅速下降，具有恒功率特性
应用范围	适用于在负载变化时要求转速比较稳定的场合	适用于恒功率负载以及速度变化大的负载
使用时应注意的事项	可空载或轻载运行。主磁通很小时可能会造成飞车，主磁极绕组不允许开路	空载或轻载时转速很高，会造成换向困难或离心力过大而使电枢绕组损坏，不允许空载启动及带传动

五、直流电动机的电枢反应

1. 主磁场

当直流电动机的励磁绕组中通入励磁电流后，在直流电动机气隙中将产生主磁场，图 6–17a 为直流电动机主磁场分布图，YY' 为主磁极的轴线，每个主磁极下气隙磁场以 YY' 轴线为分界，对称分布。

通过电枢轴中心，主磁场的 N 极和 S 极平分线称为几何中性线，用 nn' 表示。通过电枢轴中心，电枢铁芯圆周上磁通为零的两点连线称为物理中性线，用 mm' 表示。

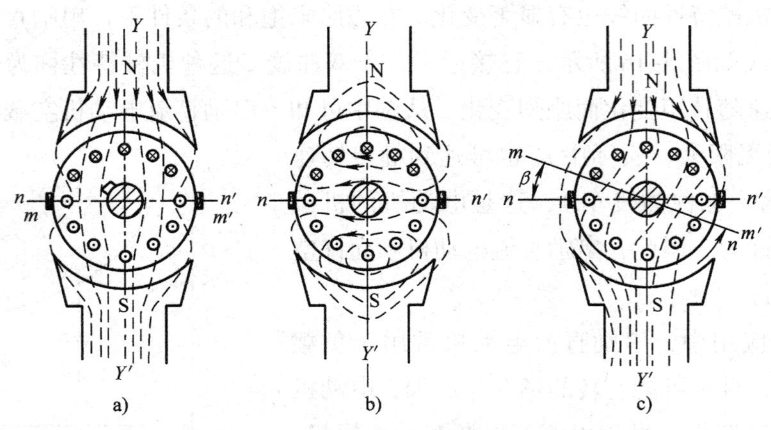

图 6–17　直流电动机的电枢反应示意图

a）主磁场分布图　b）电枢磁场分布图　c）气隙合成磁场分布图

空载时，电枢电流很小，可以忽略不计，气隙磁场就是由励磁电流产生的主磁场，其几何中性线 nn' 和物理中性线 mm' 是重合的。

2. 电枢磁场

当直流电动机拖动负载运行时，电枢绕组中有负载电流通过，电枢电流产生的磁场称为电枢磁场。其分布情况如图 6–17b 所示。如果不考虑磁路的饱和，这时气隙中实际磁场是由主磁场和电枢磁场叠加而成的，叠加后的合成磁场如图 6–17c 所示。

3. 电枢反应

比较图 6–17a 和图 6–17c 可知，直流电动机从空载运行到带负载运行后，气隙磁场发生了变化。直流电动机带负载后，电枢磁场对主磁场的影响称为电枢反应。这时，每个主磁极下的气隙磁场不是以 YY' 轴线为分界而对称分布了，而是一半磁极下的磁场增强了，另一半磁极下的磁场被削弱了，气隙合成磁场发生了畸变。

假设电枢按逆时针方向转动，在 N 极的右侧（即电枢旋转时进入的一端），由于主磁场和电枢磁场方向相同，起增磁作用，磁场增强了；而在 N 极的左侧，主磁场和电枢磁场方向相反，起去磁作用，磁场减弱了，如果电动机的磁路接近饱和状态，则每个磁极下去磁作用大于增磁作用，磁极下气隙合成磁场被削弱了，主磁通 Φ 减小了。同时，合成磁场的物理中性线 mm' 就逆着电枢转动方向移过了一个 β 角，电枢电流越大，电枢磁场越强，β 角就越大，合成磁场畸变得越厉害，去磁作用也越大。

知识拓展

直流电动机的换向问题

一、换向过程

在直流电动机的结构中存在着它特有的部件——电刷和换向器，它们的作用是将外部的直流电变成内部的交流电。这套装置在工作中有一个换向过程，当电枢旋转时，电枢绕组每条支路里所含的元件数目是基本不变的，但组成每条支路的元件在依次循环着更换。一条支路中的某个元件在经过电刷后就成为另一条支路的元件，并且在电刷的两侧，元件中的电流方向是相反的，如图 6–18c 所示。因此，直流电动机在工作时，绕组元件连续不断地从一条支路退出而进入相邻的支路。电枢绕组元件从一条支路经过电刷转入另一条支路，元件中的电流改变方向，称作换向。单叠绕组的换向过程如图 6–18 所示。

如果换向不良，将会在电刷与换向片之间产生有害的火花，直接影响电动机的安全运行。当火花超过一定程度，就会烧坏电刷和换向器表面，使电动机不能正常工作。

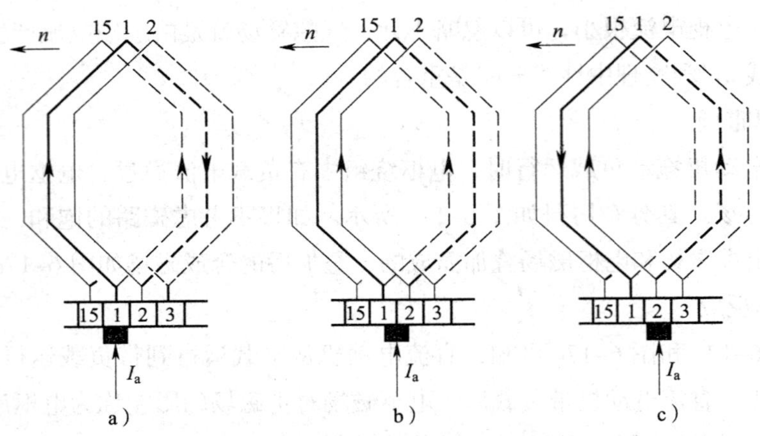

图6–18　单叠绕组的换向过程

二、产生火花的原因

由于直流电动机的电路中存在电刷和换向器之间的动接触，因此，在运行时难免会出现或多或少的火花。产生火花的原因是多方面的，除了电磁原因外，还有机械原因，换向过程中还伴随有电化学、电热等因素，它们互相交织在一起，所以相当复杂。

1. 电磁原因

（1）自感电动势 e_L

在换向过程中，换向元件里电流的大小和方向迅速变化，必然会在绕组中产生自感电动势，其方向是阻止电流变化的，即与元件换向前的电流方向相同，是阻止换向的。

（2）换向电动势（电枢反电动势）e_a

由于电枢反应，使物理中性线相对于几何中性线移动了一个角度，因而处在几何中性线上的换向元件仍要切割磁力线产生感应电动势，称为换向电动势，也称为电枢反电动势。它的方向与换向前的电流方向一致，也是阻止换向的。

这两个方向相同的电动势在被电刷短路的换向元件中产生附加电流，且存储着一定大小的磁场能量。当被短路的换向片离开电刷时，短路回路断开，在换向元件中存储的能量释放出来，于是在电刷与换向片之间便发生火花。

2. 机械原因

直流电动机的电枢绕组与外电路之间是通过电刷和换向器进行连接的，因此电刷与换向器之间的接触不良也是产生火花的重要原因。电刷压力过小肯定会造成接触电阻过大而产生火花；电刷压力过大除了增加机械阻力外，同样会使得电刷跳动而产生火花。换向器存在一定的圆度误差、与转轴不同轴、表面不光滑等，这些都会使电刷的压力时大时小而产生火花。换向器表面灰尘多也会使电刷接触不良而产生火花。

三、改善换向的方法

改善换向、减小火花就是要设法减小换向元件中的附加电动势 e_K、e_L 和附加电流，其越小越好，常用的方法有以下几种：

1. 安装换向极

常用的方法是在几何中性线处安装换向极，使得换向极的磁场在换向元件中切割磁力线产生的电动势 e_K 可以抵消（e_L+e_a），从而达到消除火花的目的。容量在 1 kW 以上的直流电动机都装有换向极。

2. 正确移动电刷

在小容量没有安装换向极的直流电动机中，常用适当移动电刷位置的方法来改善换向。将电刷从电枢几何中性线移动一个适当角度，用主磁场来代替换向极磁场，也可改善换向。正确移动电刷的方法如下：当电机运行于电动机状态时，电刷应逆着电枢旋转方向移动；而电机运行于发电机状态时，电刷则应顺着电枢旋转方向移动。如果电刷移动的方向不正确，不但起不到改善换向的作用，反而会使电机换向更加恶化。

3. 正确选用电刷

不同牌号的电刷具有不同的接触电阻，选择合适的电刷能改善换向。例如小容量直流电机用石墨电刷；在换向问题突出的场合，采用硬质电化石墨电刷。在更换电机的电刷时，应注意选用同一牌号的电刷，以免造成电刷间电流分配不均。

4. 装设补偿绕组

直流电动机带负载时的电枢反应使主磁极下的气隙磁场发生了畸变，这样就增大了某几个换向片之间的电压，在负载变化剧烈的大型直流电动机中可能出现环火现象。

所谓环火，是指直流电动机正、负电刷之间出现电弧，电弧被拉长后，直接从一种极性的电刷跨过换向器表面到达相邻的另一极性的电刷，使整个换向器表面布满环形火花。直流电动机出现环火时，可在很短时间内损坏电动机。

为避免出现环火现象，采用补偿绕组是有效方法之一。补偿绕组嵌置在主磁极表面的槽内，其中流过的是电枢电流，所以补偿绕组应与电枢绕组串联，其电流方向与对应磁极下电枢绕组的电流方向相反，显然它产生的磁动势与电枢反磁动势方向相反，从而抵消了电枢反应的影响。装设补偿绕组由于大大增加了成本，因此，只用于大型直流电动机中。

§6-3　直流电动机的运行 

一、直流电动机的启动

直流电动机接入电源后转速从零逐渐上升到稳定转速的过程称为启动过程。

直流电动机启动的基本要求是：有足够的启动转矩，一般为额定转矩的 2～2.5 倍，以便快速启动，缩短启动时间；启动电流不能过大，要在一定的范围内，一般规定启动电流不应超过额定电流的 2～2.5 倍；启动设备安全、可靠、经济。

1．全压启动

全压启动又称为直接启动，即直流电动机在启动时，给电动机加额定电压 U_N 直接启动电动机。由直流电动机的电压平衡方程式可知，正常工作时的电枢电流为：

$$I_a = \frac{U_N - E_a}{R_a} \tag{6-24}$$

在电动机启动的瞬间，n=0，所以 $E_a=C_e\Phi_N n=0$，此时电枢电流 I_a 为：

$$I_a = \frac{U_N - E_a}{R_a} = \frac{U_N}{R_a} = I_{st} \tag{6-25}$$

此时的电流称为启动电流，用 I_{st} 表示。由 I_{st} 产生的电磁转矩称为启动转矩 T_{st}。

$$T_{st} = C_T \Phi I_{st} \tag{6-26}$$

由于 R_a 很小，直接加额定电压启动，启动电流将很大，通常可达到额定电流的 10～20 倍。这样大的启动电流将带来以下不良影响：

（1）电动机电刷与换向器之间产生强烈的火花而导致电刷与换向器表面发生烧损事故。

（2）由于电磁转矩与电枢电流成正比，所以电动机的启动转矩 T_{st} 非常大，会产生机械冲击，损坏传动机构。

（3）大电流还会使电网的电压波动，将影响到同一电网上其他用电设备的正常运行。

例如，Z2–22 型直流电动机的 P_N=0.8 kW，U_N=220 V，I_N=5 A，R_a=4 Ω。如将电动机直接接入电网启动，启动瞬间电流 $I_{st} = \frac{U_N}{R_a} = \frac{220}{4}\ \text{A} = 55\ \text{A}$，是额定电流的 11 倍。大型直流电动机由于电枢电阻更小，启动电流更大。这样大的电枢电流显然是不允许的。

因此，除小功率直流电动机以外，一般不允许全电压直接启动。直接启动的优点是所需设备简单，操作方便；缺点是启动电流较大。

为了获得足够大的启动转矩，同时又要限制启动电流在一定范围内，直流电动机通常采用的启动方法有两种，即电枢回路串变阻器启动和降低电枢电压启动。

2．电枢回路串变阻器启动

串变阻器启动，就是在电枢回路串入可变的启动电阻 R_{st} 后，将直流电动机接入额定电压上进行的启动。启动电流产生的启动转矩使直流电动机按一定的加速度旋转起来，随着转速升高，电枢反电动势 E_a 增大，电枢电流减小，电动机的加速度作用也减小，速度上升便缓慢下来，使启动过程加长。理想情况是保持电动机在启动过程中的加速度不变，这就要求在启动过程中的转矩保持不变，随着转速的增加要逐级切除启动电阻，当直流电动机的转速等于额定转速时，完全切除启动电阻，启动过程结束。启动瞬间最大的启动电流为：

$$I_{st}=\frac{U_N}{R_a+R_{st}} \tag{6-27}$$

选择不同的启动电阻 R_{st}，会有不同的启动电流 I_{st}，为保证有较大的启动转矩，缩短启动时间，启动电流一般取 $I_{st}=(1.5\sim2.5)I_N$。

如图 6-19 所示为变阻器的外形图。

电枢回路串变阻器启动设备简单、初始投资较小，但在启动过程中能量消耗较多，常用于中小容量启动不频繁的直流电动机中。

图 6-19　变阻器的外形图

例 6-3　某他励直流电动机额定功率 P_N=150 kW，额定电压 U_N=220 V，额定电流 I_N=250 A，额定转速 n_N=500 r/min，电枢回路电阻 R_a=0.078 Ω，拖动额定恒转矩负载运行，忽略空载转矩。若采用电枢回路串变阻器启动，启动电流 $I_{st}=2I_N$ 时，计算应串入的电阻值及启动转矩。

解：（1）计算变阻器的电阻值

由

$$I_{st}=\frac{U_N}{R_a+R_{st}}$$

得

$$R_{st}=\frac{U_N}{I_{st}}-R_a=\left(\frac{220}{2\times250}-0.078\right)\ \Omega=0.362\ \Omega$$

（2）计算启动转矩

$$\begin{aligned}T_{st}&=C_T\Phi I_{st}=2C_T\Phi I_N\\&=2T_N=2\times9\ 550\frac{P_N}{n_N}=2\times9\ 550\times\frac{150}{500}\ \mathrm{N\cdot m}=5\ 730\ \mathrm{N\cdot m}\end{aligned}$$

3. 降低电枢电压启动

直流电动机启动时，降低电枢电压的启动方法称为降压启动。降压启动过程中能量损耗很少；由于电压连续可调，所以电动机启动平滑。但采用降压启动时，需要专用可调压的直流电源，设备投资较大。因此，降压启动常用于要求经常启动的场合以及大中型直流电动机的启动，如起重机械、运输机械上的电动机。

应注意如下事项：

（1）在手动调节电源电压启动时应注意电压不能升得太快，否则会产生较大的冲击电流。

（2）用减小电源电压的方法启动并励直流电动机时，启动时并励直流电动机上必须加额定的励磁电压，使磁通保持额定值，否则电动机启动电流虽然比较大，但启动转矩却很小，电动机可能无法启动。

例 6–4 在例 6–3 中，若采用降压启动，其他已知条件不变，电枢电压应降至多少？并计算启动转矩。

解：（1）计算 $I_{st}=2I_N$ 时电枢电压

由于采用降压启动，则电枢回路不串外接电阻，$R_{st}=0$，由式（6–27）得：

$$U_{st}=I_{st}R_a=2I_NR_a=2\times250\times0.078\ \text{V}=39\ \text{V}$$

（2）计算启动转矩

$$T_{st}=2T_N=2\times9\ 550\frac{P_N}{n_N}=2\times9\ 550\times\frac{150}{500}\ \text{N}\cdot\text{m}=5\ 730\ \text{N}\cdot\text{m}$$

二、直流电动机的反转

由直流电动机拖动的许多设备中，由于生产工艺的要求，常需要电动机能够正转，也能够反转。直流电动机的电磁转矩是由主磁通和电枢电流相互作用而产生的，由 $T=C_T\Phi I_a$ 可知，要改变电磁转矩的方向，只要改变主磁通的方向或电枢电流的方向即可。如果同时改变主磁通方向和电枢电流的方向，则电磁转矩方向不会改变。所以，直流电动机改变转向的方法有两种：

1. 电枢绕组反接

在励磁电流方向不变即磁场方向不变的条件下，将电枢电压的正负极性反接，从而改变电枢电流和电磁转矩的方向，使电动机反转，如图 6–20a 所示。

2. 励磁绕组反接

在电枢电压的极性不变时，将励磁绕组反接以改变励磁电流的方向，即改变了磁场的方向，可使电磁转矩方向改变，实现电动机反转，如图 6–20b 所示。

由于他励电动机和并励电动机励磁绕组的匝数较多，电感较大，反向磁通的建立过程缓慢，为了实现电动机高效、快速地反转，往往采用电枢绕组反接的方法。

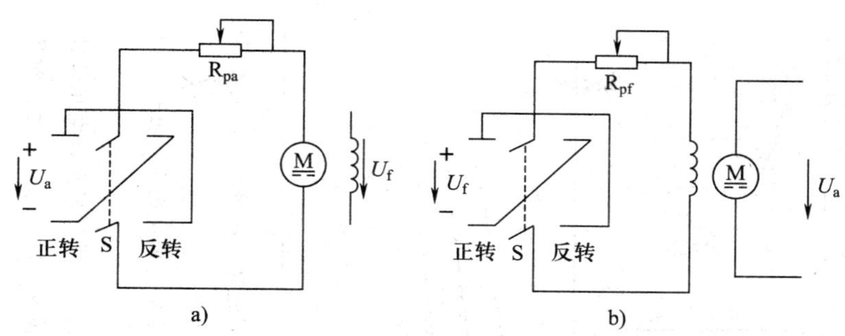

图 6–20 他励直流电动机正反转电路图

a）电枢绕组反接 b）励磁绕组反接

三、直流电动机的调速

为了保证产品质量和提高生产效率，很多生产机械要求在不同的条件下采用不同的速度进行加工。通常用调速的方法来实现不同的工作速度。直流电动机的主要特点是调速性能良好，比较容易满足调速范围宽广、调速连续平滑、经济性能好、设备投资少、损耗小等电动机调速的基本要求。

直流电动机的调速是指在电动机的机械负载不变的条件下，改变直流电动机的转速。根据直流电动机的转速公式 $n \approx \dfrac{U-I_aR_a}{C_e\Phi}$ 可知，直流电动机有三种调速方法，即电枢回路串电阻调速法、改变励磁磁通调速法和改变电枢电压调速法。直流电动机的调速方法见表 6–3。

四、直流电动机的制动

在生产过程中，为了满足加工工艺，经常要求迅速且准确停机，或从高速迅速降到低速运转，此时就需要对电动机进行制动。直流电动机的制动可以分为机械制动和电气制动，其中电气制动又可分为能耗制动、反接制动和再生（回馈）制动等，见表 6–4。电动机制动运转状态时所产生的电磁转矩 T 与转速 n 的方向相反，电磁转矩为制动转矩。

表 6-3 直流电动机的调速方法

项目	电枢回路串电阻调速法	改变励磁磁通调速法	改变电枢电压调速法
实现方法	在直流电动机的电枢回路中串联一只调速变阻器来实现调速	串入不同的励磁电阻，改变主磁通来实现调速	使用可调直流电源来改变电枢电压实现调速
原理图	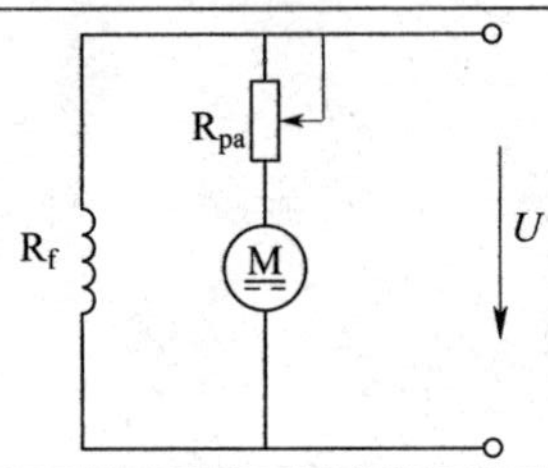 R_{pa} R_f M U	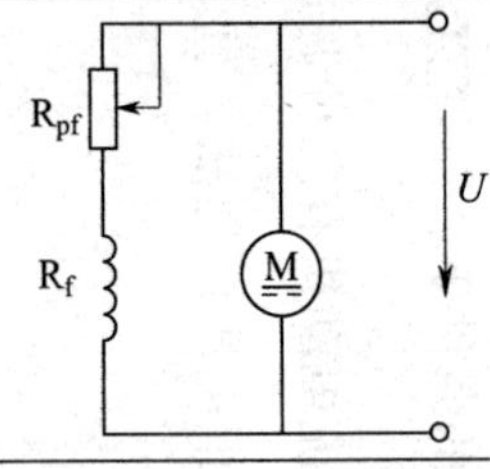 R_{pf} R_f M U	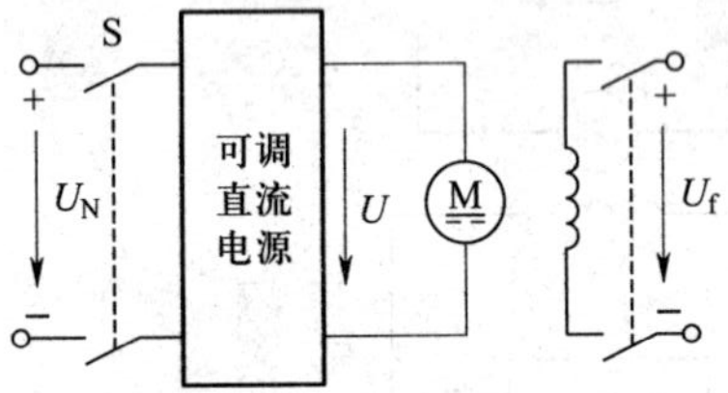 S + U_N − 可调直流电源 U M + U_f −
机械特性	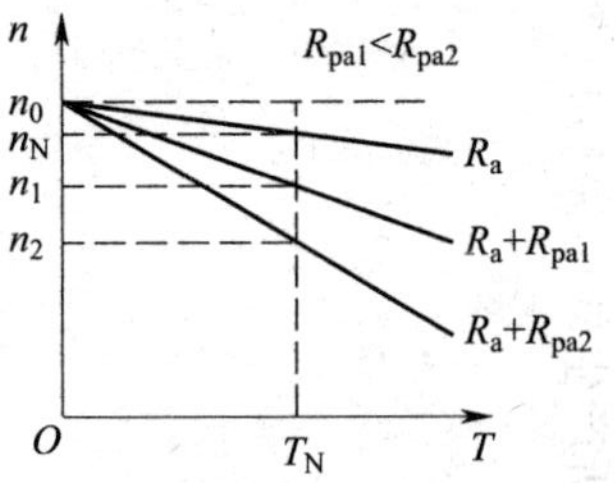 n $R_{pa1}<R_{pa2}$ n_0 n_N n_1 n_2 R_a R_a+R_{pa1} R_a+R_{pa2} O T_N T	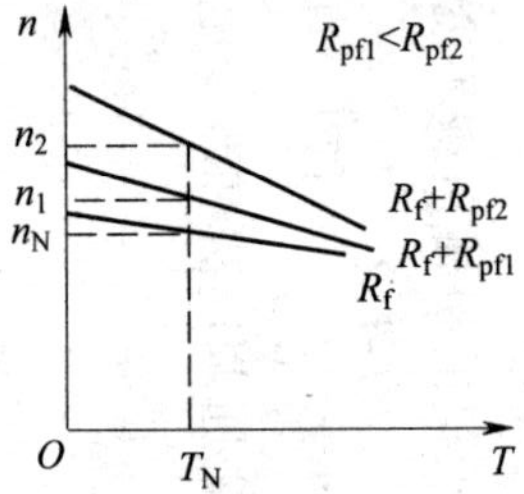 n $R_{pf1}<R_{pf2}$ n_2 n_1 n_N R_f+R_{pf2} R_f+R_{pf1} R_f O T_N T	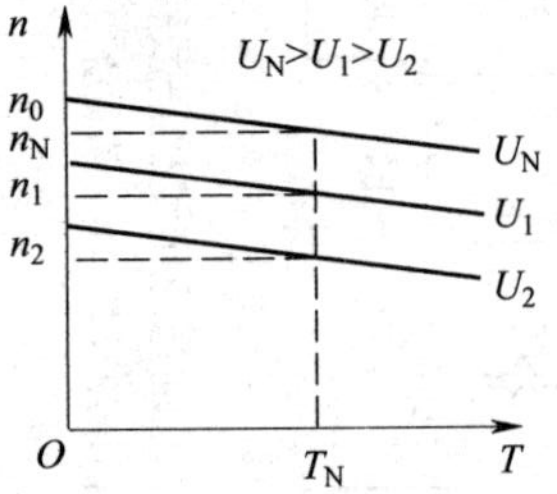 n $U_N>U_1>U_2$ n_0 n_N n_1 n_2 U_N U_1 U_2 O T_N T
特点	（1）设备简单，投资少，只需增加电阻和切换开关，操作方便。在小功率电动机中用得较多，如电气机车等 （2）属于恒转矩调速方式，转速只能由额定转速往下调 （3）只能分级调速，调速平滑性差 （4）低速时，机械特性很软，转速受负载影响变化大，电能损耗大，经济性差	（1）调速在励磁回路中进行，功率较小，故能量损失小，控制方便 （2）速度变化比较平滑，但转速只能往上调，不能在额定转速以下进行调节 （3）调速的范围较窄，在磁通减少太多时，由于电枢磁场对主磁场的影响加大，会使电动机火花增加、换向困难 （4）在减少励磁调速时，如负载转矩不变，电枢电流必然增大，要防止电流太大带来的问题，如发热、打火等	（1）改变电枢电压调速时，机械特性的斜率不变，所以调速的稳定性好 （2）电压可作连续变化，调速的平滑性好，调速范围广 （3）属于恒转矩调速，电动机不允许电压超过额定值，只能由额定值往下降低电压调速，即只能减速 （4）电源设备的投资费用较大，但电能损耗小，效率高，可用于降压启动

表 6-4　直流电动机的电气制动方法

项目	能耗制动	反接制动	再生（回馈）制动
原理图	K R M r_f + U − R_f	+ U − K R M r_f R_f	+ U − M E_a r_f R_f $n>n_0$
实现方法	利用双掷开关将正常运行的电动机电源切断后，立即将电动机接到一个制动电阻R上，直流电动机的励磁电流保持不变。进入制动状态后，直流电动机拖动系统由于有惯性而继续旋转，电枢电流反向，转矩也反向，其方向和电动机转速相反，成为制动转矩，使直流电动机能很快地停转。在能耗制动中，电动机实际变成了发电机运行状态，将系统中的机械动能转化为电能消耗在电枢回路的电阻中	励磁回路的连接保持不变，磁通的方向没有变，利用导向开关使电枢电流的方向反向，使电磁转矩的方向也随之反向，产生制动作用。当直流电动机转速接近于零时，使其迅速脱离电源，实现直流电动机的反接制动。在反接制动开始瞬间，电枢电流很大，因为此时的外加电压和感应电动势同方向，随之产生很大制动性质的电磁转矩，使电动机迅速减速并停转。如果继续反接，电动机将反方向旋转。为了避免反接开始瞬间电流过大，在反接制动时的电枢回路中要接入适当的限流电阻，在制动结束后切除	为了限制直流电动机转速过高，如电车下坡时，由于重力加速度作用使车速增大，需要限速制动。此时将电车的牵引电机从串励改为他励，电枢仍然接在电网上，励磁电流由其他电源供电，直流电动机的感应电动势随转速增大而增大。当转速高于某一数值时，电枢的感应电动势 E_a 大于电压 U，则直流电机将进入发电机状态，它的电枢电流和电磁转矩的方向都将反向，电磁转矩起制动作用，限制转速的进一步提高，电枢电流方向反向，电功率回馈至电网，故称为回馈制动。回馈电网的电功率来源于电车下坡时所释放的位能
特点	能耗制动的优点是所需设备简单，成本低，制动减速平稳可靠。其缺点是能量无法利用，白白消耗在电阻上发热；能耗制动的制动转矩随转速变慢而相应减小，制动时间较长	反接制动的优点是制动转矩比较恒定，制动较强烈，操作比较方便。其缺点是需要从电网吸取大量的电能，而且对机械负载有较强的冲击作用。反接制动一般应用在快速制动的小功率直流电动机上	再生制动的优点是产生的电能可以反馈回电网中去，使电能得以利用，简便可靠而经济。缺点是再生制动只能发生在 $n>n_0$ 的场合，限制了它的应用范围

§6-4 直流电动机的维护 

一、直流电动机的正常使用与日常维护

1. 直流电动机的正常使用

直流电动机在使用过程中由于受到周围环境的影响，如油污、灰尘、潮气、腐蚀性气体的侵蚀等，使用寿命会逐渐缩短。在运行过程中其绝缘材料会逐步老化、失效，电动机轴承会逐渐磨损，电刷在使用一定时间后会磨损，换向器表面有时也会发黑或被灼伤等。如果直流电动机使用不当，运行过程中转轴受到不应有的扭力等，将使轴承加速磨损，甚至使轴扭断；运行过程中过载会使直流电动机过热造成绝缘老化，甚至烧损。但一般说来，直流电动机的结构是相当牢固的，若在正常情况下使用，其使用寿命是比较长的。直流电动机的损伤一般都是外部因素导致的。为避免上述情况的发生，正确使用直流电动机，及时发现直流电动机运行中的故障隐患是十分重要的。

（1）根据负载大小正确选择直流电动机的功率，一般直流电动机的额定功率要比负载所需的功率稍大一些，以免直流电动机过载。但也不能太大，以免浪费。

（2）根据负载转速正确选择直流电动机的转速，其原则是使直流电动机和被驱动的生产机械都在额定转速下运行。

（3）根据负载特点正确选择直流电动机的结构形式，一般要求转速恒定的机械采用并励直流电动机；起重及运输机械选用串励直流电动机，另需考虑直流电动机的抗振性能及防止风沙和雨水等的侵袭，在矿井内使用的直流电动机还需具有防爆性能。

（4）新安装使用的直流电动机或搁置较长时间未使用的直流电动机在通电前必须进行如下检查：

1）用压缩空气吹净附着于直流电动机内部的灰尘，并检查轴承润滑脂是否洁净、适量。

2）用柔软、干燥而无绒毛的布块擦拭换向器表面，并检视其是否光洁，如有油污，则可蘸少许汽油擦干净。

3）检查电刷压力是否正常，电刷间压力差应不超过 10%。刷握的固定是否可靠，电刷在刷握内是否太紧或太松，电刷与换向器的接触是否良好。

4）检查刷杆座上是否标有电刷位置的记号。

5）用手转动电枢，检查电枢是否阻塞或在转动时是否有撞击或摩擦声。

6）检查直流电动机接地装置是否良好。

7）用 500 V 兆欧表测量绕组对机壳的绝缘电阻，如绝缘电阻小于 1 MΩ，必须进行干燥处理。

8）检查直流电动机引出线与磁场变阻器、启动器等连接是否正确，接触是否良好。以上检查合格后，直流电动机方可带负载启动。

（5）对运行中的直流电动机进行监视，清除一切不利于直流电动机正常运行的因素，及早发现故障隐患，及时进行处理，以免故障扩大，造成重大损失。

2. 直流电动机的日常维护

直流电动机在使用过程中应定期进行检查和维护。

（1）常规保养

直流电动机周围应保持干燥，其内、外部均不应放置其他物品。直流电动机的保养每月不得少于一次，保养时应用压缩空气吹净直流电动机内部的灰尘，特别是换向器、线圈连接线和引线部分。

（2）换向器的保养

1）换向器应有圆柱形光洁的表面，不应有机械损伤和烧焦的痕迹。

2）换向器在负载下长期无火花运转后，在表面产生一层褐色有光泽的坚硬薄膜，它能保护换向器免遭磨损，而不能用砂布摩擦掉。

3）若换向器表面粗糙或烧焦，可用砂布在旋转着的换向器表面细致研磨；若换向器表面粗糙不平、不圆或有部分凹进，应对换向器进行车削，车削速度不大于 1.5 m/s，车削深度及每转进刀量均不得大于 0.1 mm，车削时换向器不应有轴向位移。

4）换向器表面磨损很多时，或经车削后发现云母片有凸出现象，应用铣刀将云母片铣成 1 ~ 1.5 mm 的凹槽。

5）换向器车削或云母片下刻时，需防止铜屑、灰尘侵入电枢内部，因而要将电枢端部及接头片覆盖住。加工完毕后用压缩空气进行清洁处理。

（3）电刷的保养

1）电刷与换向器的工作面应有良好的接触，电刷压力应正常。电刷在刷握内应能滑动自如。电刷磨损或损坏时，应用牌号及尺寸与原来相同的电刷替换，并用砂布研磨，砂布应面向电刷，背面紧贴换向器，研磨时随换向器来回移动。

2）电刷研磨后用压缩空气进行清洁处理，再使直流电动机空载运转，然后以轻负载（额定负载的 1/4 ~ 1/3）运转 1 h，使电刷在换向器上得到良好的接触面（每块电刷的接触面积不小于 80%）。

小贴士

电刷与刷握工作性能检查

1. 电刷压力的调整

合适的电刷压力是保持良好滑动接触的重要条件。电刷压力过小，造成电刷跳动和接触压降不稳定；电刷压力过大，则可能造成电刷机械磨损增大，导致换向器温度升高，使电刷压力不均匀，造成各电刷之间电流分布不均匀和个别电刷产生火花。

电刷压力一般应保持在 16～24 kPa 范围内，而且电刷间的压力差不超过 ±10%。电刷压力与电刷材质和换向器表面圆周速度有关，应合理选定。

电刷压力测定方法如下：用弹簧秤在电刷提起方向勾起电刷，在电刷下垫一纸片，当纸片能轻轻被拉出时，弹簧秤的读数就是电刷压力。

2. 刷握间隙的检查

电刷与刷握的配合应保持合适间隙。若间隙过大，电刷在刷握内晃动，影响接触的稳定，有时还会产生“啃边”现象；若间隙过小，会影响电刷在刷握内的自由滑动，甚至会被“卡死”。

3. 刷握与换向器表面距离的检查

由于刷架和刷握固定螺钉的变形，刷握与换向器表面距离将会发生变化。刷握与换向器表面距离应保持在（2.5±0.5）mm 范围内。

刷握与换向器表面距离应保持一定，这对防止振动有很大作用。当距离过大时，电刷将产生“顶角”，影响电刷正常工作。可用厚度为 2～3 mm 的绝缘板进行检查，当距离超过允许值时，可用 2.5 mm 厚绝缘板垫在刷握下，作为调整基准进行调整。

4. 电刷材质和镜面的检查

电刷型号是否符合要求，电刷镜面是否异常，在换向火花较大时是必须检查的。电刷是构成滑动接触的主要部件，电刷材质和工作状态对换向有很大影响，电刷牌号不合适或工作状态不正常，会影响滑动接触或造成换向恶化。

一般来说，不同型号的电刷最好不要混用。电刷镜面在换向正常时是平滑光亮的。当换向火花较大时，电刷表面就会有灼痕。当电刷中含有碳化硅和金刚砂等杂质时，电刷镜面中就会出白色斑点或在旋转方向留下细沟。环境湿度过大或有酸性气体时，电刷表面也会出现镀铜现象。

（4）轴承的保养

1）轴承在运转时温度太高，或发出刺耳杂音时，说明可能已经损坏或有外物侵入，应拆下轴承清洗并检查。当发现钢珠、滑圈有裂纹损坏或轴承经清洗后使用情况仍未改变时，必须更换轴承。轴承工作 2 000 ~ 2 500 h 后应涂抹润滑脂，且每年至少涂抹一次。

2）轴承在运转时需防止灰尘及潮气侵入，并严禁对轴承内圈或外圈的任何冲击。

（5）绝缘电阻的检查

1）应经常检查电动机的绝缘电阻，如果电动机的绝缘电阻小于 1 MΩ，应仔细用汽油、甲苯或四氯化碳清除绝缘电阻表面的污物和灰尘，待干燥后再涂绝缘漆。

2）必要时可采用热空气干燥法，用通风机将热空气（80 ℃）送入直流电动机进行干燥，开始时绝缘电阻减小，然后增大，最后趋于稳定。

（6）通风系统的检查

应经常检查定子温升，判断通风系统是否正常，通风系统风量是否足够，如果定子温升超过允许值，应立即停机检查通风系统。

二、直流电动机的常见故障现象、故障原因及处理方法

直流电动机的常见故障现象、故障原因及处理方法见表 6–5。

表 6–5 直流电动机的常见故障现象、故障原因及处理方法

常见故障现象	故障原因	处理方法
电动机无法启动	1. 电源电路不通 2. 启动时负载过大或传动机构卡死 3. 励磁回路断路 4. 启动电流太小	1. 检查接线端子接线是否正确，电刷接触是否良好，熔断器是否完好，启动设备是否正常 2. 减轻负载或消除机械故障 3. 检查励磁绕组和励磁调节变阻器是否断路 4. 检查电源电压是否过低，启动电阻是否过大
电动机转速不正常	1. 并励绕组接线不良或断路 2. 串励电动机轻载或空载 3. 电刷位置不正确 4. 电枢绕组存在匝间短路	1. 找出故障点予以排除 2. 增大负载 3. 调整电刷位置，使之位于几何中性线处 4. 修理或更换电枢绕组
电刷下火花过大	1. 电刷与换向器接触不良 2. 电刷因磨损而过短 3. 电刷弹簧压力不当 4. 电动机过载 5. 换向器表面不干净 6. 换向极绕组接反 7. 电枢绕组有断路或短路	1. 研磨电刷与换向器 2. 更换电刷 3. 调整电刷弹簧压力 4. 减小电动机负载 5. 清洗换向器 6. 检查换向极绕组极性后改正接法 7. 修理电枢绕组

续表

常见故障现象	故障原因	处理方法
电动机温升过高	1. 长期过载 2. 通风不良 3. 电枢绕组或换向器有短路现象 4. 定子与转子相擦 5. 电压过低或过高 6. 并励绕组部分短路	1. 减轻负载 2. 检查风扇是否正常，风道是否畅通 3. 检查电枢绕组是否短路，观察换向器表面是否存在换向片间的短路现象 4. 检查定子铁芯是否松动，轴承是否磨损 5. 恢复电压额定值 6. 用电桥检查电阻值低的绕组
电动机振动过大	1. 电枢不平衡 2. 风叶不平衡 3. 转轴变形 4. 联轴器未校正 5. 地基不平或地脚螺钉松动	1. 重新校平衡 2. 校正风叶平衡 3. 修理或更换电枢 4. 重新校正，使两轴在同一条直线上 5. 调整并紧固地脚螺钉
电动机机壳带电	1. 电动机受潮 2. 绝缘老化 3. 引线碰壳	1. 烘干电动机或重新做浸漆处理 2. 重新做浸漆处理 3. 用绝缘带包扎处理

小贴士

电刷中性线的检查

直流电动机电刷中性线位置一般应严格在主磁极几何中性线上，对于大型电动机、可逆转电动机和高速电动机尤其是如此。因为当电刷偏离主磁极几何中性线时，换向可能会超前和延迟。纵轴电枢反应会使直流电动机的工作特性发生变化，对可逆转电动机来说，两个转向下转速不同，工作特性不同，换向强弱也不同。在电刷偏离中性线位置较大时，由于换向元件进入主磁极磁通区，直流电动机将产生空载火花。

电刷中性线检查方法如下：将全部电刷提起，在励磁绕组出线端上连接一组蓄电池和一个开关，再用一个毫伏表依次测量相隔一个极距的换向片，当断开和闭合开关时，毫伏表的指针会发生摆动，毫伏表读数最小位置所对应换向片位置即为电刷中性线的位置。

在电刷中性线确定后，将刷架或刷握座圈固定螺钉松开，移动刷架使刷握中性线与电刷中性线对正，此时再紧固固定螺钉，并用绝缘漆在机座与刷架上做好标志。

应该注意的是电刷中性线的检查应在极距、刷距调整好后进行，以减小误差。

试验与实训 直流电动机的简单操作

一、试验与实训目的

1. 能正确选用测量仪表测量直流电动机电枢绕组和励磁绕组的直流电阻。

2. 能正确选用测量仪表测量直流电动机电枢绕组、励磁绕组、刷握与机壳之间的绝缘电阻。

3. 能进行直流电动机的启动、改变转向、调节转速等操作。

二、主要实训器材

主要实训器材见表 6–6。

表 6–6 主要实训器材

序号	器材名称	图例	规格	作用	备注
1	直流电动机		P_N=2 kW U_N=220 V U_{fN}=220 V	实训操作对象	通电后观察直流电动机启动、反转以及转速变化的情况
2	500 V 兆欧表		ZC25 B–3 型（500 V）	测量各绕组与机壳之间的绝缘电阻、刷握与机壳之间的绝缘电阻	检测前应检查兆欧表的好坏，要边摇边读数，不能停下来读数
3	直流电动机励磁电源	电源开关 关 开 工作 电压调节 220V 励磁电压输出	U=0～220 V	为励磁绕组提供励磁电源	可以利用调节旋钮改变励磁电源输出电压的高低
4	可调电枢电源	电源开关 电压调节 关 开 复位 过压 工作 过流 40～230V 电枢电压输出	U=0～220 V	为电枢绕组提供电枢电源	可以利用调节旋钮改变电枢电源输出电压的高低

续表

序号	器材名称	图例	规格	作用	备注
5	直流电流表		量程选用 1.5 A	用伏安法测量电枢绕组的直流电阻	注意正确选择量程
6	直流电压表		量程选用 250 V	用伏安法测量电枢绕组的直流电阻	注意正确选择量程
7	调节电阻		I_N=0.5 A R=0～1 kΩ	调节直流电动机励磁电流	改变直流电动机励磁电流，从而改变电动机转速的大小
8	转速表		DM6235P （n_N=1 800 r/min）	测量直流电动机的转速	

三、实训内容及步骤

1. 实训前的一般检查

（1）刷握应牢固、精确地固定在刷架上，各组刷握间的距离应相等。

（2）电刷的牌号应符合要求，电刷在刷盒内应能上下移动，电刷表面与换向器应能很好地吻合，电刷顶部的弹簧压力应适合，一般为 0.012～0.017 MPa。

（3）换向器表面应整洁、光滑，换向片间的云母片下刻深度为 1～1.5 mm。

（4）直流电动机引出线连接应正确。

（5）转子转动应灵活，转轴的径向摆动应在限值以内。

2. 测量绝缘电阻

绝缘电阻包括各绕组与机壳之间的绝缘电阻、刷握与机壳之间的绝缘电阻。直流电动机在冷态时，绝缘电阻值的最低要求为不低于 1 MΩ/kV，一般额定电压在 500 V 以下电动机在热态（绕组温升接近额定温升时）下绝缘电阻最低不低于 0.5 MΩ。

绝缘电阻用兆欧表检测。额定电压在 500 V 以下的电机选用 500 V 兆欧表，额定电压在 500 V 以上的电机选用 1 000～2 500 V 兆欧表。

（1）测量方法

如图 6–21 所示，将 500 V 兆欧表的“E”端接在直流电动机电枢轴（或机壳）上，

“L”端分别接在电枢绕组（H1，H2）、并励绕组（B1，B2）、串励绕组（C1，C2）、刷握上，以 120 r/min 的转速摇动兆欧表，1 min 后读出其指针指示的数值，测量出电枢绕组与机壳、励磁绕组与机壳和刷握与机壳的绝缘电阻。

图 6–21 直流电动机绝缘电阻的测定

（2）记录数据

将测量数据记录于 6–7 中。

表 6–7 直流电动机绝缘电阻的测量数据

测量内容	测量值	是否合格
电枢绕组与机壳的绝缘电阻		
励磁绕组与机壳的绝缘电阻		
串励绕组与机壳的绝缘电阻		
刷握与机壳的绝缘电阻		

3. 测量电枢绕组和励磁绕组的直流电阻

测量绕组直流电阻常用电桥法和伏安法。这里重点介绍用伏安法测量电枢绕组的直流电阻。

（1）用伏安法测量电枢绕组的直流电阻原理图

如图 6–22 所示，由于电枢绕组电阻值小，电流表的内阻将影响测量精度，采用电流表外接时，电压表测量得到的电压值不包含电流表内阻的电压降，故测量较精确，此时被测电阻值 $R_a=\dfrac{U}{I}$。

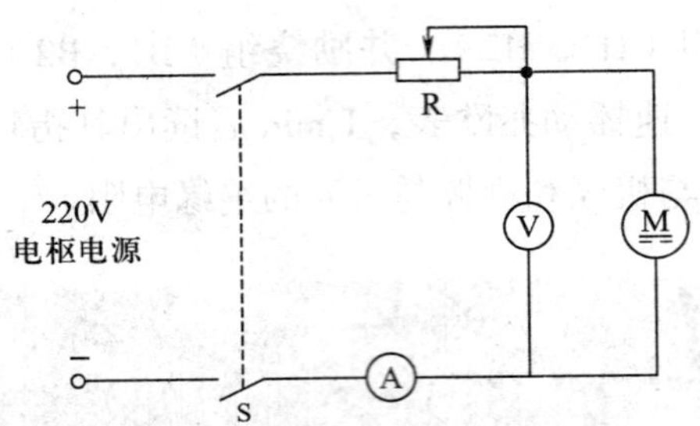

图 6–22　用伏安法测量电枢绕组的直流电阻原理图

（2）连接工作电路

按图 6–22 接线，电阻 R 用 380 Ω 阻值并调至最大。经检查无误后接通电枢电源，并调至 220 V。调节电阻 R 使电枢电流达到 0.2 A（如果电流太大，可能由于剩磁的作用使电动机旋转，测量无法进行；如果此时电流太小，可能由于接触电阻产生较大的误差），迅速测得电动机电枢两端电压 U 和电流 I。将电动机分别旋转三分之一周和三分之二周，同样测取 U、I 另外两组数据记录于表 6–8 中。取三次测量的平均值作为实际冷态电阻值。

由试验直接测得电枢绕组电阻为实际冷态电阻值。冷态温度为室温。按下式换算到基准工作温度时的电枢绕组电阻值：

$$R_{aref}=R_a\frac{235+\theta_{ref}}{235+\theta_a}$$

式中　R_{aref}——换算到基准工作温度时的电枢绕组电阻，Ω；

R_a——电枢绕组的实际冷态电阻，Ω；

θ_{ref}——基准工作温度，对于 E 级绝缘为 75 ℃；

θ_a——实际冷态时电枢绕组的温度，℃。

（3）记录数据

将测量数据记录于 6–8 中。

表 6–8　直流电动机电枢绕组直流电阻的测量数据　　室温____℃

序号	U/V	I/A	R_a/Ω	R_a 的平均值 /Ω	R_{aref}/Ω	测量结果判定
1						测得的电枢绕组电阻 R_{aref} 和电动机出厂值相比较，一般要求应不超过 ±2%
2						
3						

4. **直流电动机的启动、改变转向和调节转速**

（1）绘制直流电动机工作电路

他励直流电动机参考工作电路如图 6–23 所示。

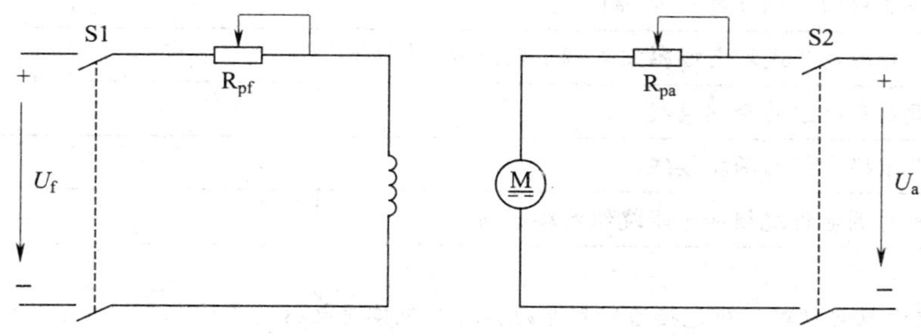

图 6–23 他励直流电动机参考工作电路

（2）连接直流电动机工作电路

在教师指导下，按照所绘制的工作电路图正确接线。连接直流励磁电源、电枢电源、调节电阻和直流电动机等。启动电动机前，务必将励磁回路调节电阻 R_{pf} 的阻值调到最小，将电枢回路调节电阻 R_{pa} 的阻值调到最大。

（3）操作并观察直流电动机启动、改变转向和调节转速的过程

1）通电启动直流电动机。先闭合开关 S1，接通直流励磁电源；调节“电压调节”旋钮，使励磁电压上升到额定值；再闭合开关 S2，接通电枢电源；观察直流电动机是否启动运转。启动后观察转速表指针偏转方向，应为正向偏转。若偏转方向不正确，可拨动转速表上的正、反向开关来纠正。

2）改变直流电动机的转向。将电枢回路调节电阻 R_{pa} 的阻值调回到最大值，先断开电枢电源开关 S2，再断开励磁电源开关 S1，使电动机停止运行。在断电情况下，将电枢（或励磁）绕组的两端接线对调后，再按直流电动机的启动步骤启动电动机，并观察电动机的转向及转速表指针偏转的方向。将结果记录到表 6–9 中。

3）调节直流电动机的转速。调节电枢电源的“电压调节”旋钮，使电动机的端电压为 220 V 额定电压，观察电枢电压上升过程中电动机转速的变化情况；逐渐减小电枢回路调节电阻 R_{pa} 的阻值，观察电动机转速的变化情况；调节励磁电源的“电压调节”旋钮，慢慢减小励磁电压，或者保持励磁电压为额定值，逐渐增大励磁回路调节电阻 R_{pf} 的阻值，观察电动机转速的变化情况。将结果记录到表 6–9 中。

四、注意事项

1. 直流电动机启动时，必须将励磁回路调节电阻 R_{pf} 的阻值调至最小，把励磁电源的“电压调节”旋钮旋到最大，先接通励磁电源，使励磁电流最大；同时必须将电枢回路调节电阻 R_{pa} 的阻值调至最大，然后接通电枢电源，使电动机正常启动。

表 6–9　直流电动机转速和转向控制

序号	操作内容	直流电动机转速或转向的变化情况
1	增大电枢两端的电压值 U_a	
2	减小电枢回路调节电阻 R_{pa} 的阻值	
3	减小励磁电压或增大励磁回路调节电阻 R_{pf} 的阻值	
4	对调电枢绕组的两端接线	
5	对调励磁绕组的两端接线	
6	同时对调电枢绕组和励磁绕组两端接线	

想一想：

（1）直流电动机启动时，应先接通励磁电源，还是先接通电枢电源？

（2）直流电动机停机时，应先切断电枢电源，还是先断开励磁电源？

（3）用哪些方法可以改变直流电动机的转速？是如何改变的？

（4）用哪些方法可以改变直流电动机的转向？是如何改变的？

2. 直流电动机停机时，必须先切断电枢电源，然后断开励磁电源。同时必须将电枢回路调节电阻 R_{pa} 的阻值调回到最大值，励磁回路调节电阻 R_{pf} 的阻值调回到最小值，为下次启动做好准备。

3. 测量前注意检查仪表的量程、极性及其接法是否正确。

第七章

三相同步电机

凡转子转速等于同步转速 $n_1 = \dfrac{60f_1}{p}$ 的交流电机称为同步电机。按照运行方式不同来分，同步电机可以分为同步发电机、同步电动机和同步补偿机三种。现代发电厂中的交流发电机几乎都是同步发电机，同步电动机主要用于要求恒速的生产机械上，而同步补偿机主要用来调节电网无功功率，改善电网功率因数。从原理上来说，任何一台同步电机既可以作为发电机，也可以作为电动机或补偿机使用。

§7-1　三相同步发电机的基本工作原理

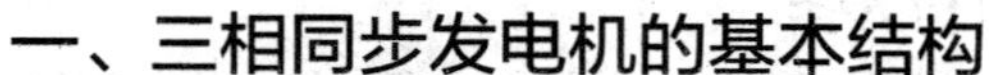

一、三相同步发电机的基本结构

三相同步发电机的外形如图 7-1 所示，其基本结构由定子和转子两部分组成。

三相同步发电机定子也称为电枢，主要由定子铁芯、定子绕组、机座、端盖和轴承部件组成。定子铁芯一般用厚 0.5 mm 的硅钢片叠成，铁芯上嵌有三相绕组，绕组的排列和接法与三相异步电动机定子绕组基本相同，但三相同步发电机中定子绕组的主要作用是产生对称的三相交流电动势，给负载输出三相交流电流，实现机电能量的转换。

图 7-1　三相同步发电机的外形

三相同步发电机的转子主要由转子铁芯、励磁绕组、集电环、风扇和转轴等组成。如果三相同步发电机采用汽轮发电机作为原动机来拖动，转子一般做成隐极式，励磁绕组采用分布绕组，励磁线圈嵌放在转子铁芯槽内，按一定连接规律串联而成，如图 7–2 所示。如果采用水轮发电机作为原动机来拖动，转子一般做成凸极式，励磁绕组采用集中式绕组，套在磁极铁芯上。同步发电机的基本结构特点和基本结构图见表 7–1。由表 7–1 中的结构图可以看出，励磁绕组通过集电环与电刷的滑动接触，接到外部的直流电源上。

表 7–1　同步发电机的基本结构特点和基本结构图

	隐极式转子同步发电机	凸极式转子同步发电机
结构特点	隐极式转子同步发电机的气隙是均匀的，转子呈圆柱形，转子上没有凸出的磁极。沿着转子本体圆周表面上开有许多槽，这些槽中嵌放着励磁绕组	凸极式转子同步发电机的气隙是不均匀的，极弧底下气隙较小，极间部分气隙较大。凸极式转子上有明显凸出的成对磁极和励磁线圈
基本结构图	~ 2 1 U1 V2 N n + W2 − W1 S V1 U2	~ 1 U1 V2 n S + W2 N N − W1 V1 S U2 3
	1—定子　2—隐极式转子　3—凸极式转子	

二、三相同步发电机的基本工作原理

如图 7–2 所示为三相同步发电机的工作原理示意。由图 7–2 可见，当三相同步发电机的励磁绕组接到励磁电源上，产生转子磁极，由原动机拖动旋转，使转子转速达到同步转速后，在气隙中形成一个旋转磁场。由于三相定子绕组是在空间相隔 120° 电角度的对称绕组，切割旋转磁场的磁力线后，分别在 U 相、V 相和 W 相定子绕组上感应出大小相等、相位上互差 120° 电角度的三相交流感应电动势，如果气隙中的磁场按正弦规律分布，则三相定子绕组中感应电动势也是按正弦规律变化的，其表达式为：

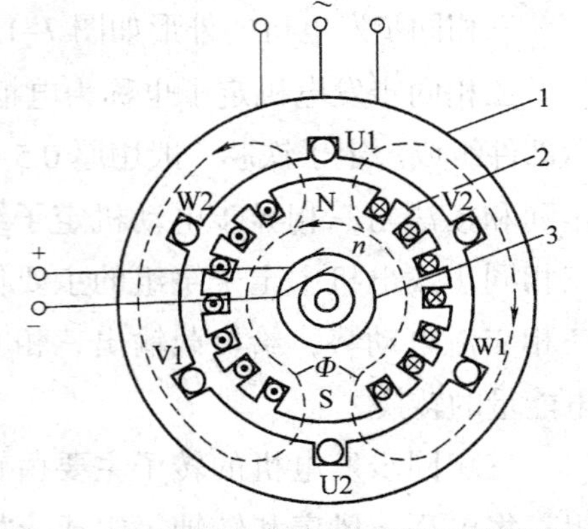

图 7–2　三相同步发电机的工作原理示意
1—定子　2—转子　3—滑环

$$e_U=E_m\sin\omega t$$
$$e_V=E_m\sin(\omega t-120°)$$
$$e_W=E_m\sin(\omega t+120°)$$

三相定子绕组中感应电动势变化频率与同步发电机转子磁极对数和转速有关。其关系式为：

$$f=\frac{pn}{60} \tag{7-1}$$

当同步发电机转子磁极对数一定时，三相定子绕组上感应电动势的频率与转子转速之间有着固定的比例关系，这就是同步电机的主要特点。我国电网的标准工频为50 Hz，同步发电机的磁极对数将与转速成反比，当拖动同步发电机的原动机转速较高时，同步发电机需要的磁极对数就少。例如，汽轮发电机拖动同步发电机时转速为3 000 r/min，则同步发电机转子磁极对数应为一对。如果水轮发电机拖动同步发电机时转速为125 r/min，则同步发电机转子磁极对数应为24对。

三、汽轮发电机和水轮发电机简介

汽轮发电机和水轮发电机简介见表7–2。

表7–2 汽轮发电机和水轮发电机简介

项目	汽轮发电机	水轮发电机
结构特点	汽轮发电机为隐极式结构。转子采用具有良好导磁性能且高强度的整块合金钢锻成，在转子的两个极距下约2/3部分都铣有凹槽，用来嵌放励磁绕组。定子铁芯由0.5 mm厚或其他厚度的硅钢片叠成，沿轴向叠成多段形式，各段间留有通风槽	水轮发电机为凸极式结构。转子磁极由厚度为1～2 mm的钢板冲片叠成，磁极两端有磁极压板，磁极与磁极轭部采用T形或鸽尾形连接。定子铁芯由扇形硅钢片叠成，并留有径向通风沟
性能特点	高转速汽轮发电机转子的圆周线速度高，为了减小高速旋转引起的离心力，其转子做成细长的隐极式圆柱体，结构和加工工艺较为复杂	由于水轮发电机的转速较低，要发出工频电，发电机的极数就要比较多。因此，水轮发电机的特点是：极数多，直径大，轴向长度短，结构和加工工艺较为简单
转子实物图		

续表

项目	汽轮发电机	水轮发电机
运行中的发电机		

小贴士

水轮发电机组在三峡水电站的应用

2003 年 7 月 10 日，三峡工程首台发电机组（2 号机组）正式并网发电，如图 7–3 所示。2004 年 7 月，三峡左岸电站 11 号发电机组并网发电，这台机组总质量在 4 900 t 左右，是当时世界上已投产水轮发电机组中质量最大的机组。三峡水电站单台机组容量为 70 万千瓦，截至 2012 年 7 月 4 日，三峡水电站共装机组 32 台，总装机容量为 2 240 万千瓦，年均发电可达 1 000 亿千瓦·时，是当时世界上规模最大的水利工程。

a)

b)

图 7–3　三峡水电机组

a）正在吊装的三峡水电站水轮发电机组转子　b）三峡水电站厂房内景

§7-2 同步发电机的励磁方式和并联运行

一、同步发电机的励磁方式

由同步发电机的工作原理可知，同步发电机转子磁极必须在励磁绕组通入直流励磁电流后才能产生磁通。同步发电机的励磁方式就是指直流励磁电流的产生及流进励磁绕组的方式。

改进同步发电机的励磁方式，做到快速增磁，可以提高同步发电机的稳定性。传统的励磁方式都是采用直流发电机作为励磁电源的直流励磁机励磁系统。随着同步发电机容量的增大，励磁机的容量也随之增大，但大容量的直流发电机在制造和运行维护上都存在一些困难。伴随着半导体整流技术的发展，又产生了新的励磁方式，即用硅整流装置将交流电转变成直流电后，提供励磁的整流器励磁系统。同步发电机的励磁方式见表 7-3。

表 7-3 同步发电机的励磁方式

<table>
<tr><td rowspan="2">直流励磁机励磁</td><td colspan="2">励磁原理图</td><td></td></tr>
<tr><td colspan="2">励磁特点</td><td>由励磁原理图可知，直流励磁机（主励磁机）与同步发电机同轴相连，直流励磁机可以采用并励直流发电机或他励直流发电机。采用他励直流发电机时，其励磁绕组由另一台直流发电机（副励磁机）提供励磁电压</td></tr>
<tr><td rowspan="2">整流器励磁系统励磁</td><td rowspan="2">静止整流器励磁</td><td>励磁原理图</td><td></td></tr>
<tr><td>励磁特点</td><td>在同一轴上有三台同步发电机，即主发电机、交流主励磁机和交流副励磁机。交流副励磁机的励磁电流开始时由外部直流电源提供，待输出电压稳定后，大部分输出电流经过静止晶闸管整流后供给交流主励磁机，很小的一部分经过整流后给自己提供励磁。交流主励磁机的输出电流经过三相桥式硅整流器整流后，供给主发电机的励磁绕组</td></tr>
</table>

续表

整流器励磁系统励磁	旋转整流器励磁	励磁原理图	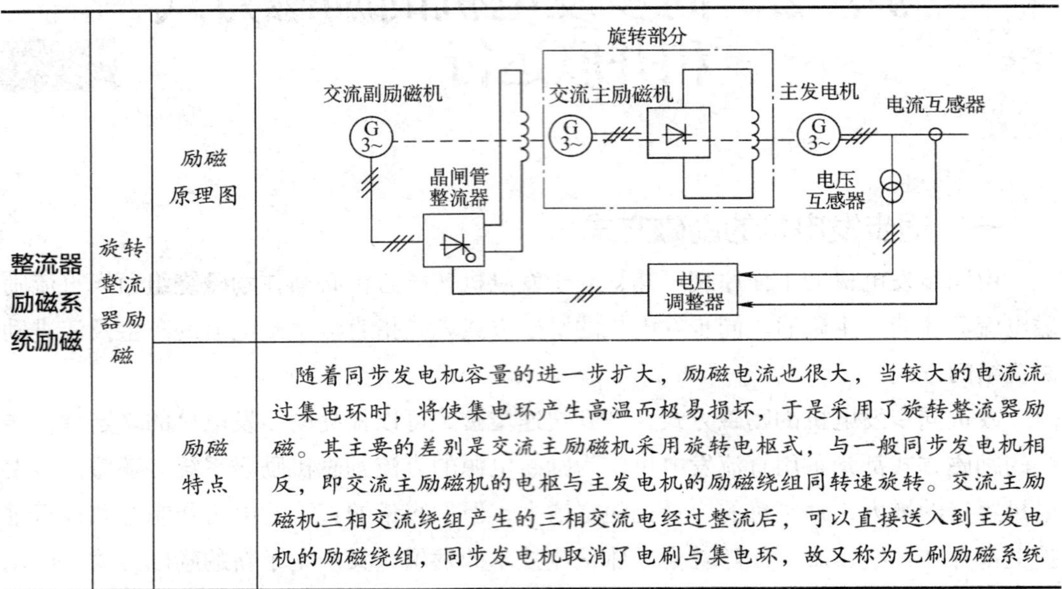
		励磁特点	随着同步发电机容量的进一步扩大，励磁电流也很大，当较大的电流流过集电环时，将使集电环产生高温而极易损坏，于是采用了旋转整流器励磁。其主要的差别是交流主励磁机采用旋转电枢式，与一般同步发电机相反，即交流主励磁机的电枢与主发电机的励磁绕组同转速旋转。交流主励磁机三相交流绕组产生的三相交流电经过整流后，可以直接送入到主发电机的励磁绕组，同步发电机取消了电刷与集电环，故又称为无刷励磁系统

二、同步发电机的并联运行

1. 同步发电机并联运行的优点

在发电厂里，多台发电机总是并联运行。现代电力系统又是由许多发电厂并联组成，这样并联后的主要优点是：

（1）提高了供电的可靠性

当一台发电机发生故障或定期检修时，可以改用其他发电机供电，以减少停电事故，因而提高了供电的可靠性。

（2）提高了发电厂的运行效率

不同季节的用电负载并不一样。如果有几台发电机并联运行，就可以根据负载的大小变化情况来决定投入运行的发电机数量，以提高发电厂运行效率。

2. 同步发电机并联运行的条件

为了使同步发电机并联到电网运行时不在电网与发电机所组成的回路里产生冲击电流，投入电网的发电机最好满足下列条件：

（1）发电机的相序与电网的相序一致。

（2）发电机电压的有效值与电网电压的有效值相等，且波形、相位相同。

（3）发电机的频率与电网的频率相同。

同步发电机投入到电网并联运行时，必须调整其电压大小、频率和相序等，使它们都和电网相一致。电压的大小可以用电压表来测量，频率和相序的同步可借助指示器来确定。

如图 7–4 所示为同步指示器灯光熄灭法接线图。同步指示器由三个指示灯组成，分别接在电网与同步发电机之间。当同步发电机的频率与电网频率不相等时，指示灯闪烁，指示灯闪烁频率与同步发电机频率和电网频率之差成正比；当指示灯不闪烁时，表示同步发电机的频率与电网频率相等。再调节同步发电机的电压大小和相位，用电压表测量，直到同步发电机的电压等于电网电压，并看到三个指示灯同时熄灭时，表示同步发电机已经满足并联运行条件，此时即可合闸并网。

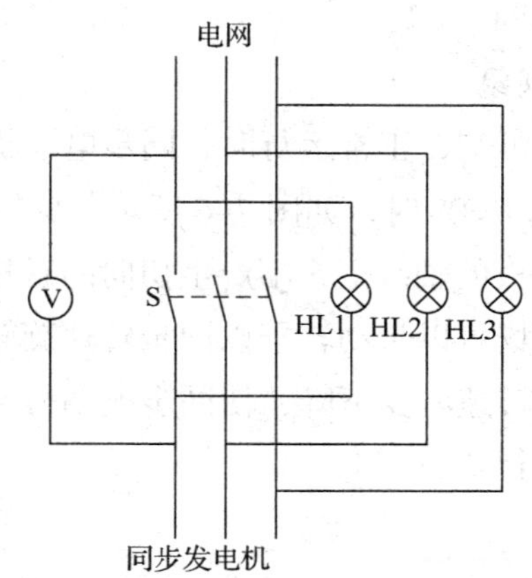

图 7–4　同步指示器灯光熄灭法接线图

§7-3　同步电动机的工作原理和启动方法

同步电动机是同步电机的一种运行方式，它与三相异步电动机的最大不同之处是：同步电动机转速不随负载转矩的变化而变化，只有在同步转速下运行时才产生电磁转矩，将电能转化为机械能输出。同步电动机转子一般做成凸极式。

一、同步电动机的工作原理

1. 同步电动机的转动原理

同步电动机的定子结构与三相异步电动机的定子部分完全一样，当同步电动机接到三相电源上，对称的三相定子绕组通入三相对称交流电流后，在气隙中将产生旋转磁场，其转速为同步转速，旋转方向由电源相序决定。

同步电动机的励磁绕组通过集电环和电刷接到励磁电源上，流入直流电流后，产生转子磁极。

如图 7–5 所示为同步电动机中旋转磁场与转子磁场示意。由图 7–5 可知，转子磁场的 S 极处于旋转磁场 N 极下，但旋转磁场磁极轴线超前转子磁极轴线 θ 角度（$0° < \theta < 90°$），两个异名磁极之间产生磁拉力，其中的切向分力会形成与旋转磁场旋转方向一致的电磁转矩 T，在其作用下，拖动转子顺着旋转磁场旋转方向转动起来，且转子转速与同步转速 n_1 相同。

2. 同步电动机的失步现象

由同步电动机工作原理可知，正常运行时，同步电动机旋转磁场磁极轴线永远要超前转子磁极轴线 θ 角。当 $\theta=0°$ 时，如图 7–6 所示，旋转磁场 N 极与转子磁极 S 极产生的吸引力 F 处于转子磁极的轴线上，不产生切向的磁拉力，电磁转矩 T 为零。如果是理想空载情况，旋转磁场可以带动转子以同步转速旋转。但如果是满载情况，在负载转矩的作用下，转子的转速将要下降，使同步电动机又很快进入旋转磁场磁极轴线超前转子磁极轴线 θ 角运行状态。

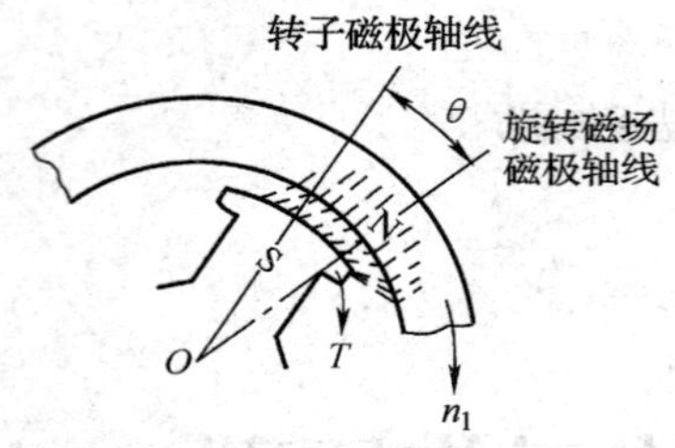

图 7–5 同步电动机中旋转磁场与转子磁场示意

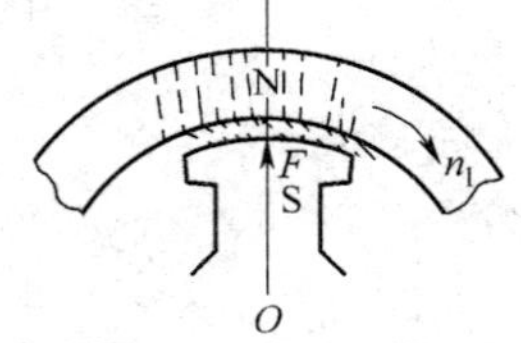

图 7–6 同步电动机中旋转磁场与转子磁场 $\theta=0°$ 时的示意

当 $\theta=90°$ 时，转子磁极将处于旋转磁场磁极分界线上，转子磁极上受到的磁拉力最大，但是也不产生电磁转矩，同步电动机不能带负载工作。

当 $\theta>90°$ 时，转子磁极的 S 极就进入到旋转磁场 S 极下，旋转磁场与转子磁极相同性质的磁极之间产生排斥力，使转子产生与旋转磁场旋转方向相反的电磁转矩，同步电动机也不能带动负载工作。

当 $\theta=180°$ 时，旋转磁场磁极轴线与转子磁极轴线重合，但是转子磁极的 S 极在旋转磁场 S 极下，相同性质的磁极只产生排斥力，也不能产生拖动转子旋转的电磁转矩。

由上面的分析可以得出：旋转磁场磁极轴线与转子磁极轴线之间的夹角 θ 只有在 $0° < \theta < 90°$ 时，同步电动机才能拖动负载正常工作。而旋转磁场磁极轴线与转子磁极轴线之间的夹角 θ 大小与同步电动机所带负载大小有关，负载增大，θ 也增大，当负载过大时，会使 θ 大于 90°，同步电动机不能产生拖动性质的电磁转矩，转子转速

要逐步下降，直至为零，导致同步电动机失步。同步电动机失步时，同步电动机的定子电流会迅速上升，应尽快切断电源，以免损坏电动机。由于 θ 的大小与同步电动机所带负载大小有关，同步电动机产生的电磁功率也就和 θ 的大小有关，所以称 θ 为功角。

二、同步电动机的启动

同步电动机是不能自行启动的，如果把同步电动机直接接到交流电源上，则定子旋转磁场以同步转速旋转，而转子还是静止不动，定子与转子之间就存在相对运动，在某个瞬间，旋转磁场与转子磁场之间是吸引力，产生拖动性质的电磁转矩，但由于惯性，转子还没来得及转动，旋转磁场就转过 180° 了，此时旋转磁场与转子磁场之间是排斥力，产生与拖动性质方向相反的电磁转矩，这样转子上所受到的平均电磁转矩就为零，所以同步电动机不能自行启动。

同步电动机启动方法有辅助电动机启动法、调频启动法和异步启动法等。同步电动机的启动方法、启动过程和特点见表 7–4。

表 7–4 同步电动机的启动方法、启动过程和特点

启动方法	启动过程	特点
辅助电动机启动法	选用与同步电动机极数相同的异步电动机（容量为同步电动机的 5%～15%）作为辅助电动机，启动时先由异步电动机拖动同步电动机启动，在接近同步转速时，先切断异步电动机的电源，然后接通同步电动机的励磁电源，将同步电动机接入电网，完成启动	只能用于空载启动场合，由于设备多，操作复杂，已基本不用
调频启动法	启动时将定子交流电源的频率降到很低的程度，定子旋转磁场的同步转速因而很低，转子励磁绕组通入励磁电流后，产生的电磁转矩即可使转子启动，并很容易进入同步运行。然后逐渐增大交流电源频率，使定子旋转磁场的转速和转子转速同步上升，直到达到额定转速正常运行	性能虽好，但变频电源比较复杂，目前采用不多。随着变频技术的发展，调频启动法将更趋完善
异步启动法	通过在转子极靴表面上嵌放笼型启动绕组，产生启动电磁转矩，把同步电动机当作异步电动机启动。当同步电动机转速接近同步转速时，加入励磁电流，通过旋转磁场与转子磁场之间的吸引力，将转子拉入同步转速运转	是目前同步电动机最常用的启动方法

如图 7–7 所示为同步电动机异步启动电路。将开关 QS2 合到 I 端时，电阻 RP 并联到励磁绕组两端，电阻 RP 阻值约为励磁绕组阻值的 10 倍。然后合上开关 QS1，将定子绕组接到三相交流电上，在气隙中产生旋转磁场，并在转子笼型启动绕组中产生感应电流，此感应电流与旋转磁场相互作用，产生异步电磁转矩，使转子开始转动，

当转子转速逐渐上升到接近同步转速时，迅速将开关 QS2 由Ⅰ端合至Ⅱ端，把转子接到直流励磁电源上，通入直流励磁电流，产生转子磁极，定子旋转磁场与转子磁极之间具有吸引力而产生电磁转矩，将同步电动机拉入同步转速运行。转子转速到达同步转速以后，转子笼型启动绕组与旋转磁场之间处于相对静止状态，不切割其磁力线，就没有感应电流产生而失去作用，同步电动机启动过程随之结束。

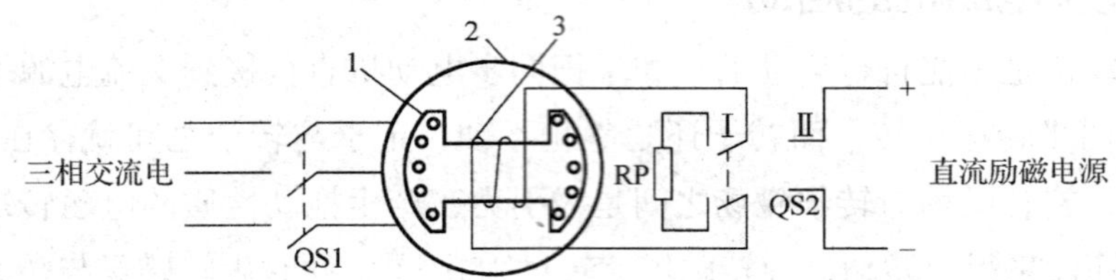

图 7–7　同步电动机异步启动电路

1—笼型启动绕组　2—同步电动机　3—同步电动机励磁绕组

同步电动机异步启动时，同步电动机励磁绕组切忌开路。因为刚启动时，定子旋转磁场相对于转子转速很大，而励磁绕组的匝数又很多，因此会在励磁绕组中感应出很高的电动势，可能会破坏励磁绕组的绝缘，造成人身和设备安全事故。但也不能将励磁绕组直接短接，否则会使同步电动机的转速无法上升到接近同步转速，使同步电动机不能正常启动。

§7–4　同步电动机功率因数的调整和同步补偿机

一、同步电动机的电压平衡方程式

如图 7–8 所示为同步电动机某一相定子绕组的等效电路图。图中 r_1 是定子绕组电阻，阻值很小，可以忽略不计；X 是定子绕组的感抗，定子绕组中除了电阻和电抗会产生电压降外，转子产生的旋转磁场切割定子绕组也会产生反电动势 $\dot{E}_0$（$\dot{E}_0$ 与 $\dot{I}$ 方向相反）。所以电源电压 $\dot{U}$ 要与这三个电压平衡，如果忽略电阻 r_1，就有电压平衡方程式：

$$\dot{U}=\dot{I}r_1+\mathrm{j}\dot{I}X-\dot{E}_0\approx\mathrm{j}\dot{I}X-\dot{E}_0 \quad (7\text{–}2)$$

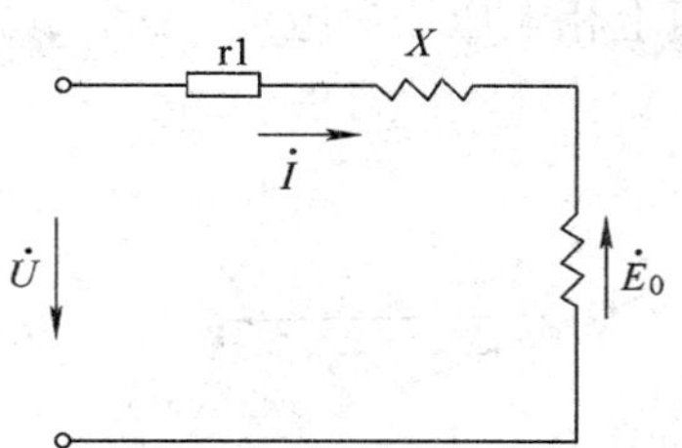

图 7-8　同步电动机某一相定子绕组的等效电路图

二、同步电动机的电磁功率

根据能量守恒的原则，如果同步电动机所带负载减小，其输出的机械功率也减小，这样电能转化为机械能的功率（即电磁功率）也减小。在分析同步电动机工作原理时已知，同步电动机带负载运行时，负载减小，功角 θ 也会减小，即同步电动机的电磁功率与功角 θ 成正比关系。对于隐极式同步电动机，其电磁功率与功角 θ 的关系式为：

$$P_{em}=KE_0\sin\theta \tag{7-3}$$

式中　P_{em}——电磁功率，kW；

K——与同步电动机结构有关的常数；

E_0——定子绕组切割转子磁场的磁力线而产生的反电动势，V；

θ——功角，°。

其中，E_0 的大小与转子励磁电流成正比，但转子励磁电流越大，转子磁场就越强，旋转磁场磁极与转子磁场磁极之间吸引力就越大，电磁功率也将随之增大，所以同步电动机的电磁功率与 E_0 成正比。

根据电磁转矩与电磁功率的关系式 $T=9\,550\dfrac{P}{n}$，可知电磁转矩与电磁功率成正比例关系，如果保持同步电动机电源电压和所带负载不变（即电磁转矩 T 不变），则同步电动机电磁功率不变，增大转子励磁电流时，定子绕组上感应电动势 E_0 也增大，由式（7-3）可以得出 $\sin\theta$ 减小，θ 将减小，即 E_0 和 θ 角都将随转子励磁电流的变化而变化。

三、同步电动机功率因数的调整

如果以定子绕组上相电压 $\dot{U}$ 为参考相量画等效电路的相量图，由于同步电动机带一定负载运行时，旋转磁场磁极轴线永远要超前转子磁极轴线 θ 角，所以 $\dot{U}$ 要超前 $\dot{E}_0$ 一个 θ 角度，如图 7-9a 所示。

根据式（7-2）变形得到关系式 $\mathrm{j}\dot{I}X=\dot{U}+\dot{E}_0$，可以画出相量 $\mathrm{j}\dot{I}X$，如图 7-9b 所示。

由相量 $\mathrm{j}\dot{I}X$ 可知，相量 $\mathrm{j}\dot{I}X$ 超前电流相量 $\dot{I}$ 90°，可以画出电流相量 $\dot{I}$，如图 7-9c 所

示。由相量图可知，定子绕组上相电压滞后电流$\dot{I}$一个φ角，φ角为同步电动机功率因数角。

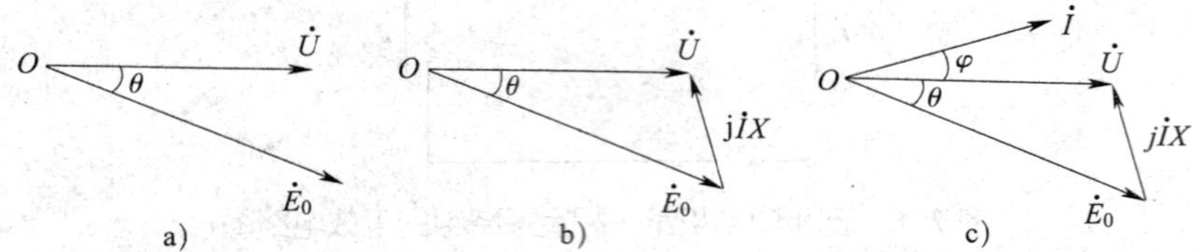

图 7-9　等效电路的相量图

a）$\dot{U}$与$\dot{E}_0$相位关系　b）$\mathrm{j}\dot{I}X$相量　c）$\dot{U}$与$\dot{I}$相位关系

在保持同步电动机的电源电压和负载不变时，改变转子励磁电流，可以使$\dot{E}_0$和θ随之改变，也会引起相量$\mathrm{j}\dot{I}X$相位发生变化，但相量$\mathrm{j}\dot{I}X$总是超前电流相量$\dot{I}$ 90°，所以电流相量$\dot{I}$的相位也发生了改变，由于电压相量$\dot{U}$是参考相量，其相位不会变化，这样电压$\dot{U}$与电流$\dot{I}$的相位差φ就随转子励磁电流的变化而改变，即改变转子励磁电流大小，可以调节同步电动机的功率因数。下面分三种情况来分析，见表 7-5。

同步电动机的无功功率和功率因数是可以通过改变转子励磁电流大小来调节的，而转子励磁电流是很容易控制和调节的，如果把工作在过励磁状态的同步电动机安装在具有大量感性负载的工厂附近，就可以减少在工厂和发电厂之间的线路传输损耗。

表 7-5　同步电动机三种励磁情况下功率因数的变化

励磁情况	励磁特点	相量图
正常励磁状态	调节转子励磁电流，使$\dot{U}$与$\dot{I}$同相位，这时的转子励磁电流称为正常励磁电流，这时候的运行状态为正常励磁状态 正常励磁状态时$\varphi=0$，功率因数$\cos\varphi=1$，同步电动机只从电源上吸收有功功率	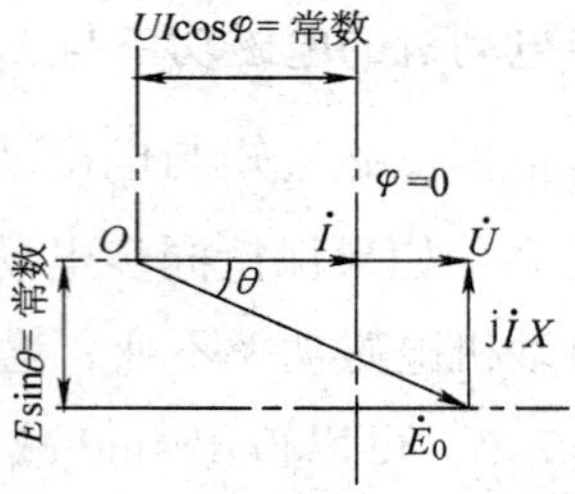
过励磁状态	调节转子励磁电流，使转子励磁电流大于正常励磁电流，这时候的运行状态为过励磁状态。由相量图可知，与正常励磁状态相比较，E_0增大了，θ减小了 过励磁状态时，$\dot{I}$超前$\dot{U}$一个φ角，同步电动机呈现容性性质，从电源上既吸收有功功率，又吸收无功功率，以补偿电网中的功率因数	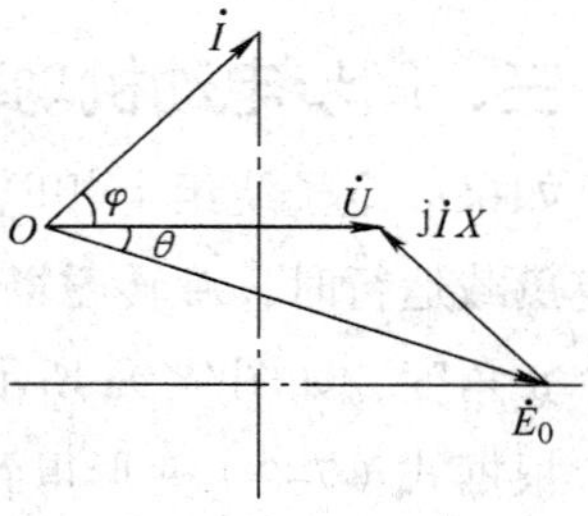

续表

励磁情况	励磁特点	相量图
欠励磁状态	调节转子励磁电流，使转子励磁电流小于正常励磁电流，这时候的运行状态为欠励磁状态。由相量图可知，与正常励磁状态比较，E_0减小了，θ增大了 欠励磁状态时，$\dot{U}$超前$\dot{I}$一个φ角，同步电动机呈现感性性质，和异步电动机一样，对电网的功率因数不利，所以一般都不工作在这个状态	

四、同步补偿机

同步补偿机就是工作在过励磁状态下空载运行的同步电动机，其作用是专门用于吸收容性的无功功率，即输出感性的无功功率，以改善电网的功率因数。由于是空载运行，同步补偿机除了克服自身的损耗外，不从电网吸收更多的有功功率，也不产生更多的功率转换，即电磁功率$P_{em}=KE_0\sin\theta\approx0$，所以$E_0\sin\theta\approx0$，而$E_0$不会为零，即$\theta\approx0$。同时，同步电动机的有功功率$P=KUI\cos\varphi\approx0$，即$\varphi\approx90°$，就可得到图7-10所示同步补偿机的电压和电流相量图。可见同步补偿机在过励磁状态下空载运行时，电流$\dot{I}$将超前电压$\dot{U}$ 90°，这就相当于给电网并联了一个大容量的电容器，使电网的功率因数得到提高。

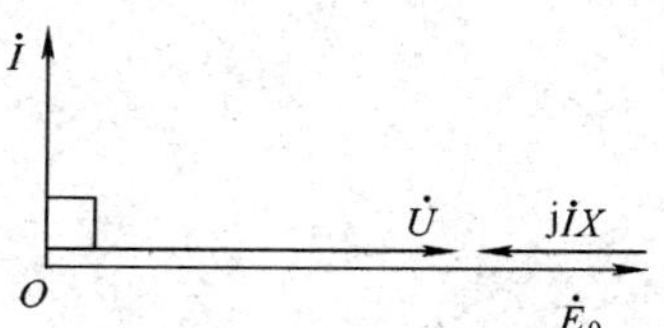

图7-10 同步补偿机的电压和电流相量图

同步补偿机除了可以起到改善功率因数的作用外，当输电线路比较长时，在电网负载集中的变电端接入一台同步补偿机，可以就近向感性负载提供所需要的感性无功功率，避免远程输送无功功率，使线路上的感性无功电流大大减小，从而达到降低输电线路和电网发电机内部损耗的目的。

第八章

特种电机

特种电机是指具有某种特殊功能和作用的电机。除了在某些特殊场合做动力使用外，特种电机大多数用在自动控制系统和计算装置中，以实现信号的检测、放大、执行、校正和计算等功能，因此，特种电机也被称为控制电机。与传统的交直流电机相比较，特种电机的种类繁多，功能多样化，而且还在不断产生性能优越的新颖电机。随着新材料和新技术的发展，特别是电力电子技术、计算机技术和现代控制技术的发展，新品种、高性能的特种电机不断出现。其发展的方向主要是提高精度、灵敏度和可靠性，尺寸小型化，以适应模拟控制和数字控制的特殊要求等。

§8-1 测速发电机

测速发电机是一种检测元件，其功能是将旋转机械的转速信号转换成电压信号输出，广泛应用于自动控制系统中作为转速反馈元件。对测速发电机性能的主要要求是：输出电压信号与转速之间有严格的正比关系，并在转速一定时，输出的电压信号尽可能大，以达到高精度和高灵敏度的要求。

一、测速发电机的分类

测速发电机可分为直流测速发电机和交流测速发电机两大类，见表 8-1。由于需要换向，直流测速发电机的结构相对复杂，价格比交流测速发电机高；交流测速发电机的结构简单、转动惯量小、精度高。

表 8-1 测速发电机的分类

序号	名称	图示	分类
1	直流测速发电机		永磁式直流测速发电机
			电磁式直流测速发电机
2	交流测速发电机		同步测速发电机
			异步测速发电机

二、直流测速发电机

1. 直流测速发电机的基本结构

直流测速发电机的结构与普通直流发电机相同，由铁芯、绕组、换向器等组成，一般多为两极。永磁式直流测速发电机的主磁极采用永久磁铁，使用时不需要另加励磁电源，因此应用较为广泛；电磁式直流测速发电机的励磁绕组是他励式，电枢部分则完全与普通直流发电机相同。如图 8-1 所示为永磁式直流测速发电机的图形符号。

图 8-1 永磁式直流测速发电机的图形符号

2. 直流测速发电机的工作原理

电磁式直流测速发电机的励磁绕组通入励磁电流后，在气隙中产生主磁场，直流测速发电机转轴与被测机构通过联轴器接在一起，若被测机构的转速为 n，则直流测速发电机电枢绕组切割主磁场的磁力线，产生的交变感应电动势通过电刷与换向器转变成直流电动势输出，其大小为：

$$E_a=C_e\Phi n \tag{8-1}$$

式中，Φ 为主磁场的磁通，是不变的常数，这样 E_a 就与被测机构的转速 n 成正比。用电压表测得该电压值，便可以求得被测机构的转速。在实际应用中，用以测量电压的仪表上的刻度可以直接用“r/min”表示。

由于存在电刷和换向器，直流测速发电机难免会出现火花，所以有电磁干扰现象。电刷容易磨损，需定期更换，维护工作量大，工作可靠性差。这些缺点使得直流测速发电机的应用和发展受到限制。近年来无刷直流测速发电机的发展改善了它的性能，提高了可靠性，使直流测速发电机又获得了广泛的应用。

三、交流测速发电机

1. 交流测速发电机的基本结构

交流测速发电机由定子和转子两部分组成。定子铁芯中嵌放了两套在空间上互差 90° 电角度的绕组，其中一个是励磁绕组 LL，另一个是输出绕组 LO，如图 8–2 所示。交流测速发电机转子有鼠笼形和空心杯形两种，空心杯形转子交流测速发电机的基本结构如图 8–3 所示。转子用电阻率较大、厚为 0.2 ~ 0.3 mm 的磷青铜制成，其定子有内、外定子之分。小容量测速发电机的励磁绕组和输出绕组都装在外定子槽中，而容量较大的测速发电机则分装在内、外定子中。内定子由硅钢片叠成，目的是减小磁阻。

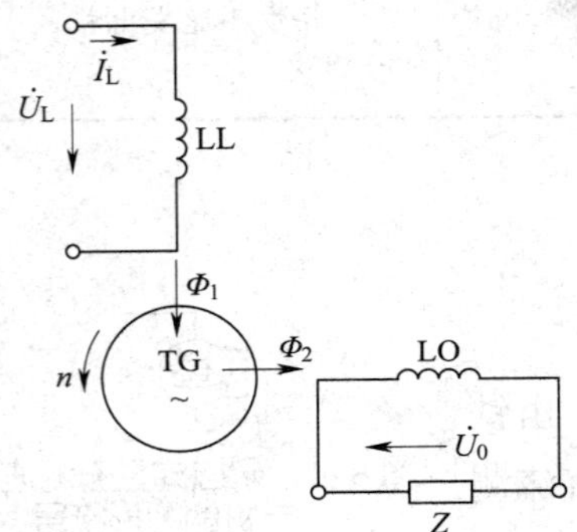

图 8–2　交流测速发电机原理

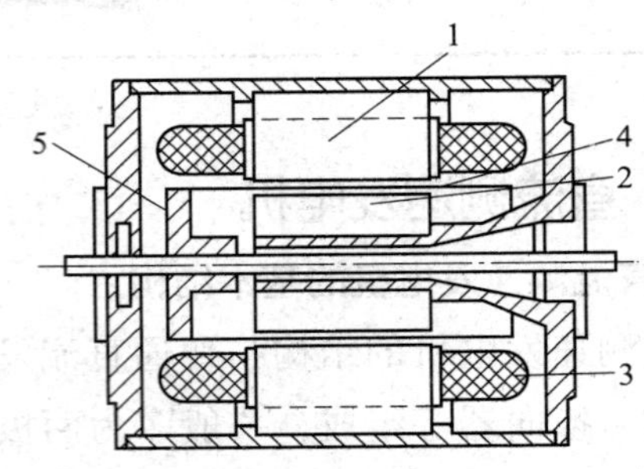

图 8–3　空心杯形转子交流测速发电机的基本结构

1—外定子　2—内定子　3—定子绕组
4—空心杯形转子　5—转轴支架

2. 交流测速发电机的工作原理

如图 8–4 所示为交流测速发电机的工作原理示意。当交流测速发电机的励磁绕组 LL 接到一个大小和频率都不变的交流电源上，加入励磁电压 $\dot{U}_L$ 后，有励磁电流流过励磁绕组，并在励磁绕组的轴线上产生一个变化频率与交流电源频率相同的脉动磁场 Φ_1，如图 8–4a 所示。

当 n=0 时，即转子是静止的，在转子上会产生一个感应电动势，根据楞次定律可知，其对应的感应电流产生的磁场 Φ_1' 方向与 Φ_1 方向相反，由于 Φ_1' 的轴线与输出绕组轴线垂直，故 Φ_1' 磁力线不穿过输出绕组，输出绕组上没有产生感应电动势，即当被测机构转速为零时，交流测速发电机输出电压为零。

当交流测速发电机转子以转速 n 按顺时针方向旋转时，转子导体要切割 Φ_1 磁力线而产生感应电动势，其方向为：转子导体上半周中电动势进入纸面，转子导体下半周中电动势流出纸面，如图 8–4b 所示。转子导体中有感应电动势，就会产生感应电流，其方向与感应电动势方向一致，转子导体中感应电动势和感应电流都按正弦规律变化，其变化频率与励磁电压$\dot{U}_L$频率相同，有效值与转子的转速 n 和 Φ_1 大小成正比。

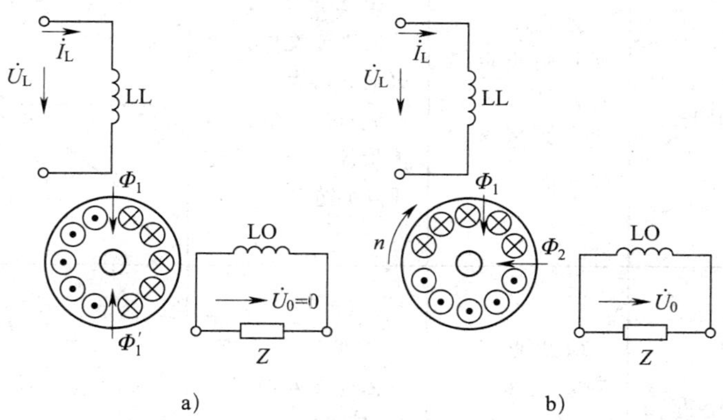

图 8–4 交流测速发电机的工作原理示意
a）转子静止时 b）转子旋转时

转子导体中的感应电流在输出绕组的轴线上会产生一个变化磁场 Φ_2，由于 Φ_2 的磁力线穿过输出绕组，所以在输出绕组上会产生感应电动势，输出一个交流电压 $\dot{U}_0$，其频率取决于励磁电压 $\dot{U}_L$ 频率，其有效值与 Φ_2 大小成正比。

由于 Φ_2 大小由转子导体中感应电流（感应电动势）的有效值决定，而转子导体中感应电流的有效值与转子的转速和 Φ_1 大小成正比。当 Φ_1 大小不变化时，Φ_2 大小完全取决于转子的转速，所以输出绕组上的输出电压大小与转子的转速成正比。即交流测速发电机输出电压大小与被测机构转速成正比，输出电压频率等于励磁电压频率，与转速无关。

四、测速发电机的工作特性

测速发电机的工作特性主要是指输出特性，见表 8–2。

表 8–2 测速发电机的工作特性

发电机类型	工作特性	工作特性定义	特点	工作特性曲线
直流测速发电机	输出幅值特性	直流测速发电机的输出电压与转速之间的关系	在励磁电压和负载电阻一定时，输出电压与转速成正比。在相同转速下，负载电阻越大输出电压越大	

续表

发电机类型	工作特性	工作特性定义	特点	工作特性曲线
交流测速发电机	输出幅值特性	交流测速发电机输出电压的幅值或有效值与转速之间的关系	在理想情况下，交流测速发电机输出电压的大小与转速成正比。输出幅值特性是一条通过原点的直线	U_0 $U_0=f(n)$ O n
	输出相位特性	输出电压和励磁电压的相位差φ（输出相位）与转速的关系	在理想情况下，输出电压和励磁电压的相位差$\varphi=0$，即输出电压和励磁电压同相	φ O $\varphi=f'(n)$ n

五、测速发电机的应用

1．主要用途

测速发电机主要应用于速度伺服、位置伺服和计算解答这三类控制系统，具有测速、阻尼和计算等功能。在恒速控制系统中，测速发电机作为速度检测元件，构成速度反馈环，以保证速度恒定，提高系统稳定性和精度。在雷达天线控制系统中，当雷达天线跟踪飞机转过一个角度时，由于采用了测速发电机在系统中构成的阻尼环节，可以消除机械系统惯性引起的机械振荡，使雷达天线准确停止在某一个角度。在计算装置中，测速发电机可以作为微分元件和积分元件。按测速发电机的用途不同，对其性能有不同要求。

（1）作为测速元件时，要求有较高的灵敏度和线性度，且反应要快。

（2）作为计算元件时，要求有较高的线性度、较小的温度误差和剩余电压，对灵敏度则要求不高。

（3）作为阻尼元件时，要求有较高的灵敏度，对线性度要求不高。

2．常用测速发电机的特性

常用测速发电机的特性见表 8–3。

表 8–3 常用测速发电机的特性

名称	型号	性能特点	适用范围	图例
空心杯形转子异步测速发电机	CK系列	惯量小，能快速动作；输出电压的频率不随转速的变化而改变；输出特性线性度好、精度高；运行可靠、没有无线电干扰	在反馈稳速系统中作为阻尼元件，以达到使系统稳定运行的目的；在计算解答装置中作为微分和积分元件等	
永磁直流测速发电机	CY系列	由永久磁钢励磁，无须励磁电源，使用方便，效率高，是一种速度检测元件，能将机械转速转换为电信号，其输出的直流电压大小与转速成正比	在自动控制系统中可作为测速元件、阻尼元件和解算元件	
带温度补偿永磁直流测速发电机	CYB系列	与一般直流测速发电机相比，在提供一定的功率情况下具有较高的精度。环境温度在 0～55 ℃范围内变化时，当温度变化 10 ℃时，测速发电机的空载输出电压变化不大于 0.05%	可用于数控装置的速度控制、控制系统中的阻尼及一般场合下的速度指示	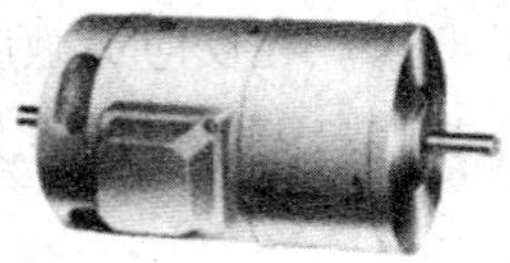
高灵敏度直流测速发电机	CYD系列	具有发电机直径大、轴向尺寸小、灵敏度高等优点，结构简单、紧凑、耦合刚度好、分辨率高；输出斜率大、反应快；线性误差小、低速精度高；可靠性好、使用寿命长	应用于惯性导航的稳定平台、雷达天线驱动系统、陀螺仪试验台的稳定与跟踪系统及单晶炉直接驱动低速伺服系统	
电磁式直流测速发电机	ZCF系列	为封闭自冷式具有换向器的他励直流测速发电机，线性误差小、运行可靠、尺寸小、质量轻	用于自动控制系统及计算解答装置中，作为测速和反馈等元件	

§ 8-2 伺服电动机

在自动控制系统中，伺服电动机常用作执行元件，它具有服从控制信号的要求而动作的职能。在控制信号到来之前，转子静止不动；当控制信号到来后，转子立即转动；当控制信号消失后，转子又能迅速自行停转。所以伺服电动机的任务是把接收到的电信号转变为电动机的一定转速或机械角位移。

常用的伺服电动机有交流伺服电动机和直流伺服电动机两大类。

一、交流伺服电动机

1. 交流伺服电动机的结构

交流伺服电动机在结构上与交流测速发电机相似，在定子铁芯槽中也嵌放了励磁绕组 LL 和控制绕组 LK，它们在空间相差 90° 电角度。励磁绕组 LL 固定接到交流电源 $\dot{U}_{\mathrm{L}}$ 上，控制绕组 LK 则施加交流控制信号 $\dot{U}_{\mathrm{K}}$，如图 8-5 所示。

常用交流伺服电动机转子结构有笼形和空心杯形两种。笼形转子与一般异步电动机的鼠笼式转子相似，但形状上有较大区别，其细而长，转动惯量小，以满足反应灵敏的要求。在反应灵敏度要求更高的场合，常采用非磁性导电金属做成的薄壁杯形转子，其底盘固定在转轴上，杯的内外由内、外定子构成磁路。

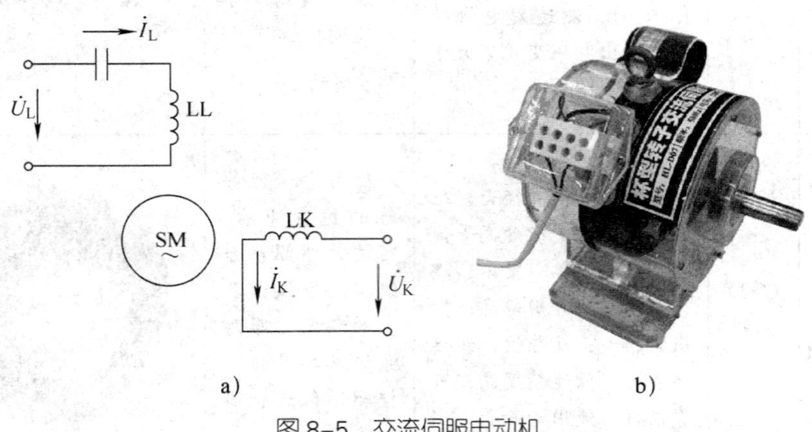

图 8-5 交流伺服电动机

a）原理图 b）实物图

2. 交流伺服电动机的工作原理

交流伺服电动机的原理图如图 8-5a 所示。如果只有励磁绕组接到交流电源上，没有在控制绕组上施加控制信号，气隙磁场为脉动磁场，交流伺服电动机不能产生启动转矩，转子保持静止状态不动。

如果励磁绕组接到交流电源上，控制绕组接交流控制信号，当两个绕组中流过的交流电流大小相等而相位互差 90° 时，在气隙中产生的合成磁场为一个圆形旋转磁场，其幅值和转速都恒定。如果两个绕组中流过的交流电流大小不相等或两电流相位差不为 90° 时，气隙中合成磁场为一个幅值和转速都不恒定的椭圆形旋转磁场。无论如何，只要交流伺服电动机控制绕组上有交流控制信号，在气隙中就会产生旋转磁场。产生旋转磁场后，转子导体切割旋转磁场的磁力线，从而产生感应电动势和感应电流，此感应电流与旋转磁场互相作用而产生电磁转矩，拖动转子随着旋转磁场的旋转方向而转动。

当正常运转的交流伺服电动机的控制信号等于零时，交流伺服电动机会立即停转。当控制绕组上电压 $\dot{U}_K$ 相位改变 180° 时，就可以改变交流伺服电动机的转向。

3. 交流伺服电动机的运行特点

交流伺服电动机定子部分和单相异步电动机完全一样。单相异步电动机启动运行时，其启动绕组断开后，电动机仍可以正常运转。同样，交流伺服电动机在正常转动后，如果除去控制信号电压，在仅有交流励磁电压作用的情况下，此时交流伺服电动机成为单相异步电动机且能继续运转，此种情况称为“自转”现象。“自转”现象不符合可控性的要求，在自动控制系统中，不允许产生这种失去控制的现象。

为使正常运转的交流伺服电动机除去控制信号后能够自动停转，消除“自转”现象，应设法使电磁转矩成为制动转矩，在其作用下，转速迅速下降到零。为此，应增大转子电阻，使临界转差率 $s_m>1$。

当交流伺服电动机控制信号消失后，只有励磁绕组接到单相交流电源上，这时候就相当于是一台单相异步电动机，气隙中会产生脉动磁场，其可以分解为两个大小相等、旋转方向相反的旋转磁场。转矩曲线 T_1 是顺时针旋转磁场产生的，转矩曲线 T_2 是逆时针旋转磁场产生的。如果转子电阻较小，临界转差率 $0<s_m<1$，其转矩特性如图 8-6 所示。由图 8-6 可见，在 $0<s<1$ 范围内，合成转矩 T 绝大部分都是正的，因此，如果交流伺服电动机突然除去控制电压信号，只要阻转矩小于单相运行时的最大电磁转矩，交流伺服电动机将在转矩 T 作用下继续旋转，这样就产生了自转现象。

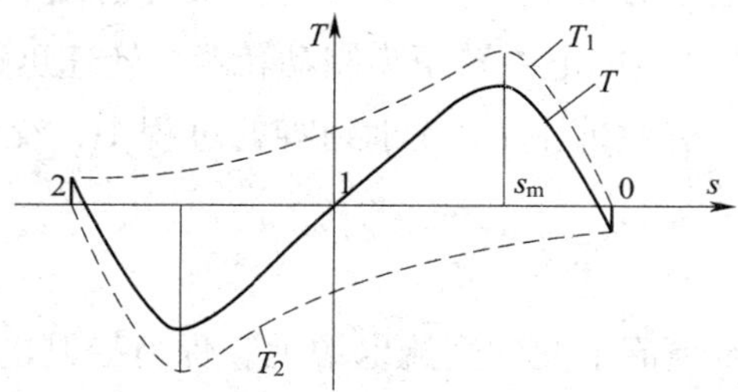

图 8-6 交流伺服电动机 $0<s_m<1$ 时的转矩特性

当交流伺服电动机的转子电阻增大到使临界转差率大于 1 的程度时，其转矩特性如图 8–7 所示。由图可见，在 $0<s<1$ 范围内，合成转矩 T 为负值，即这时交流伺服电动机产生的转矩为制动转矩，因而当控制电压$\dot{U}_K$等于零，为单相运行时，交流伺服电动机所产生的制动转矩与负载转矩一起，促使交流伺服电动机迅速停转，所以不会产生“自转”现象。

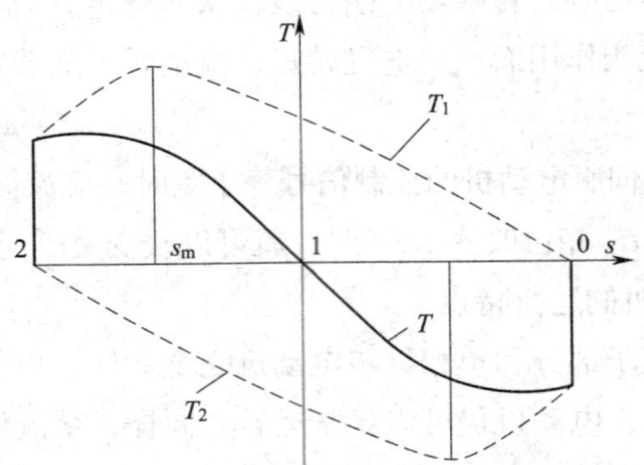

图 8–7　交流伺服电动机 $s_m>1$ 时的转矩特性

具有较大的转子电阻是交流伺服电动机与单相异步电动机的本质区别。

4．交流伺服电动机的控制方法

交流伺服电动机除了励磁绕组和控制绕组在空间上相差 90° 电角度外，控制电压$\dot{U}_K$与励磁电压$\dot{U}_L$之间还应存在相位差，才能在施加控制信号后，产生转矩而启动交流伺服电动机。

交流伺服电动机的控制方法有以下三种：

（1）幅值控制法

励磁绕组接在电压幅值不变的交流电源上，用移相器保证控制绕组上的交流电压$\dot{U}_K$与励磁绕组上的交流电压 $\dot{U}_L$ 相位差为 90° 不变，通过改变控制电压的幅值来改变交流伺服电动机的转速。

当控制绕组上电压有效值 U_K 等于励磁电压有效值 U_L 时，气隙磁场为圆形旋转磁场，此时产生的电磁转矩最大，交流伺服电动机的转速最高。

当减小控制绕组上电压有效值，使 $U_K=0$ 时，仅有励磁电压，气隙磁场为脉动磁场，此时交流伺服电动机产生的电磁转矩为制动转矩，转速迅速下降到零，停止运转。

在将控制绕组上电压有效值由 U_K 减小到零的过程中，交流伺服电动机的转速由最高转速下降到零。

（2）相位控制法

励磁绕组仍接在电压幅值不变的交流电源上，保持控制电压的幅值不变，通过移相器改变控制电压的相位来改变交流伺服电动机的转速。

改变控制电压的相位，就改变了控制电压 $\dot{U}_K$ 与励磁电压$\dot{U}_L$ 的相位差。当 $\dot{U}_K$ 与$\dot{U}_L$ 的相位差为零时，交流伺服电动机就相当于一台单相异步电动机，气隙磁场是脉动磁场，交流伺服电动机的转速为零。当 $\dot{U}_K$ 与 $\dot{U}_L$ 相位差为 90° 时，气隙磁场为圆形旋转磁场，交流伺服电动机的转速最高。所以，改变控制电压的相位，就可以改变交流伺服电动机的转速。

（3）幅相控制法

该方法是在励磁绕组中串联一个合适的电容器后，与控制绕组接到同一个交流电源上，但控制绕组通过电位器可以改变控制电压的幅值，在控制电压的幅值变化过程中，控制电压 $\dot{U}_K$ 与励磁电压 $\dot{U}_L$ 的相位差也发生了变化，达到改变交流伺服电动机转速的目的，所以称为幅相控制法。

二、直流伺服电动机

1．直流伺服电动机的结构

直流伺服电动机的结构与普通小型直流电动机基本相似，主要由主磁极、电枢、换向器、电刷装置以及机壳等构成，是容量和体积都很小的微型直流电动机。根据励磁方式不同，直流伺服电动机分为电励磁直流伺服电动机和永磁直流伺服电动机两大类，目前永磁直流伺服电动机的应用较多。

2．直流伺服电动机的工作原理

直流伺服电动机的工作原理也与他励直流电动机相同。当磁极有磁通、电枢绕组中有电流流过时，电枢电流与磁通相互作用而产生转矩，伺服电动机就开始旋转。如图 8–8 所示为直流伺服电动机的原理。

按控制信号和励磁信号所施加到的绕组不同，直流伺服电动机的控制方式有电枢控制和励磁控制两种方法。

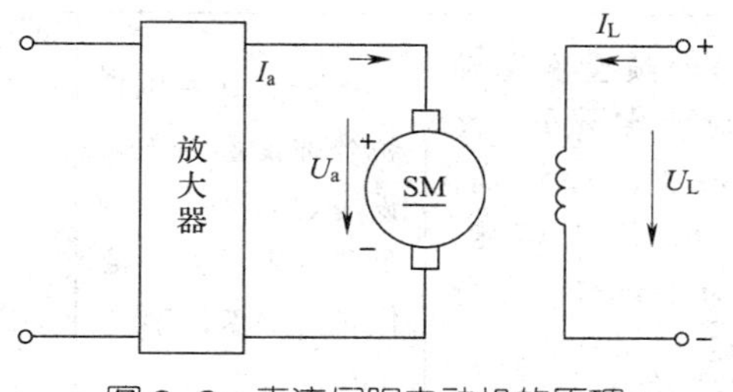

图 8–8 直流伺服电动机的原理

（1）电枢控制

电枢控制是指直流伺服电动机的励磁绕组固定接在直流电源上，电枢绕组作为控制绕组，施加控制信号。由于励磁绕组中通过励磁电流后产生了主磁场，当控制电压施加到电枢绕组上时，电枢回路中便有电流流过，电枢电流与主磁场相互作用而产生电磁转矩，使直流伺服电动机转子旋转而投入工作。当控制电压消失以后，电枢电流等于零，因而电磁转矩消失，直流伺服电动机立即停转。

（2）励磁控制

励磁控制是指直流伺服电动机的电枢绕组固定接在直流电源上，励磁绕组作为控制绕组，施加控制信号。当只有电枢电流流过电枢绕组，没有控制信号时，由于没有主磁场，这时直流伺服电动机转子是不转动的。当励磁绕组上施加控制信号后，有励磁电流流过励磁绕组，产生主磁场后，主磁场与电枢电流相互作用而产生电磁转矩，使直流伺服电动机转子旋转。

只有在直流伺服电动机励磁绕组和电枢绕组中同时有电流流过时，才能产生电磁转矩使伺服电动机投入工作。这两个绕组中任何一个断开、没有信号时，直流伺服电动机都会停转。它不像交流伺服电动机那样有“自转”现象，所以直流伺服电动机是自动控制系统中一种很好的执行元件。

三、伺服电动机的应用

伺服电动机是自动控制系统和计算装置中广泛应用的一种执行元件。常用伺服电动机的特性见表 8–4。

表 8–4　常用伺服电动机的特性

电动机名称	型号	性能特点	适用范围	外形图
一般直流伺服电动机	SY、SZ	具有体积小、质量小、伺服性能好、力学性能好等优点	广泛应用于自动控制系统中作为执行元件，也可作为驱动元件	
杯形电枢永磁直流伺服电动机	SYK	转动惯量和电动机时间常数小，总损耗少，效率高，启动、停止迅速，换向性能好，运行平稳	广泛应用于计算机外部设备、音响设备、办公设备、仪器仪表、电影摄像机和录像机等	
永磁交流伺服电动机	ST	具有良好的控制性能，系统的动态和静态性能好，电动机能够在四象限宽调速运行	广泛应用于精密数控机床、工业机器人、雷达以及特殊环境条件控制的关键执行部件	

续表

电动机名称	型号	性能特点	适用范围	外形图
笼形转子交流伺服电动机	SL	具有良好的可控性，电动机运行平稳、结构简单、成本低、运行可靠	广泛应用于各种自动控制系统、随动系统和计算装置中	

§8-3 步进电动机 

步进电动机又称脉冲电动机，是数字控制系统中一种重要的执行元件，它是将电脉冲信号变换成转角或转速的执行电动机，其角位移量与输入电脉冲数成正比，其转速与电脉冲的频率成正比。在负载能力范围内，这些关系将不受电源电压、负载、环境、温度等因素的影响，在很宽的范围内实现调速、快速启动、制动和反转，有些步进电动机在停止供电的情况下能保持一定的定位转矩，具有自锁能力。常见步进电动机如图 8-9 所示。

图 8-9 常见步进电动机

一、步进电动机的种类和结构特点

步进电动机的种类很多，主要有反应式、永磁式、混合式三种，其结构和特点见

表 8–5。近年来又发展出直线步进电动机、平面步进电动机等新型步进电动机。

表 8–5　常见步进电动机的结构和特点

种类	结构图	特点
反应式步进电动机	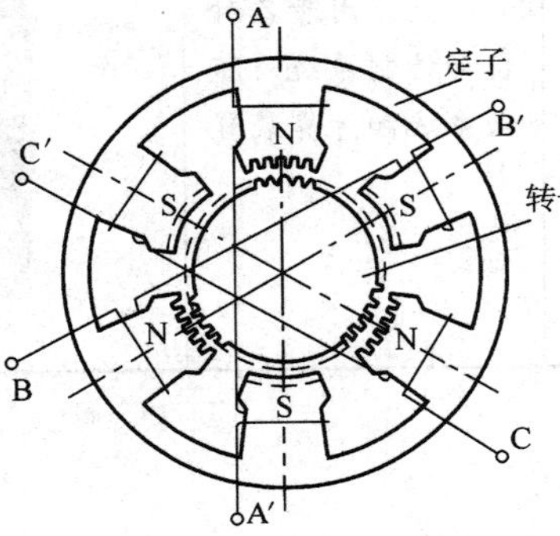	（1）定子磁极为凸极式，磁极表面开有小齿，每个磁极上套有一个集中线圈，在径向相对的两个磁极上线圈串联组成一相绕组 （2）转子由硅钢片叠压而成，沿圆周表面开有均匀的小齿，齿距和定子磁极上小齿的齿距相等，齿数有一定的限制 （3）步距小，应用最广
永磁式步进电动机	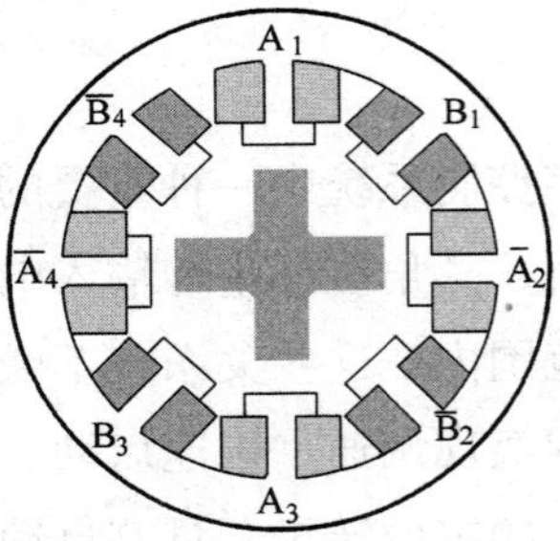	（1）定子磁极为凸极式，磁极表面无小齿，装设两相或多相绕组 （2）转子是一对极或多对极的星形永久磁钢，转子的极数等于每相定子极数 （3）步距角较大，力矩较大 （4）电源供给为正负脉冲，否则不能连续运转，驱动电路要做成双极性驱动，供电电源的线路较复杂
混合式步进电动机	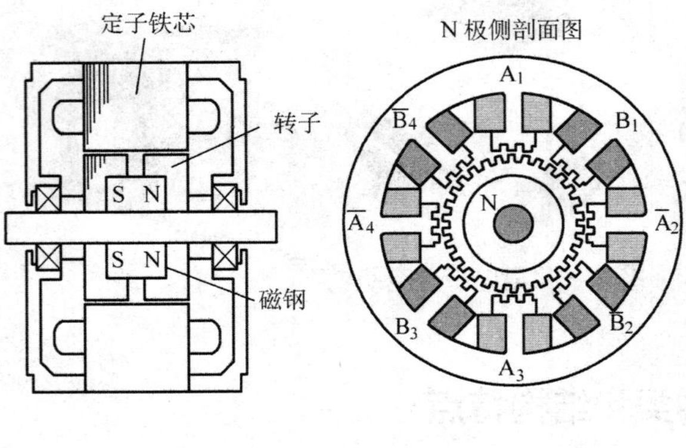	（1）定子结构与反应式步进电动机基本相同 （2）转子由环形磁钢及多段铁芯组成。环形磁钢在转子中部，转子铁芯分别装在磁钢两端，且表面有均匀小齿 （3）步距角小，有较高的启动和运行频率，消耗功率较小，有定位转矩，兼有反应式和永磁式步进电动机两者的优点

二、反应式步进电动机的工作原理

如图 8–10 所示为三相反应式步进电动机的原理示意。定子铁芯为凸极式，共有 6 个磁极，每两个相对磁极上的线圈串联组成一相绕组，共有 A 相、B 相和 C 相三相绕组。转子用软磁材料做成凸极结构，有 4 个齿，齿宽等于定子的极靴宽。步进电动机的旋转规律和其控制方式有关，下面通过几种基本的控制方式来说明其工作原理。

三相单三拍通电方式是反应式步进电动机最简单的控制方式。“三相”是指三相步进电动机，“单”是指每次只有一相绕组通电，绕组每改变一次通电方式为一拍，三相绕组轮流通电一个循环是“三拍”，第四拍就重复第一拍通电情况。

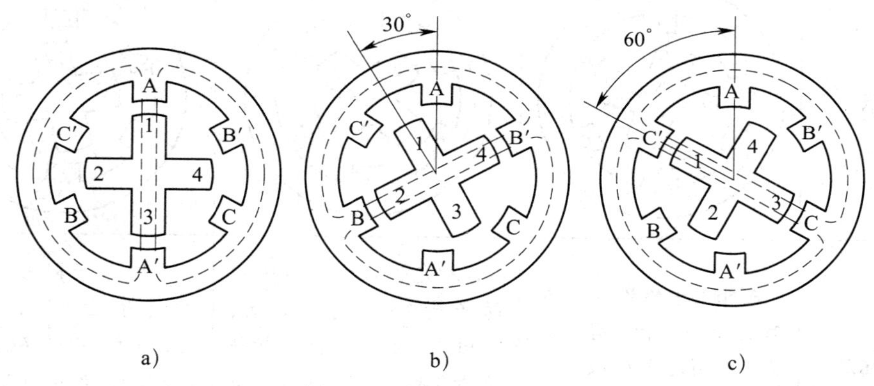

图 8–10 三相反应式步进电动机的原理示意

a）A 相绕组通电 b）B 相绕组通电 c）C 相绕组通电

当 A 相绕组通电时，B 相和 C 相绕组都不通电，由于磁力线力图通过磁阻最小的路径，所以转子齿 1 和齿 3 的轴线与定子 A 相绕组磁极轴线重合，如图 8–10a 所示，这时转子只受到径向力而无切向力，转子静止不动。

如果 A 相绕组断电，B 相绕组通电，则转子将逆时针方向转过 30°，转子齿 2 和齿 4 的轴线与定子 B 相绕组磁极轴线重合，即转子走了一步，如图 8–10b 所示。

如果 B 相绕组断电，C 相绕组通电，则转子将按逆时针方向再转过 30°，转子齿 1 和齿 3 的轴线与定子 C 相绕组磁极轴线重合，转子又走了一步，如图 8–10c 所示。如此按 A—B—C—A 顺序不断接通和断开各相绕组，转子就会按逆时针方向一步一步地转动。

若按 A—C—B—A 顺序不断接通和断开各相绕组，则步进电动机就会反转，如果改变各相绕组接通和断开的频率，则可以改变步进电动机的转速。绕组通断的频率越大，步进电动机的转速越快。

每一拍步进电动机转子转过的角度称为步距角，用 θ_s 表示，由图 8–10b 可以看到，反应式步进电动机采用三相单三拍通电方式时，步距角 θ_s=30°。

三相步进电动机除了三相单三拍通电方式外，还有三相双三拍和三相单双六拍通电方式，其工作过程见表 8–6 和表 8–7。

表 8–6　三相双三拍通电方式的工作过程

通电方式	三相双三拍 每拍同时有两相绕组通电，三拍为一个循环		
通电顺序	AB → BC → CA → AB		
工作过程	A 相和 B 相绕组通电	B 相和 C 相绕组通电	C 相和 A 相绕组通电
图示	A、B′、4、3、C、A′、B、2、1、C′	A、B′、4、3、C、A′、B、2、1、C′	A、B′、3、C、A′、2、B、1、C′、4
定子转动特点	A 相定子磁极 A 和 A′ 对转子齿 1 和 3 有磁拉力，B 相定子磁极 B 和 B′ 对转子齿 2 和 4 有磁拉力，转子停在两磁拉力平衡的位置上	B 相定子磁极 B 和 B′ 对转子齿 2 和 4 有磁拉力，C 相定子磁极 C 和 C′ 对转子齿 3 和 1 有磁拉力，当转子重新停在两磁拉力平衡的位置上时，转子已经按逆时针方向转过 30°	C 相定子磁极 C 和 C′ 对转子齿 3 和 1 有磁拉力，A 相定子磁极 A 和 A′ 对转子齿 4 和 2 有磁拉力，当转子又停在两磁拉力平衡的位置上时，转子又转过了 30°
步距角	30°		

无论是三相单三拍、三相双三拍还是三相单双六拍通电方式的反应式步进电动机，其步距角是 30° 或 15°，这么大的步距角常常满足不了系统的精度要求，所以实际应用中不做成这种结构形式，常做成小步距角的反应式步进电动机。

图 8–11 所示是一种最常见的小步距角三相反应式步进电动机原理。定子每个磁极上有 5 个小齿，转子表面均匀分布 40 个齿，定子和转子的齿宽和齿距都相同。

当定子磁极上 5 个小齿和转子上 40 个小齿这样的齿数配合时，如果 A 相磁极的小齿与转子小齿一一对齐时，下一相（B 相）磁极下的定子小齿和转子小齿就错开三分之一个齿距（3°），再下一相（C 相）磁极下的定子小齿和转子小齿就错开三分之二个齿距，并依次类推，如图 8–12 所示。图中 t 为齿距。

表 8-7 三相单双六拍通电方式的工作过程

通电方式	三相单双六拍		
	每拍中有一相绕组通电和两相绕组通电间隔地轮流进行，6 次通电状态为一次循环		
通电顺序	AB → B → BC → C → CA → A → AB		
工作过程	A 相和 B 相绕组通电	B 相绕组通电	B 相和 C 相绕组通电
图示			
转子转动特点	A 相定子磁极 A 和 A′ 对转子齿 1 和 3 有磁拉力，B 相定子磁极 B 和 B′ 对转子齿 2 和 4 有磁拉力，转子停在两磁拉力平衡的位置上	B 相定子磁极 B 和 B′ 对转子齿 2 和 4 有磁拉力，转子齿 2 和 4 与定子磁极 B 和 B′ 对齐，达到平衡的位置时，转子转过了 15°	B 相定子磁极 B 和 B′ 对转子齿 2 和 4 有磁拉力，C 相定子磁极 C 和 C′ 对转子齿 3 和 1 有磁拉力，当转子停在两磁拉力平衡的位置上时，转子又转过了 15°
步距角	15°		

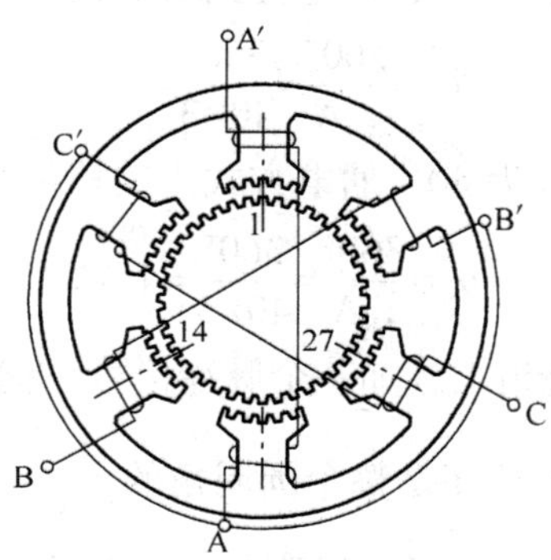

图 8-11 小步距角三相反应式步进电动机原理（A 相通电时位置）

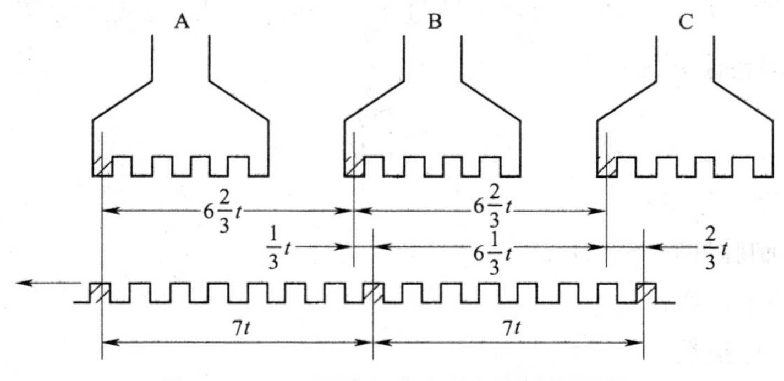

图 8-12 三相反应式步进电动机展开图

A 相定子绕组通电后，转子达到图 8-12 所示稳定位置。当 A 相定子绕组断电，B 相定子绕组通电时，由于 B 相磁极的磁力线力图走磁阻最小闭合路径，使转子受到转矩作用而按逆时针方向转过三分之一个齿距，直到 B 相磁极下小齿和转子小齿一一对齐。这时，C 相绕组磁极下的定子小齿和转子小齿也只错开三分之一个齿距了。当 B 相定子绕组断电，C 相定子绕组通电时，转子又按逆时针方向转过三分之一个齿距。即每一拍转子转过三分之一个齿距，也就是一个步距角。按 A—B—C—A 顺序连续不断地通断电，转子便一步一步转过 3° 步距角。

由上面的分析可知，该三相反应式步进电动机通电方式为三相单三拍。每运行一拍，转子转过三分之一个齿距，在定子绕组一个通电循环三拍过后，转子共转过一个齿距。如果步进电动机转子齿数用 z_R 表示，就相当于在空间转过$\frac{360°}{z_R}$。如果步进电动机运行的拍数用 N 表示，则每运行一拍，转子转过的步距角 θ_s 为：

$$\theta_s=\frac{360°}{z_R N} \tag{8-2}$$

式中 θ_s——步距角，°；

z_R——转子齿数；

N——运行拍数。

当步进电动机转子齿数 z_R 为 40，通电方式为三相单三拍时，则步距角为：

$$\theta_s=\frac{360°}{z_R N}=\frac{360°}{40\times3}=3°$$

当步进电动机转子齿数 z_R 为 40，通电方式为三相单双六拍时，则步距角为：

$$\theta_s=\frac{360°}{z_R N}=\frac{360°}{40\times6}=1.5°$$

在步进电动机某个定子绕组上施加一个脉冲信号，就通电一次，也就运行了一拍，转子就转过一个步距角，这个角度是整个圆周角的$\frac{1}{z_R N}$，也就是转过了$\frac{1}{z_R N}$转。通过速度控制时，步进电动机定子绕组中送入频率为 f 的连续脉冲，各相绕组不断轮流通电，步进电动机连续运转，一秒钟内转子转过了$\frac{1}{z_R N}$转，因此，步进电动机每分钟转子所转过的圆周数即转速 n 为：

$$n=\frac{60f}{z_R N} \tag{8-3}$$

式中 n——转速，r/min；

f——控制脉冲频率，Hz；

z_R——转子齿数；

N——运行拍数。

步进电动机转速公式说明，步进电动机转速由控制脉冲频率 f、运行拍数和转子

齿数 z_R 决定，与电源电压和负载无关，所以步进电动机抗干扰能力强。改变控制脉冲频率，就可以改变步进电动机转速，实现无级调速，且调速范围较广。

在许多工程实践中，要求能对步进电动机进行精确的角度控制。例如，在流量控制过程中，要求阀门能按精确的角度开闭。

步进电动机控制电源每发出一个控制脉冲信号，就有一相定子绕组通电，转子就转过一个步距角 θ_s，当控制电源连续发出 N_1 个脉冲，步进电动机转过的机械角度 θ 为：

$$\theta = N_1\theta_s \tag{8-4}$$

步进电动机控制电源发出控制脉冲信号的频率 f 是指一秒钟内发出 f 个脉冲信号。所以，在已知控制电源发出控制脉冲信号的频率 f 时，步进电动机一秒钟内转过的机械角度 θ 为：

$$\theta = f\theta_s \tag{8-5}$$

例 8–1 一台三相反应式步进电动机，采用三相单双六拍通电方式，转子齿数 z_R=40，控制脉冲频率为 800 Hz。

（1）写出一个循环的通电顺序。

（2）求电动机的步距角 θ_s。

（3）求电动机的转速 n。

（4）求电动机每秒钟转过的机械角度 θ。

解：（1）因为该步进电动机采用三相单双六拍通电方式，完成一个循环的通电顺序为：AB—B—BC—C—CA—A—AB。

（2）采用三相单双六拍通电方式时，N=6，故：

$$\theta_s = \frac{360°}{z_R N} = \frac{360°}{40×6} = 1.5°$$

（3）电动机的转速为：

$$n = \frac{60f}{z_R N} = \frac{60×800}{40×6}\ \text{r/min} = 200\ \text{r/min}$$

（4）电动机每秒钟转过的机械角度为：

$$\theta = f\theta_s = 800×1.5° = 1\ 200°$$

三、步进电动机的应用

步进电动机作为控制元件或驱动元件来使用，通常同驱动器组合，来实现所要求的功能。步进电动机系统的性能除取决于电动机本体的特性外，还受到驱动器的影响。在实际应用场合，步进电动机系统由电动机、驱动器以及推动负载用的机械驱动机构所构成。

一般说来，步进电动机驱动机构通常是减速机构，其主要有齿轮减速、牙轮传动带减速、螺杆减速及钢丝减速等方式。因此，步进电动机的选择必须满足整个运动系统的要求。通常，在选定步进电动机时需要考虑的综合因素很多，一般可以着重考虑以下几个方面：

1. 电动机的体积和质量。
2. 电动机的功率、控制电压和驱动电流。
3. 步距角。
4. 环境温度、湿度等。
5. 根据加速转矩和负载转矩确定步进电动机的转矩。

数字技术和电子计算机的发展使步进电动机的控制更加简便、灵活和智能化，步进电动机现已广泛用于数控、工业控制、数模转换和计算机外部设备、工业自动化生产线、印刷机、遥控指示装置、航空系统中各种经济型数控机床、办公设备、加工机械、绘图机、自动化仪表、计算机外设中。例如，步进电动机应用于硬盘驱动器中的磁头驱动，打印机、复印机和传真机中送纸等。在简易数控系统中，步进电动机通过丝杠将旋转运动转变为工作台的直线运动等。

§8-4　永磁电机

电机要实现能量转换，必须要有磁场存在。普通电机采用励磁绕组接电源，通过励磁电流后产生工作磁场，而永磁电机则利用永磁材料产生电机的工作磁场。在永磁材料的磁场中，永磁电机通过电磁原理实现机电能量和电机信号的转换。

与具有励磁绕组的传统电机相比较，永磁电机的结构简单、体积小、质量轻、运行可靠和效率高，应用范围涉及国防、航天技术、工农业生产和日常生活的各个领域，是很好的节能电机。

一、永磁电机概述

1. 永磁电机的分类

永磁电机种类繁多，按电机功能可分为永磁发电机和永磁电动机两大类。其中永磁电动机可分为永磁直流电动机和永磁同步电动机等。永磁直流电动机按有无电刷和换向器，又可分为永磁有刷直流电动机和永磁无刷直流电动机等。

2. 永磁体的充磁和稳磁

（1）永磁体的种类和结构

永磁电机的励磁部分是永磁体。永磁体主要由磁钢和导磁体组成，磁钢采用铝镍钴、铁氧体和稀土（包括钕铁硼）三类永磁材料。典型永磁体的结构如图 8–13 所示。

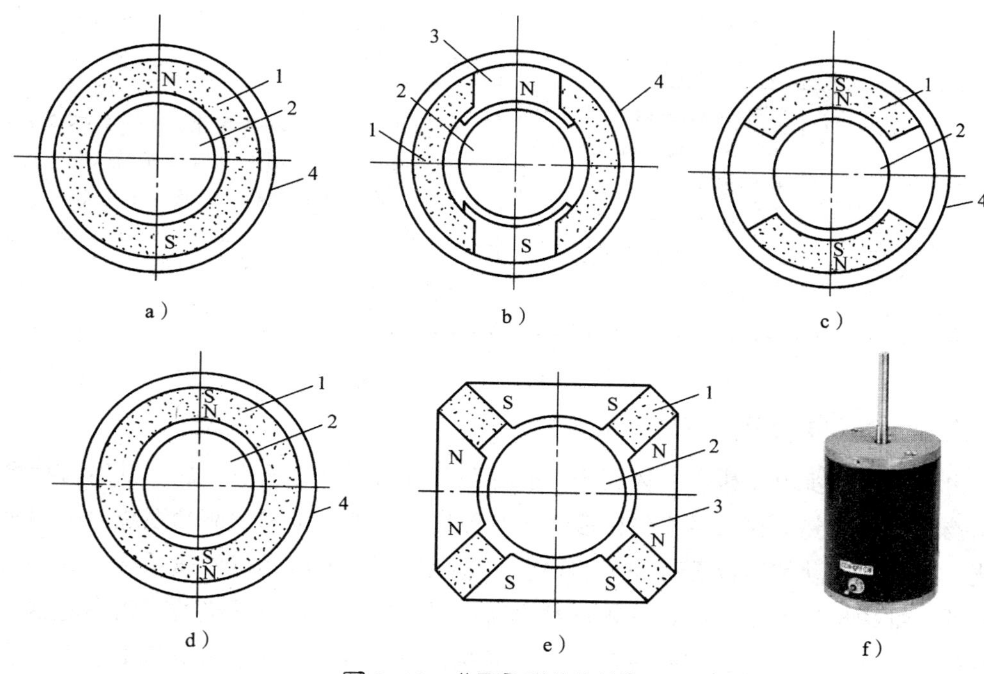

图 8–13 典型永磁体的结构

a）环形铝镍钴磁钢 b）带磁极弧铝镍钴磁钢 c）瓦形铁氧体磁钢
d）环形铁氧体磁钢 e）多极薄片形稀土磁钢 f）永磁直流电机外形
1—磁钢 2—电枢 3—磁极 4—机壳

（2）磁钢的充磁方法

磁钢充磁后才能成为磁源。磁钢的去磁曲线、电机气隙磁密度大小和波形等与磁钢充磁密切相关。充磁质量对电机性能影响很大。三类永磁材料磁钢的充磁方法与特性见表 8–8。

（3）磁钢的稳磁处理

环境因素（如温度变化、冲击振动等）对磁钢本身性能的影响和电机运行状态（如瞬时堵转和突然正、反转等）引起磁钢工作点的变化，都会使电机性能发生变化。为此，应对磁钢进行针对性的稳定性处理，即稳磁处理。稳磁处理有的是在磁钢生产过程中完成的，例如温度变化、冲击热运动的处理；有的则是在永磁电机的生产过程中完成的，例如电机运行状态的处理。在永磁电机的使用过程中，必须按稳磁处理的要求进行，否则使用不当会导致去磁，影响电机性能。

表 8-8　三类永磁材料磁钢的充磁方法和特性

磁钢材料	充磁方法	特性
铝镍钴	在电机装配好后再充磁，或者单独先将磁钢充好磁，再在磁短路状态下装入电机	充好磁的磁钢处在外磁路为空气的状态下，会经受很强的去磁作用，使磁钢产生不可逆去磁，导致电机性能变坏。电机在维修时，若将拆卸的转子取出定子，也会使磁钢处在外磁路为空气的状态，因此，可待转子装入定子后重新充磁
铁氧体	可以对磁钢单独充磁，不做磁短路，让磁钢处于外磁路为空气的状态下再装入电机	磁钢具有很强的抗去磁能力，一般不会产生不可逆去磁，不会引起电机性能的变化。电机维修时，在转子拆卸后也无须再重新充磁
稀土（包括钕铁硼）	同铁氧体	同铁氧体

二、永磁同步电动机

由于永磁同步电动机具有体积小、质量轻和高效节能等优点，加上其运行特性和控制技术日趋成熟，在日常生活中应用越来越广。例如，电梯的驱动系统对电动机的加速、稳速、制动和定位都有一定的要求。早期采用直流电动机调速系统，其缺点是效率低、维护保养困难。随着变频技术逐渐发展成熟，异步电动机的变频调速驱动迅速取代了电梯控制中的直流调速系统。而现在采用的最新驱动技术就是永磁同步电动机调速系统，除了节能效果和控制性能好外，还可以实现低速直接驱动，由于减少了齿轮减速装置，降低了噪声，提高了平层精度和舒适性。

1. 永磁同步电动机的基本结构

永磁同步电动机分为定子和转子两部分，定子部分与三相同步电动机定子结构基本一样，由定子铁芯、定子绕组和机座组成。定子绕组是三相对称绕组，接三相交流电源。转子部分安装永磁体磁极，有多种转子结构形式，如图 8-14 所示，均由永久磁钢和笼形启动绕组两部分组成。

2. 永磁同步电动机的工作原理

当永磁同步电动机定子绕组接三相交流电源，接入对称三相交流电流后，在气隙中产生旋转磁场，以同步转速旋转。转子铁芯中鼠笼式启动绕组切割旋转磁场的磁力线，产生感应电动势和感应电流。旋转磁场与鼠笼式启动绕组中电流互相作用，产生电磁转矩，使转子转动起来，当转子转速上升到接近同步转速时，旋转磁场与转子上永久磁钢相互吸引，把转子拉入同步运行，转子也以同步转速带动负载旋转。

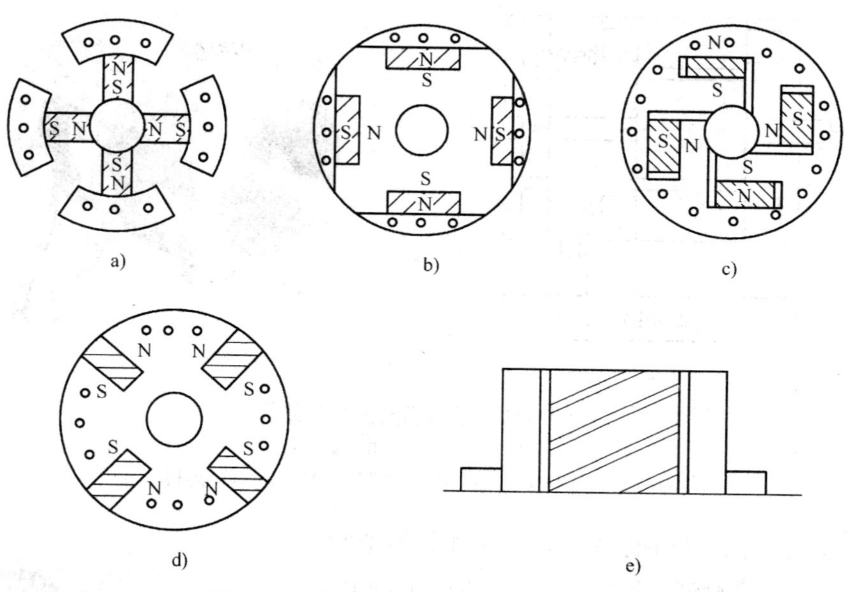

图 8–14 永磁同步电动机转子结构形式

a)、b)星形结构 c)、d)并联磁路结构 e)分段结构

三、永磁直流无刷电动机

采用铁氧体材料作为永磁体的永磁直流无刷电动机性价比高，广泛应用于家用电器、汽车、玩具和电动工具等领域。采用稀土永磁材料作为永磁体的永磁直流无刷电动机体积小且性能更好，主要应用于航天、计算机和井下仪器等方面。在打印机、传真机和复印机等信息技术中所使用的各种设备的驱动电动机，其绝大多数也是永磁直流无刷电动机。

1. 永磁直流无刷电动机的基本结构

永磁直流无刷电动机主要由永磁直流无刷电动机本体（定子和转子）、转子位置传感器和驱动电路组成，永磁直流无刷电动机的基本结构示意如图 8–15a 所示。永磁直流无刷电动机的实物图如图 8–15b 所示。

（1）本体

本体是实现机电能量转换的部件，由定子和转子两部分组成，定子和转子实物图如图 8–16 所示。其结构上和永磁同步电动机相似，转子采用稀土永磁材料制成永磁体，但在转子铁芯中没有嵌放笼形绕组和其他启动装置。定子绕组一般采用三相交流绕组。定子绕组接成星形或三角形联结后，通过驱动电路的开关元件，接到直流电源上输入电能。

（2）转子位置传感器

转子位置传感器主要检测转子所处的位置，以便确定驱动电路中开关元件的导通

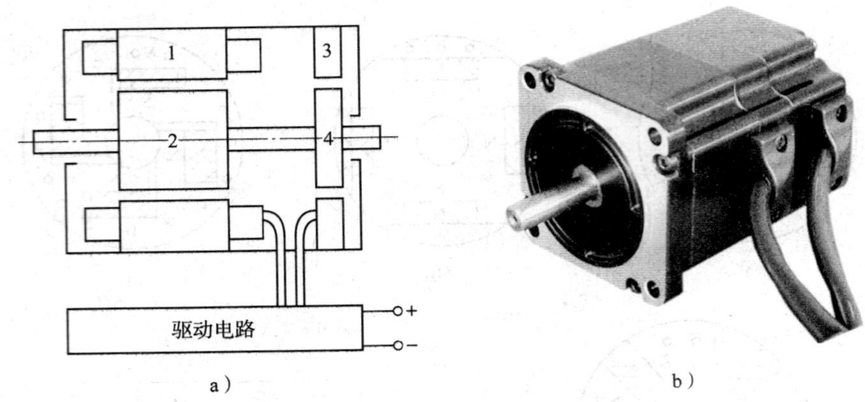

图 8–15　永磁直流无刷电动机
a）基本结构示意　b）实物图
1—定子　2—转子　3—转子位置传感器　4—检测磁极

顺序，同时也确定驱动电路中开关元件的导通角，从而决定了电枢磁场的状态，是永磁直流无刷电动机构成中必不可少的重要环节。为实现转子位置传感器的作用，工程上可以采用霍尔元件传感器、电磁式旋转变压器和光电式传感器等类型。

图 8–16　定子和转子实物图

（3）驱动电路

驱动电路将转子位置传感器检测到的转子位置信号进行处理，按一定的逻辑关系输出，去触发功率开关管。驱动电路是由开关元件组成的逆变电路，与一般逆变器不同，它的输出频率不是独立调节的，而是受控于转子位置检测信号。这样，永磁直流无刷电动机定子绕组输入电流的频率和电动机转速始终保持同步。驱动电路还可以实现对加到定子绕组上的电压进行 PWM 调制，以便调节永磁直流无刷电动机输出的转矩和转速大小。

2. 永磁直流无刷电动机的工作原理

永磁直流无刷电动机的工作原理框图如图 8–17 所示。图中直流电源通过驱动电路向电动机定子绕组供电，电动机转子位置由位置传感器检测并提供信号去触发驱动电路中的功率开关管，使之导通或截止，从而控制电动机的转动。

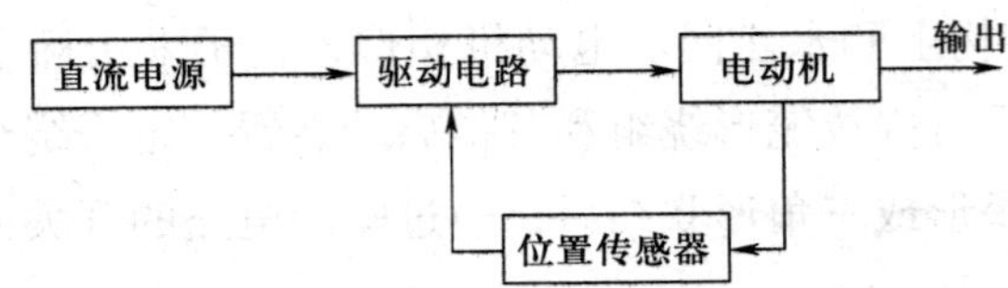

图 8–17　永磁直流无刷电动机的工作原理框图

§8-5 直线电动机

直线电动机是利用电能直接产生直线运动的电动机。直线电动机的种类繁多，按结构可分为扁平形、圆盘形和圆筒形等，按工作原理可分为交流直线感应电动机、交流直线同步电动机、直线直流电动机、直线步进（脉冲）电动机和混合式直线电动机等。

一、直线电动机的基本结构

1. 扁平形直线电动机的结构

扁平形直线电动机是一种扁平的矩形结构。在结构上，直线电动机可以看成是由旋转的三相异步电动机演变而来。将一台三相异步电动机沿径向剖开，然后将电动机的圆周展开成直线，就得到了直线电动机，见表 8–9。可见，直线电动机与三相异步电动机的结构基本相同，由定子演变而来的一侧称为直线电动机的初级，由转子演变而来的一侧称为直线电动机的次级。

表 8–9 中所示的扁平形直线电动机是最基本的结构形式，这种结构的初级和次级长度是相等的。由于直线电动机在运行时，初级与次级之间要做相对运动，如果在运动开始时，初级与次级正巧对齐，那么在运动过程中，初级与次级之间互相耦合的部分会越来越少，直至最后不能正常运动。为了保证在所需的行程范围内初级与次级之间的耦合能保持不变，在实际应用时，将初级与次级制造成不同的长度。既可以是短初级长次级，也可以是长初级短次级。由于短初级在制造成本上和运行费用上均比短次级低得多，因此，目前除特殊场合外，一般均采用短初级。

表 8–9　从三相异步电动机到直线电动机的演变

电动机名称	三相异步电动机	直线电动机
结构图	V2 U1 定子 W1 W2 转子 U2 V1	次级（转子） U1 W2 V1 U2 W1 V2 初级（定子）
演变过程	旋转电动机沿径向切开	拉直并将圆周展开成直线

无论是短初级还是长初级的扁平形直线电动机，如果仅仅在一边安放初级称为单边扁平形直线电动机。在次级的两边均安装上初级，称为双边扁平形直线电动机。扁平形直线电动机的结构示意图见表 8–10。

表 8-10　扁平形直线电动机的结构示意图

类型		结构示意图
单边扁平形	短初级	初级 次级
	短次级	初级 次级
双边扁平形	短初级	初级 次级
	短次级	初级 次级

直线电动机的次级有两种形式。一种是栅形结构，在磁极铁芯上开槽，嵌放导条，并在两端用端环将所有导条短接起来，相当于三相异步电动机中的鼠笼式转子。另一种是实心结构，采用扁平形的金属板直接做次级，一般是铝或铜。

2. 圆盘形直线电动机的结构

圆盘形直线电动机是把次级做成一片圆盘，其材料可以是铜或铝，圆盘固定在转轴上。将初级放在次级圆盘靠近外缘的平面上，可以分布在圆盘两面，也可以是在圆盘某一面。圆盘形直线电动机的结构示意如图 8-18 所示。

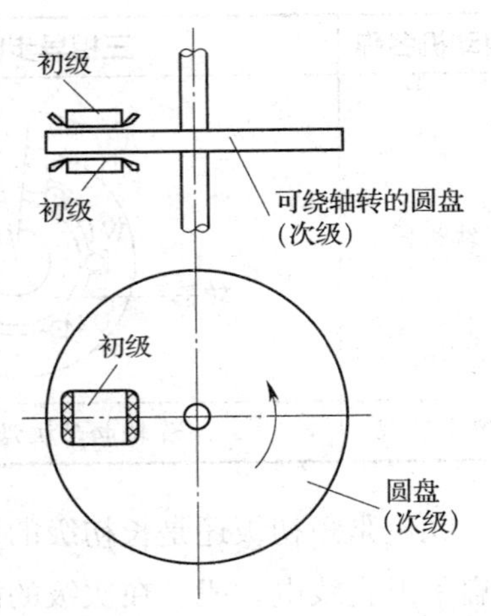

图 8-18　圆盘形直线电动机的结构示意

3. 圆筒形直线电动机的结构

圆筒形直线电动机的外形是圆柱形，其演变过程如图 8-19 所示。图 8-19a 表示一台旋转感应电动机的定子绕组所产生的定子磁场极性分布情况，图 8-19b 表示旋转感应式电动机展开成为扁平形直线电动机，初级绕组所产生的磁场极性分布情况。然后，沿着和直线运动垂直的方向，将扁平形直线电动机卷接成圆筒形，就形成了圆筒形直线电动机，如图 8-19c 所示。圆筒形直线电动机一般均为短初级、长次级形式。

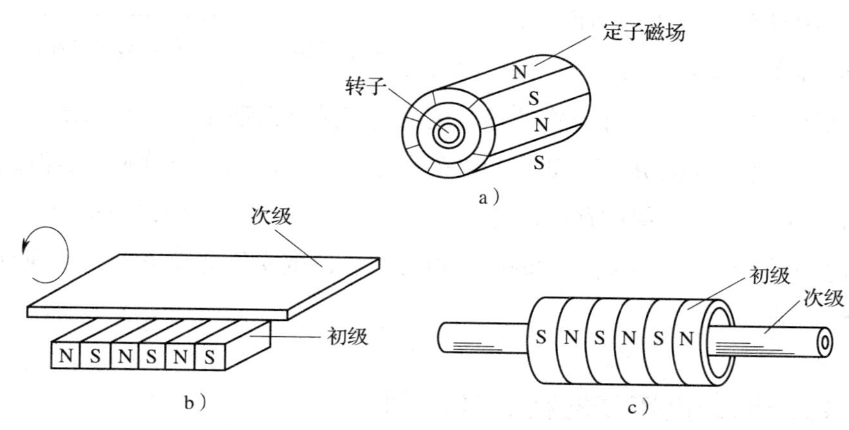

图 8-19 圆筒形直线电动机的结构示意
a）旋转感应电动机 b）扁平形直线电动机 c）圆筒形直线电动机

二、扁平形直线电动机的工作原理

在结构上，扁平形直线电动机是从旋转电机演变而来的，其工作原理也与旋转电机相似。

在表 8-9 中，三相异步电动机的 U、V、W 三相定子绕组通入三相对称正弦电流后，便会在气隙中产生一个旋转磁场，它沿气隙圆周呈正弦分布，旋转磁场的旋转方向与 U、V、W 的相序一致，旋转磁场的旋转速度为同步转速 n_1，相对于定子内圆表面上有一个线速度 v_1，该线速度与同步转速和旋转磁场的极距成正比。

当气隙中旋转磁场以同步转速旋转时，转子导条会切割磁力线而产生感应电动势。由于转子导条是通过端环短接的，因此，在感应电动势的作用下，便在转子导条中产生感应电流。这个转子电流与旋转磁场相互作用产生电磁力，形成电磁转矩。在电磁转矩作用下，转子顺着旋转磁场的转向开始转动。在电动机运行状态下，转子转速总要比同步转速小一些。

将表 8-9 中的三相异步电动机在顶上沿径向剖开，并将圆周拉直，便成了直线电动机。在这台直线电动机的三相绕组中通入三相对称正弦电流后，也会产生气隙磁场。如不考虑由于铁芯两端断开而引起的漏磁通，这个气隙磁场的分布情况与三相异步电动机相似，即可看成沿展开的直线方向呈正弦形分布。当三相对称正弦电流随时间变化时，气隙磁场将按 U、V、W 的相序沿直线移动。由于这个磁场是平移的，而不是旋转的，因此称为行波磁场。行波磁场的移动速度与旋转磁场在定子内圆表面上的线速度 v_1 是一样的，如图 8–20 所示。

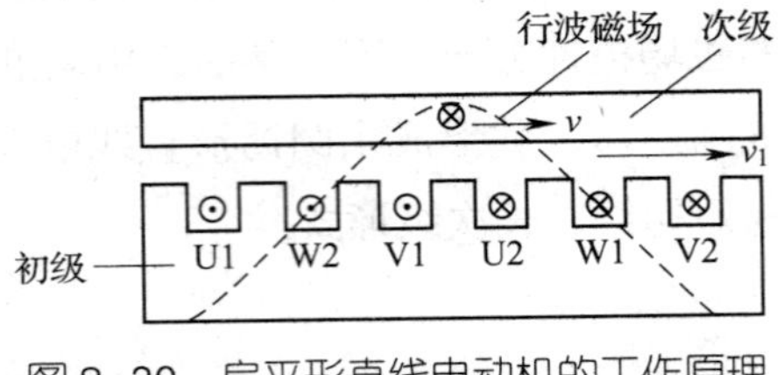

图 8–20　扁平形直线电动机的工作原理

如果次级为栅形次级，图 8–20 中仅画出的是其中的一根导条。直线电动机中产生行波磁场后，次级导条会切割行波磁场的磁力线，产生感应电动势和感应电流，导条中的感应电流与气隙行波磁场相互作用便产生电磁推力，在这个电磁推力的作用下，如果初级是固定不动的，则次级就顺着行波磁场运动的方向做直线运动，其次级的移动速度为 v，该速度一定低于行波磁场的速度 v_1。

直线电动机可以通过对调任意两相的电源线，改变次级运动方向，实现直线电动机往复直线运动。

三、直线电动机传动的特点及应用

1. 直线电动机传动的特点

（1）省去了把旋转运动转换为直线运动的中间转换机构，节约了成本，缩小了体积。

（2）不存在中间传动机构的惯量和阻力的影响，直线电动机直接传动的反应速度快，灵敏度高，随动性好，准确度高。

（3）直线电动机容易密封，不怕污染，适应性强，可在有毒气体、核辐射和液态物质中使用。

（4）直线电动机散热条件好，温升低，因此，线负荷和电流密度可以取得较高，以提高电动机的容量定额。

（5）装配灵活性大，往往可以将电动机与其他机件合成一体。

（6）某些特殊结构的直线电动机也存在一些缺点，如大气隙导致功率因数和效率降低，存在单边磁拉力等。

2. 直线电动机的应用

直线电动机在工业自动化、机械制造、交通运输、军事、医疗、家电和生活设施等方面应用越来越广泛。在交通运输业中，直线电动机被应用到磁悬浮列车中。在工业领域中，直线电动机被应用到生产输送线、精密的仪器设备以及各种横向或垂直运动的一些机械设备中，如计算机的磁头驱动装置、照相机的快门、自动绘图仪、医疗仪器、航天航空仪器等。

除此之外，直线电动机还被应用到日常生活中，如利用直线电动机来驱动的电动门。如图 8–21 所示为电动门示意。图 8–21 中直线电动机的初级固定安装在大门上方一侧，大门门框上部作为直线电动机的次级。当直线电动机的初级通电后，次级和初级之间由于气隙磁场的作用，将产生一个平移的推力。该推力将使大门打开。如果改变电源相序，则直线电动机反转，使大门关上。

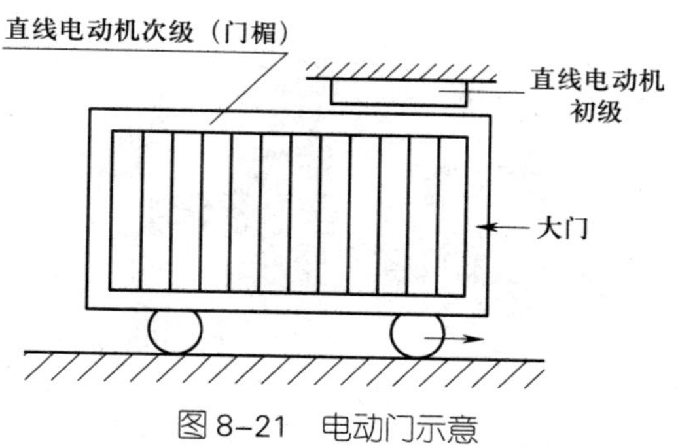

图 8–21　电动门示意

§ 8–6　超声波电动机

超声波电动机是一种驱动装置，与工作原理基于电磁感应定律和左手定则的传统电动机不同，它是非电磁性电动机。超声波电动机利用压电材料的逆压电效应，在超声频率电脉冲的激励下，压电晶体产生超声频率振动，通过电动机定子与转子之间的摩擦传动产生转矩，实现电能与机械能的转换。由于激励的电脉冲频率大于 20 kHz，超过了声波频率，所以称为超声波电动机。

一、超声波电动机的基本结构

超声波电动机由压电晶体、金属弹性体和转子三个基本部分组成，还有转轴、机壳、轴承等部件，如图 8–22 所示，压电晶体和金属弹性体黏结组合在一起，构成压电振子，作为电动机的定子。转子由金属和金属表面涂覆的一层特殊耐摩擦材料构成。利用压力弹簧的压力将定子和转子压紧在一起。

二、超声波电动机的工作原理

超声波电动机的工作原理基于压电晶体的逆压电效应。将压电晶体放置在外电场中，由于压电晶体极化方向上的电场作用，会使压电晶体发生形变，形变的大小与外电场的强弱成正比，外电场撤除后，压电晶体的形变也会消失。这种由于外电场作用而使压电晶体发生形变的现象称为逆压电效应。

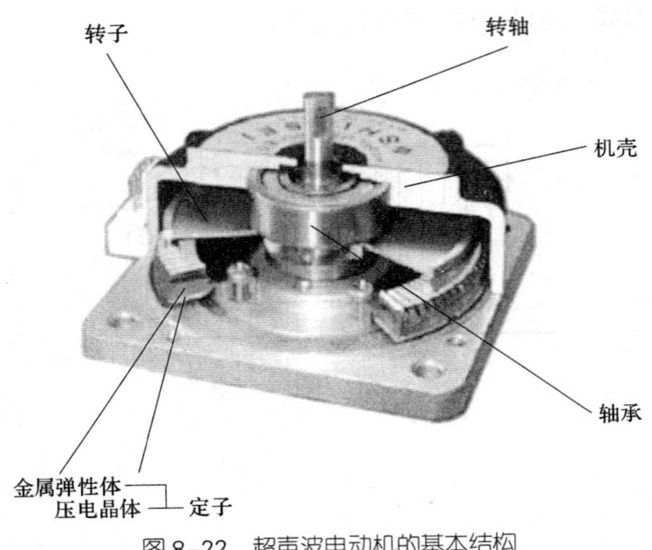

图 8-22　超声波电动机的基本结构

在极化的压电晶体上施加和超声波频率大小相同的交流电，压电晶体随着高频的幅值化而膨胀或收缩，从而在定子金属弹性体内激发出超声波振动，这种振动传递给与定子紧密接触的摩擦材料，以驱动转子旋转。当对黏结在金属弹性体上的两片压电晶体施加相位差为 90° 电角度的高频电压时，在金属弹性体内产生两组驻波，这两组驻波合成为一个沿定子金属弹性体圆周方向的行波，使得定子表面的质点形成一定运动轨迹（通常为椭圆轨迹）的超声波微观振动，其振幅一般为数微米。这种微观振动通过定子（振动体）和转子（移动体）之间的摩擦作用，使转子（移动体）沿某一方向（逆行波传播方向）做连续宏观运动。在特定时间内，金属弹性体的一定部位与转子相接触，转子依靠摩擦力随金属弹性体运动，而在其余时间，转子与金属弹性体相脱离，转子依靠本身的惯性或者其他接触来运动。超声波电动机的工作原理示意如图 8-23 所示。

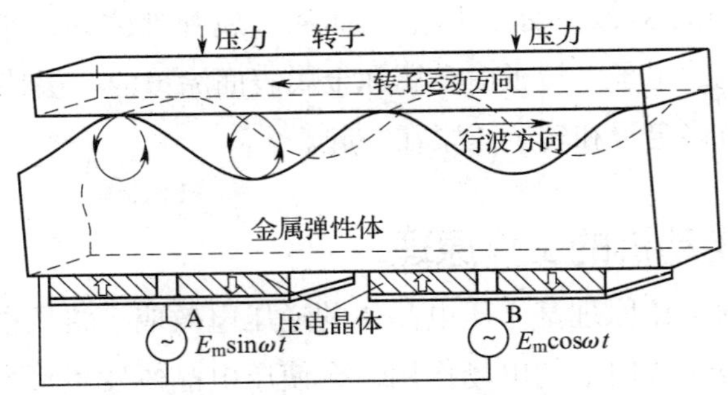

图 8-23　超声波电动机的工作原理示意

三、超声波电动机的特点及其应用

1. 超声波电动机的特点

（1）低速、大转矩

在超声波电动机中，超声波振动的振幅一般为几微米，振动速度只有每秒几厘米到每秒几米。无滑动时转子的速度由振动速度决定，因此电动机的转速一般很低，每分钟只有十几转到几百转。由于定子和转子间靠摩擦力传动，若两者之间的压力足够大，转矩就很大。

（2）体积小、质量轻

超声波电动机不用线圈，也没有磁铁，结构相对简单，与普通电动机相比，在输出转矩相同的情况下，可以做得更小、更轻、更薄。如图 8–24 所示为常见微型超声波电动机。

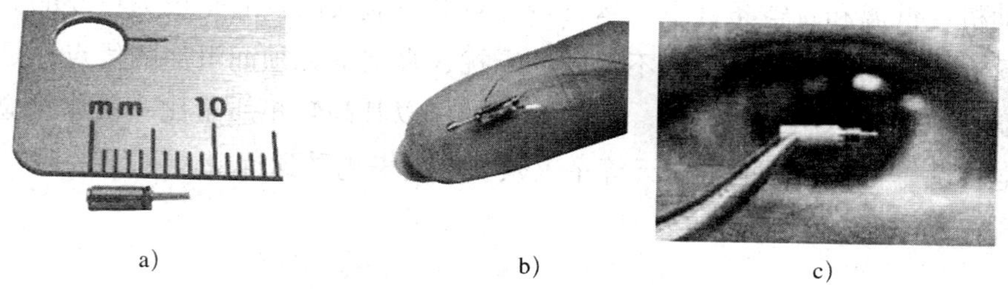

a) b) c)

图 8–24　常见微型超声波电动机

（3）反应速度快、控制性能好

超声波电动机靠摩擦力驱动，移动体的质量较轻，惯性小，响应速度快，启动和停止时间为毫秒数量级。因此，它可以实现高精度的速度控制和位置控制。

（4）无电磁干扰

超声波电动机没有磁极，不受电磁感应影响。同时，它对外界也不产生电磁干扰，特别适合强磁场下的工作环境。在对电磁干扰要求严格的环境下，采用超声波电动机也很合适。

（5）停止时具有保持力矩

超声波电动机的转子和定子总是紧密接触，切断电源后，由于静摩擦力的作用，不采用制动装置仍有很大的保持力矩，尤其适合宇航工业中失重环境下的运行。

（6）形式灵活，设计自由度大

超声波电动机驱动力发生部分的结构可以根据需要灵活设计。

2. 超声波电动机的应用

（1）光学仪器

超声波电动机在照相机、摄像机、显微镜等光学仪器的聚焦系统中作为驱动元件，能取得令人满意的效果。接触式超声波电动机具有低速、大转矩的特点，在许多应用场合中可免去减速装置而直接驱动。最典型的是应用于照相机的自动焦距镜头中，如图 8–25 所示，与采用传统电动机的镜头相比，其具有安静、无电磁噪声，定位精度高，调焦时间短，无齿轮减速、机构简单等优点。

图 8–25　应用于照相机的自动焦距镜头

（2）汽车

超声波电动机应用于汽车车窗的驱动装置中，可使它体积扁小、低速时具有大转矩的优点发挥得淋漓尽致。可应用于磁悬浮列车上，为使列车悬浮于轨道上，通过超导电流产生强磁场，需要大力矩和控制性能良好的驱动器，这对于超声波电动机来说是最适合的。

（3）航空航天

电动机在低温和真空条件下的运行特性对航空航天的发展是极为重要的。超声波电动机具有结构简单、质量轻、不受磁场干扰、真空下无须润滑油的优点，是电磁电动机在航空航天领域所不具有的。超声波电动机以其高转矩质量比、快速响应、高精度和断电自锁等特点，在航空航天等军工领域中越来越受到重视。